Arnold Kludas

Die großen Passagier-Schiffe der Welt

Die CANBERRA vor Bremerhaven. Im September 1997 soll das Schiff außer Dienst gestellt werden. (Foto Peter Voß, 1992)

Arnold Kludas

Die großen Passagier-Schiffe der Welt

Illustriertes Schiffsregister

4., erweiterte Neuausgabe

Koehlers Verlagsgesellschaft mbH · Hamburg

Literatur- und Quellenverzeichnis

Cruise & Ferry Info, Halmstad
Design, Halmstad
Ferries, das Fährschiffmagazin, Hannover
Guide, Halmstad
Hansa, Hamburg
Latest News from Mediterranean, Pianezza
Lloyd's List, London
Lloyd's Shipping Index, London
Lloyd's Register of Ships, London
Marine News, Kendal
The Millergram, Secaucus
Schiff und Hafen, Hamburg
Schiffahrt international, Hamburg
Sea Breezes, Liverpool
Ships monthly, Burton on Trent
Ships of the World, Tokio
Täglicher Hafenbericht, Hamburg

Schutzumschlag-Fotos

Das Foto auf der Vorderseite zeigt die CENTURY, 1995 als bisher größtes in Deutschland gebautes Passagierschiff von der Meyer Werft fertiggestellt (Foto Jürgen Saupe).

Die Abbildung auf der Rückseite zeigt die STAR PISCES ex KALYPSO (Foto ToYouToo).

Deutsche Bibliothek – CIP-Einheitsaufnahme

Kludas, Arnold:
Die großen Passagierschiffe der Welt : illustriertes Register aller großen Passagierschiffe der Welt / Arnold Kludas. – 4., erw. Neuausg. – Hamburg : Koehler , 1997
ISBN 3-7822-0652-5

ISBN 3 7822 0652 5; Warengruppe 41

Schutzumschlaggestaltung, Layout und Produktion:
Hans-Peter Herfs-George
Druck und Bindung: Hans Kock Buch- und Offsetdruck GmbH, Bielefeld
Printed in Germany

Inhaltsverzeichnis

Deutschlands größtes Passagierschiff, die AIDA der Deutschen Seereederei Touristik, hat sich in ihrem Heimathafen Rostock vorgestellt und verläßt hier am 6. Juni 1996 Warnemünde. Im Vordergrund der 1930 in Rendsburg gebaute Kümo-Veteran NOBISKRUG (Foto Reinhard Kramer)

Vorwort

Dies ist der mit großem Abstand umfangreichste der seit 1983 erschienenen vier Ergänzungsbände zu meinem Standardwerk »Die großen Passagierschiffe der Welt«. Noch niemals hat es eine Verdoppelung der aufzunehmenden Schiffe gegeben, wie es zwischen diesem Band und seinem Vorgänger von 1991 der Fall ist.

Dieser überdurchschnittliche Zuwachs kommt daher, daß mit dem Ablauf des Jahres 1994 alle Schiffe einen Meßbrief nach der 1982 in Kraft getretenen »Oslo-Convention« von 1969 über die international einheitliche Vermessung von Seeschiffen besitzen müssen. In Deutschland heißt die neue Maßeinheit BRZ = Bruttoraumzahl, international spricht man von GT = Gross tons. Das neue »Lloyd's Register of Ships 1996/97« trägt dieser Tatsache dadurch Rechnung, daß es diese neue Tonnage in halbfetten Typen ausdruckt, während frühere Vermessungsarten in magerer Kursivschrift erscheinen. Leider sind letztere im Register immer noch recht zahlreich, was leider auch bedeutet, daß zahlreiche Kandidaten für eine Neuvermessung auf über 10 000 BRZ nicht in diesen Band aufgenommen werden konnten. Diese Tatsache zeigt zudem einmal mehr, wie schwer es ist, internationale Vereinbarungen weltweit durchzusetzen.

Die absolute Anzahl der mit mehr als BRZ 10 000 vermessenen Schiffe wird in den kommenden Jahren eher abnehmen, als Folge einer Reihe von internationalen Entwicklungen und Bestimmungen.

1. Die ab Oktober 1997 zu erfüllenden neuen Vorgaben von Solas und anderen Konventionen stellen an heutige Passagierschiffs-Neubauten hohe Anforderungen, die in den kommenden Jahren Schritt um Schritt auch für ältere Tonnage verbindlich werden. Das wird zur Verschrottung all jener Schiffe führen, bei denen sich der erforderliche Nachrüstungsaufwand nicht mehr lohnt.

2. Bei Fährschiffen kommt zusätzlich das Problem der Sicherheit bei Wassereinbrüchen im Fahrzeugdeck hinzu, das durch die schreckliche ESTONIA-Katastrophe neue Aktualität erhielt. Die Lösung dieses Problems wird das Aus für viele ältere Fährschiffe bedeuten.

3. In der Fährschiffahrt macht sich mit immer größerer Beschleunigung der Trend zu sogenannten Schnellfähren bemerkbar, die mit Geschwindigkeiten von teilweise mehr als 40 Knoten die Überfahrtzeiten ganz erheblich verkürzen. Wo solche Schiffe eingesetzt werden, haben sie wegen ihrer schnelleren Umlaufzeit die doppelte Beförderungs-Kapazität eines gleich großen konventionellen Fährschiffs. Diese Leistung erbringen sie zudem mit weit weniger als der Hälfte des vorher benötigten Personals, und auch der große Aufwand des Hotelservice an Bord einschließlich der Betten und Kabinen entfällt, da auf einer nur noch 5 statt 9 Stunden dauernden Überfahrt ein Zubettgehen kaum noch lohnt. Die Vermessung solcher Schnellfähren liegt zwar meistens noch unter BRZ 10 000, es gibt aber – unter Stena-Flagge – schon die ersten 20 000-Tonner.

4. Auch die ständig wachsende Zahl sehr großer Kreuzfahrtschiffe könnte theoretisch zu einer Abnahme der absoluten Schiffszahlen führen. Hier ist aber zu bedenken, daß die Bettenzahlen der neuen Riesenschiffe nicht proportional zur Schiffsgröße steigen und daß außerdem die Zahl der Kreuzfahrt-Urlauber in aller Welt noch ständig zunimmt. Immerhin übertreffen die eben genannten großen Kreuzfahrtschiffe – mit z.T. über 100 000 BRZ – nach sechzig (!) Jahren zum ersten Mal die Vermessung der drei vorher größten Passagierschiffe der Welt, die in den 1930er Jahren gebauten Nordatlantikliner NORMANDIE, QUEEN MARY und QUEEN ELIZABETH. Kurz vor Redaktionsschluß wurde jetzt die Bestellung eines 130 000 BRZ großen Kreuzfahrtschiffes für 3100 Passagiere durch die norwegische Royal Caribbean Cruise Line bei der finnischen Kvaerner Masa-Werft zur Lieferung 1999 bekannt, mit Option auf ein Schwesterschiff.

5. Trotz dieser steigenden Fahrgastzahlen machen sich im Kreuzfahrtgeschäft allerdings – zum ersten Mal überhaupt – gewisse Grenzen des Wachstums bemerkbar, die sich vorerst in niedrigeren Preisen bzw. in

Rabatten äußern, aber auch darin, daß z.B. zur Sommersaison zunehmend Kreuzfahrtschiffe vom amerikanischen Markt nach Europa wechseln. Der Konkurrenzdruck wird zweifellos größer, man darf auf Fusionen, Pleiten und andere überraschende Entwicklungen gespannt sein.

Das gilt auch für Bereiche der Fährschiffahrt, und zwar nicht nur wegen der schon erwähnten Schnellfähren. Im Englischen Kanal z.B. hat der »Chunnel« doch erhebliche Auswirkungen auf die Fährschiffahrt, was schon zur Einstellung ganzer Linien und zu Konzentrationen und Fusionen führte.

Auch diese Ausgabe wäre ohne die Hilfe guter Freunde in aller Welt nicht möglich gewesen. Ich muß sagen, daß mich diese erstaunliche Hilfsbereitschaft jedesmal von neuem überrascht und daß die damit indirekt ausgedrückte Anerkennung meiner Arbeit mir Entschädigung ist für die unendlichen Arbeitsstunden am Computer. An dieser Stelle sollte ich vielleicht auch dem »seelenlosen« Computer ein Kompliment machen; dieser Gedanke kommt mir jedenfalls, wenn ich daran denke, daß ich bis 1991 Manuskripte wie dieses mit der Schreibmaschine zu Papier gebracht habe!

Beginnen möchte ich meinen Dank – und das ist neu – bei einer Gruppe, nämlich dem Redaktionsteam der vom »Deutschen Fährschiffahrtsverein e.V.« herausgegebenen Zeitschrift »Ferries – Das Fährschiffahrtsmagazin«. Frank Heine, der mich schon bei der vorigen Ausgabe unterstützte, hat auch diesmal mit Rat und Tat geholfen, Kontakte vermittelt und Fotos aus aller Welt beigesteuert. Frank Lose hat die Daten der Fährschiffe überprüft und wo nötig korrigiert und ergänzt. Außerdem leisteten Mitglieder des Deutschen Fährschiffahrtsvereins unschätzbare Hilfe bei der Beschaffung aktueller Fotos. Diese Zusammenarbeit bietet übrigens dem Leser dieser Neuausgabe erstmals die Gelegenheit, das Werk durch ein Abonnement der Zeitschrift »Ferries« regelmäßig zu aktualisieren, was beim immer schnelleren Wechsel des Geschehens in der Fähr- und Kreuzschiffahrt sicher ein bedenkenswerter Vorteil ist. Wenden Sie sich ggfs. an

Herrn Carsten Watsack
Ferries – Das Fährschiffahrtsmagazin
Albertstraße 20
D-31241 Ilsede

Klas Brogren aus Halmstad in Schweden, Herausgeber der Passagierschiffs-Periodika »Guide« und »Design« sowie der Zeitschrift »Cruise & Ferry Info«, stellte aus seinem unübertroffen aktuellen Archiv erneut seltene Abbildungen zur Verfügung, die ich sonst kaum hätte beschaffen können.
Auf Rat und Hilfe langjähriger Freunde und Helfer konnte ich auch diesmal zurückgreifen, ich nenne hier Eckhard Biermann aus Hamburg, Gerhard Fiebiger aus Bad Segeberg, die Herren Yoshitatsu Fukawa, Hisashi Noma und Raisuke Numata aus Japan, Jürgen Saupe aus Osterode, Peter Voß aus Bremerhaven und Steffen Weirauch aus Langenhagen.
Die Namen der vielen Fotografen und Bildgeber – ohne deren Mithilfe ein solches Buch nicht illustriert werden könnte – sind hier alphabetisch aufgelistet, sie werden außerdem direkt bei ihren Fotos genannt: Hans-Jürgen Amberg, Rüdiger von Ancken, Eckhard Biermann, Klaus Bombel, Dr. Achim Borchert, Klas Brogren, K. Brzoza, Eilhart Buttkus, Jan Vinther Christensen, Luis Miguel Correia, Bernd Crause, F. de Vries, Christian Eckardt, Hartmut Ehlers, Gerhard Fiebiger, Ruth Frank, Y. Fujiki, H. Fujiwara, Yoshitatsu Fukawa, Clive Harvey, Frank Heine, Philippe Holthof, Y. Ikeda, Dirk Jankowsky, Klaus Peter Kiedel, Peter Kiehlmann, Nigel Kirby, Rudie Kleyn, Ron Koning, Reinhard Kramer, Wolfgang Kramer, Arie Lagendijk, L.W.C. Lamers, Wilhelm Langes, P. Lelekis, Martin Lochte-Holtgreven, Frank Lose, Mike Louagie, Hisashi Noma, Joachim Pein, Christoph Podloucky, J.F. van Puyvelde, Hans-Joachim Reinecke, Selim San, Jürgen Saupe, Jürgen Scholz, Antonio Scrimali, Oliver Sesemann, Marko Stampehl, R. Starcevich, Jürgen Stein, Dieter Streich, Kazuo Tachibana, R. Takayama, Florent Van Otterdijk, Peter Voß, M. Watanabe, Carsten Watsack, Steffen Weirauch, Andreas Wörteler, Michio Yamaka und Yoshiako Yokoi.

Meiner Frau Ilse schulde ich besonderen Dank.

Grünendeich, im Februar 1997 — Arnold Kludas

Erläuterungen und Hinweise

Redaktionsschluß: Januar 1997

Wichtiges zu dieser Neuausgabe

I. Allgemeines

Dieses Werk stellt alle gegenwärtig existierenden 630 Passagierschiffe der Welt mit einerVermessung ab 10 000 BRT/BRZ vor, einschließlich jener Neubauten, für die bereits ein Name vergeben wurde. Der Begriff Passagierschiff umfaßt selbstverständlich Kreuzfahrt- und Fährschiffe, und in diesem Buch auch alle ehemaligen Passagierschiffe, die heute als Frachter oder Museumsschiffe dienen oder die seit Jahren ungenutzt aufliegen. Aufgenommen wurden auch die Frachtfähren mit mehr als 12 Passagieren. Für diese deutsche Ausgabe habe ich mir die Freiheit erlaubt, im Anhang 2 vier mit weniger als BRZ 10 000 vermessene deutsche Kreuzfahrtschiffe vorzustellen.

630 Schiffe, das sind – wie schon erwähnt – fast 100 % mehr als in der letzten Ausgabe von 1991. Um trotz dieses vergrößerten Umfangs den inhaltlichen Standard des Werkes, besonders auch die Bildausstattung, zu erhalten und das Preisniveau nicht erheblich zu überschreiten, waren gewisse Umstrukturierungen erforderlich.

Durch eine Straffung der Textanordnung, speziell durch den Einsatz von Schrägstrichen als Ersatz für die Gliederung durch Absätze, konnte größte Raumausnutzung erreicht werden. Auch der Text selbst wurde gestrafft und auf Entbehrliches verzichtet, z.B. bei Eignergesellschaften. Aufmerksamen Lesern früherer Ausgaben wird auffallen, daß in den Lebensläufen älterer Schiffe gewisse Detailschilderungen verkürzt wurden oder ganz entfielen. Das ist eine weitere sinnvolle Einsparung, denn erstens können ja die betreffenden Passagen in den alten Ausgaben nachgelesen werden und zweitens bietet der so gewonnene Platz die Möglichkeit, interessante Einzelheiten aus der letzten Berichtsperiode ausführlicher darzustellen.

Weiter habe ich in dieser Ausgabe die gewohnte chronolo-gische Reihenfolge durch eine strikt alphabetische ersetzt, was teilweise durch die oben geschilderte Straffung bedingt war. Die neue Anordnung erleichtert den schnellen Zugang zu jedem aktuellen Schiffsnamen, der jetzt nicht mehr über das Register gesucht werden muß. Alle existierenden Schiffe sind mit ihrem aktuellen und zusätzlich mit ihrem ggfs. ersten Namen im alphabetischen Hauptteil verzeichnet. Wer sich z.B. über die ITALIA PRIMA informieren möchte, der stößt auf die Angabe »ITALIA PRIMA siehe STOCKHOLM«, unter STOCKHOLM findet er also das gesuchte Schiff – einschließlich eines Fotos der ITALIA PRIMA. Wer ein Schiff über einen nicht mehr aktuellen Namen sucht, z.B. VÖLKERFREUNDSCHAFT, findet es wie gewohnt über den Umweg des Nachschlagens im Schiffsnamenregister auf S. 2--f.

II. Die technischen und historischen Daten

Alle Daten in diesem Buch wurden gewissenhaft zusammengetragen, für dennoch auftretende Irrtümer bitte ich um Nachsicht. Redaktionsschluß ist Januar 1997. Auf die Möglichkeit, die Daten dieses Buches regelmäßig zu aktualisieren, habe ich im Vorwort hingewiesen.

Die technischen und historischen Daten der Schiffe werden in folgender, stets gleichbleibender Reihenfolge angegeben:

1) Art
2) NAME
3) Reederei und Heimathafen
4) Bauwerft und -ort; Baunummer

   Im Absatz der technischen Daten werden folgende Angaben gemacht und durch einen Schrägstrich voneinander getrennt:

5) Bruttovermessung, BRZ oder BRT;
6) tdw;
7) Länge über alles;
8) Breite;
9) Antriebsmaschinen; Erbauer;
10) PS oder kW;
11) Anzahl der Schraubenpropeller;
12) Knoten;
13) Passagierkapazität;
14) Besatzungsstärke;
15) Angaben über Kapazität an PKW, Trailern, LKW oder Bahnwaggons;
16) Chronologischer Lebenslauf vom Stapellauf bis in die Gegenwart bzw. bis zum Ende des Schiffes. Hier werden auch eventuelle Änderungen der technischen Daten aufgeführt.

Achtung: Alle vor dem Lebenslauf eines Schiffes zusammengefaßten technischen Angaben beziehen sich stets auf den Zeitpunkt der ersten Indienststellung des Schiffes als PASSAGIERschiff. Dies gilt auch dann, wenn das Schiff ursprünglich kleiner als 10 000 BRZ/BRT war. Alle späteren Änderungen stehen im chronologischen Lebenslauf. Diese Form der Präsentation wurde gewählt, um den Lebenslauf des Schiffes übersichtlich darstellen zu können.

Die angegebenen technischen Daten stammen überwiegend aus Lloyd's Register of Ships, ergänzende Angaben kommen von Werften und Reedereien sowie aus Sekundärliteratur.

Erläuterung und Kritik der einzelnen Angaben:

1) Art

Die einzelnen Antriebsarten sind wie folgt bezeichnet:

gts = Gasturbinenschiff
ms = Motorschiff
mse = Dieselelektrisches Schiff
ts = Turbinenschiff
tse = Turboelektrisches Schiff

2) Schiffsname

Angegeben ist die Schreibweise in lateinischen Lettern, so wie sie am Rumpf zu lesen ist. Immer öfter kann man neue, eigenwillige Schreibweisen lesen, z.B. »SeaBreeze« statt »Sea Breeze« oder »SuperStar« statt »Super Star«. Hier taucht bisweilen das Problem auf, daß selbst die Reedereien solche Namen nach dem »Mal-so/mal-so-Prinzip« getrennt oder zusammen schreiben und damit Verwirrung stiften. Auch bei der Transliterierung chinesischer Schiffsnamen gibt es dieses Problem. Da eventuelle Akzente oder Lautzeichen bei den Versalien am Schiffsrumpf fast immer fehlen, werden sie auch hier weggelassen.

3) Reederei und Heimathafen

Hier wird nach Möglichkeit die Firma genannt, deren Reedereifarben das Schiff führt, nur in Ausnahmefällen stehen zusätzliche Hinweise. Bei den Firmennamen werden rechtliche Zusätze wie z. B. AG oder Ltd. fast immer weggelassen, auch kann der Firmenname in einer Kurzform erscheinen, die aber immer unverwechselbar ist.

Am Beispiel der MINERVA läßt sich diese Vereinfachung überzeugend begründen: Das Schiff gehört der britischen P&O-Gruppe und führt die Schornsteinmarke der griechischen P&O-Tochtergesellschaft Swan Hellenic, unter deren Namen auch die kulturgeschichtlich orientierten Kreuzfahrten veranstaltet werden. Registrierter Eigentümer des Schiffes ist die Atholl Shipping Corporation in Nassau, die wiederum der italienisch-monegassischen Vlasov-Gruppe gehört, von der Swan Hellenic das Schiff in Langzeitcharter übernahm. Manager des Schiffes schließlich ist die in Monaco ansässige Firma V-Ships. Das sind also nicht weniger als fünf verschiedene Firmen in fünf Ländern mit fünf verschiedenen Firmensitzen, die alle unter der Rubrik »Reederei« aufgeführt werden könnten. Ich finde, daß solche Verflechtungen zwar in ein Buch über die betreffenden Reedereien gehören, nicht aber in ein Schiffsregister wie dem vorliegenden Buch stehen müssen. Deshalb habe ich im Fall MINERVA die Reedereibezeichnung wie folgt angegeben: Swan Hellenic Cruises, Nassau; damit ist die aktuelle Reederei angegeben sowie Heimathafen und Flagge definiert. Alles andere ist im Sinne dieses Buches als verwaltungs- und steuertechnischer Ballast weggelassen worden. Der stets angegebene Heimathafen des Schiffes ist **nicht unbedingt** Sitz der Reederei!

4) Bauwerft, Bauort; Baunummer

Auch hier gilt, daß bei den Firmennamen rechtliche Zusätze wie Pty. oder GmbH nicht angegeben werden und daß Firmennamen bisweilen in Kurzform erscheinen.

5) Brutto-Vermessung

Mit dem Jahr 1994 sind offiziell jene bisher praktizierten unterschiedlichen Vermessungsregeln außer Kraft gesetzt worden, die es möglich machten, riesige Schiffsräume von der Vermessung auszunehmen. Bei RoRo-Fährschiffen z. B. wurden die Fahrzeugdecks kaum je mitvermessen, so daß diese Schiffe nach den neuen Regeln eine bis zu 50 % größere Brutto-Tonnage aufweisen! Auch bei anderen Passagierschiffen kann der Unterschied erheblich sein, ich nenne nur das Beispiel STARSHIP ATLANTIC.

Dieses 1982 mit 19337 BRT in Dienst gestellte Schiff ist seit 1995 mit BRZ 35143 vermessen, und zwar **ohne** daß ein Umbau stattgefunden hätte! Bei Schiffen, die noch mit BRT-Vermessung in Dienst gestellt wurden, wird die neue BRZ-Vermessung zu dem Zeitpunkt angegeben, da sie erstmals im Schiffsregister erscheint.

6) Tragfähigkeit

Die Tragfähigkeit ist als tdw (t zu 1000 kg) angegeben. Im Gegensatz zu anderen technischen Daten wird die Veränderung der Tragfähigkeit nur in gravierenden Umbaufällen erwähnt. Ihre Angabe dient in diesem Buch als zusätzliches Indiz für den Schiffstyp. Eine im Verhältnis zur Brutto-Vermessung kleine tdw-Zahl deutet auf ein reines Passagier- bzw. Fährschiff hin, während eine im Verhältnis zur BRZ/BRT große tdw-Zahl auf ein Kombischiff bzw. eine Frachtfähre hindeutet.

7) Schiffslänge

Es wird durchgehend die Länge über alles angegeben, also die größte Länge des Schiffsrumpfes.

8) Schiffsbreite

Angegeben ist normalerweise die größte Breite des Schiffsrumpfes über eventuelle Anbauten, wie z. B. Seitenwulste. Wo diese größte Breite um mehr als 15 cm über der Breite auf Spanten liegt, ist diese zusätzlich (in Klammern) angegeben.

9) Antriebsmaschinen

Anzahl und Art der Antriebsmaschinen in verständlichen Abkürzungen; hinter dem Semikolon folgt das Fabrikat und, wenn die Maschine nicht im Stammhaus

Der Luxuskatamaran RADISSON DIAMOND aus der Luft. Während man das Doppelrumpf-Prinzip meistens für besonders schnelle Schiffe anwendet, dient es hier hauptsächlich der Verminderung von Roll- und Stampfbewegungen. Mit nur 12,5 Knoten ist der Katamaran sogar ausgesprochen langsam (Foto Eilhart Buttkus, 1996)

des Fabrikats gebaut wurde, hinter dem Bindestrich die Herstellerfirma.

10) Maschinenleistung

Die Antriebsleistung der Maschinen wird bei vor 1977 in Dienst gestellten Schiffen für Motorschiffe in PSe bzw. für Turbinenschiffe in PSw angegeben. 1977 wurde das Internationale System für die Benennung physikalischer Einheiten verbindlich, nach dem die Leistung in Kilowatt (kW) anzugeben ist, was in diesem Buch für alle ab 1977 gebauten Maschinen geschehen ist. 1 kW = 1,360 PS; 1 PS = 0,735 kW

11) Vortriebsmittel

Anzahl der Schrauben (Propeller) oder anderer Vortriebsmittel, wie z. B. Wasserstrahldüsen.

12) Geschwindigkeit

Angegeben ist die Dienstgeschwindigkeit in Knoten = Seemeilen à 1852 m pro Stunde. Höchstgeschwindigkeiten werden dahinter in Klammern angegeben, soweit sie bekannt sind.

13) Passagierkapazität

Das ist ein so komplexes Feld, daß mir eine wünschenswerte einheitliche Form der Angaben nicht möglich schien.
Grundsätzlich gilt, daß heute auf Kreuzfahrtschiffen Zweibettkabinen die Norm sind, daß teilweise aber Sofa- oder Wandbetten eine zusätzliche Belegung, z. B. für Kinder ermöglichen. Bei Fährschiffen ist es komplizierter. Bei kurzer Fahrtdauer sind keine Kabinen oder Betten nötig, es gibt nur sog. Deckspassagiere. Bei sieben und mehr Stunden Fahrtzeit werden Kabinen unterschiedlichen Komforts sowie Schlafsäle oder auch Pullmansessel angeboten.
Ich habe versucht, jeweils möglichst detaillierte Angaben zu machen. Zahlen in Klammern bedeuten Maximalzahlen. Der Begriff Pullman umfaßt in diesem Buch nicht nur die sog. Flugzeugsessel, sondern auch die durch Vorhänge abgeteilten Schlafkojen auf Fähren.

14) PKW, LKW, Trailer oder Bahnwaggon-Kapazität

Ladekapazität an PKW und/oder LKW und/oder Trailer. Mit Waggons sind Personenwagen gemeint.

15) Besatzungsstärke

Die Besatzungsstärke war leider nicht für jedes Schiff zu ermitteln. Das Verhältnis dieser Ziffer zur Anzahl der Passagiere gibt einen Anhalt zur Beurteilung des Service-Standards.

16) Lebenslauf des Schiffes

In den chronologischen Lebenslauf werden alle wichtigen Daten und Fakten des Schiffslebens aufgenommen. Die Angaben zu den Fahrtrouten bei Fährschiffen sind detailliert, trotzdem kann bisweilen die eine oder andere kurze Charter oder Routenänderung nicht aufgeführt sein.

So sollen die beiden bei Kvaerner Masa-Yards in Turku für die Royal Caribbean Cruise Line bestellten Super-Kreuzfahrtschiffe von je BRZ 130 000 für 3100 Passagiere aussehen, die 1999 bzw. 2000 in Fahrt kommen sollen (Computergrafik RCCL, 1996)

ms AALLOTAR

Finska Angfartygs, Helsinki
Dubigeon-Normandie, Nantes; Baunr. 126

7801 BRT / 1133 tdw / 126,80 m Länge ü.a. / 19,54 m Breite / Zwei 16-Zyl.-Diesel; Pielstick-Atlantique / 16 000 PSe / 2 Schrauben / 21 kn / Pass.: 256 I., 186 Touristenklasse; 588 Deckspass. / 170 PKW / Bes. 135

23.7.1971 Stapellauf / 17.2.1972 Ablieferung / 1.3.1972 Jungfernreise Stockholm–Helsinki / 1975 Norrtälje–Turku-Dienst / 1.10.1977 an Polish Baltic Shipping Co verchartert / 14.5.1978 ROGALIN, Polish Baltic Shipping Co, Kolberg. Fährdienste in der Ostsee / 3.5.1982 erste Reise Travemünde–Kopenhagen / 29.5.1983 EDDA, Farskip-Charter für Bremerhaven–Newcastle–Reykjavik-Dienst / 9.1983 wieder ROGALIN / Jeweils vom 4. bis 12.1987, 4. bis 12.1988, 3. bis 12.1991 und ab 3.1992 als CELTIC PRIDE von Swansea Cork Ferry für den Dienst zwischen Wales und Irland gechartert / 12.8.1992 Zwei Kinder ersticken, weil wegen eines Defekts das Wasser im WC-Becken abgesunken war und deshalb giftige Fäkaliendämpfe in die Kabine dringen konnten / 1.11.1992 wieder ROGALIN, Danzig–Helsinki bzw. Swinemünde–Ystad-Dienst / 1994 BRZ 10 241 / 1995 erste Reise Danzig–Oxelösund /

ROGALIN ex AALLOTAR (Foto Frank Heine, 1996)

ms ABEGWEIT

CN Marine, Charlottetown
Saint John Sb.& D.D. Co, St.John; Baunr. 1136

13 482 BRT / 4500 tdw / 122,38 m Länge ü.a. / 21,59 m Breite / Sechs 16-Zyl.-Diesel mit Getriebe; Ruston / 13 240 kW / 2 Schrauben / 17 kn / 950 Deckspass. / 20 Waggons, 200 PKW /

20.2.1982 Stapellauf / 10.1982 Ablieferung / Borden–Cape Tormentine-Dienst als eisbrechendes Fährschiff / 1987 an Marine Atlantic, Charlottetown /

ABEGWEIT (Foto CN Marine)

ABOITIZ SUPER FERRY II

siehe FERRY SUMIYOSHI

ABOITIZ SUPERFERRY V

siehe FERRY HAKOZAKI

GEN. EDWIN D. PATRICK ex ADMIRAL C.F. HUGHES. Dieses Foto steht hier stellvertretend für die fünf heute noch existierenden Schiffe dieser Klasse (Foto Hans-Joachim Reinecke, 1962)

tse ADMIRAL C.F. HUGHES

US Navy
Bethlehem Alameda Shipyard, Alameda; Baunr. 9505

19 969 BRT / 10 131 tdw / 185,6 m Länge ü.a. / 23,02 m Breite / Zwei Satz Getriebeturbinen, zwei Generatoren, zwei E-Motoren; General Electric / 20 500 PSw / 2 Schrauben / Pass.: 4680 Soldaten / Bes. 367

27.7.1944 Stapellauf für die US Army / 31.1.1945 Ablieferung an US Navy / 13.3.1945 Jungfernreise San Franzisko–Pearl Harbor / 5.1946 an die US Army / 1947 umbenannt GEN. EDWIN D. PATRICK / 1.3.1950 an US Navy / 20.9.1968 an US Maritime Administration, dann an Department of Transportation, Norfolk. Aufgelegt /

AEGEAN I siehe AEGEAN DOLPHIN (Foto Florent Van Otterdijk)

EUROMANTIQUE ex AGIA METHODIA (Foto Andreas Wörteler, 1995)

tse ADMIRAL E.W. EBERLE

US Navy
Bethlehem Alameda Shipyard, Alameda; Baunr. 9504

19 969 BRT / 10 131 tdw / 185,6 m Länge ü.a. / 23,02 m Breite / Zwei Satz Getriebeturbinen, zwei Generatoren, zwei E-Motoren; General Electric / 20 500 PSw / 2 Schrauben / Pass.: 4680 Soldaten / Bes. 367

14.6.1944 Stapellauf für die US Army / 24.1.1945 Ablieferung an US Navy / 6.3.1945 Jungfernreise San Franzisko–Philippinen / 5.1946 an die US Army / 1947 umbenannt GEN. SIMON B. BUCKER / 1.3.1950 an US Navy, später an Department of Transportation, Norfolk. Weiter aufgelegt /

tse ADMIRAL H.T. MAYO

US Navy
Bethlehem Alameda Shipyard, Alameda; Baunr. 9506

19 969 BRT / 10 131 tdw / 185,6 m Länge ü.a. / 23,02 m Breite / Zwei Satz Getriebeturbinen, zwei Generatoren, zwei E-Motoren; General Electric / 20 500 PSw / 2 Schrauben / Pass.: 4680 Soldaten / Bes. 367

26.11.1944 Stapellauf für die US Army / 24.4.1945 Ablieferung an US Navy / 24.5.1945 Jungfernreise San Franzisko–Le Havre / 27.5.1946 an die US Army / 1947 umbenannt GEN. NELSON M. WALKER / 1.3.1950 an US Navy, dann an Department of Transportation, Norfolk. Aufgelegt /

tse ADMIRAL HUGH RODMAN

US Navy
Bethlehem Alameda Shipyard, Alameda; Baunr. 9507

19 969 BRT / 10 131 tdw / 185,6 m Länge ü.a. / 23,02 m Breite / Zwei Satz Getriebeturbinen, zwei Generatoren, zwei E-Motoren; General Electric / 20 500 PSw / 2 Schrauben / Pass.: 4680 Soldaten / Bes. 367

25.2.1945 Stapellauf für die US Army / 10.7.1945 Ablieferung an US Navy / 16.8.1945 Jungfernreise San Franzisko–Manila / 5.1946 an die US Army / 1947 umbenannt GEN. MAURICE ROSE / 1.3.1950 an US Navy / 20.9.1968 an US Maritime Administration, dann an Department of Transportation, Norfolk. Aufgelegt /

tse ADMIRAL R.E. COONTZ

US Navy
Bethlehem Alameda Shipyard, Alameda; Baunr. 9503

19 969 BRT / 10 131 tdw / 185,6 m Länge ü.a. / 23,02 m Breite / Zwei Satz Getriebeturbinen, zwei Generatoren, zwei E-Motoren; General Electric / 20 500 PSw / 2 Schrauben / Pass.: 4680 Soldaten / Bes. 367

22.4.1944 Stapellauf für die US Army / 21.11.1944 Ablieferung an US Navy / 3.1.1945 Jungfernreise San Franzisko–Pearl Harbor / 25.3.1946 an die US Army / 1947 umbenannt GEN. ALEXANDER M. PATCH / 1.3.1950 an US Navy, dann an Department of Transportation, Norfolk. Aufgelegt /

ms AEGEAN DOLPHIN

Dolphin (Hellas) Shipping, Piräus
Santierul Naval Galatz, Galatz; Baunr. 617

11563 BRZ / 4174 tdw / 128,33 m Länge ü.a. / 20,50 m Breite / Zwei 14-Zyl.-Diesel; Pielstick-Crossley / 10 154 kW / 2 Schrauben / 17 kn / 720 Pass. in 288 Kabinen /

1972 Stapellauf als Frachtfähre NARCIS für die Zim Israel Navigation Co, Haifa / 1973 Ablieferung / 1985 ALKYON, Dolphin Hellas Shipping, Piräus / 1986 Umbaubeginn zum Kreuzfahrtschiff auf der Perama Werft in Chalkis; umbenannt AEGEAN DOLPHIN / 1988 Ablieferung, Daten s.o.; Kreuzfahrten ab Venedig / 1989 umbenannt DOLPHIN / 1990 wieder AEGEAN DOLPHIN / 1991 bis Frühjahr 1992 als Ersatz für die gesunkene OCEANOS verchartert / 31.10.1994 in Piräus aufgelegt / 1996 umbenannt AEGEAN I, Mittelmeer-Kreuzfahrten für britische Discovery Cruises /

AEGEAN I siehe AEGEAN DOLPHIN

ms AGIA METHODIA

A. K. Ventouris, Limassol
Framnaes MV, Sandefjord; Baunr. 186

10 749 BRZ / 4333 tdw / 135,79 m Länge ü.a. / 26,73 (26,60) m Breite / Zwei 12-Zyl.-Diesel mit Getriebe; Pielstick-Lindholmen / 8830 kW / 2 Schrauben / 18,5 kn / Pass.: 198 in 57 Kabinen, 502 Deckspass. / 300 PKW /

1976 Ablieferung als Frachtfähre UNION HOBART, Union Shipping Australia, Sydney. 4376 BRT / 1984 SEAWAY HOBART, Coastal Express Lines-Charter / 1993 SEAWAY I, A.K. Ventouris, Limassol / Bis 1994 Umbau zur Passagierfähre AGIA METHODIA, Daten s.o., Patras–Korfu–Igoumenitsa–Brindisi-Dienst / 1995 EUROMANTIQUE, Icemare Shipping Co, Nassau / 12.4.1995 erste Reise Sheerness–Vlissingen in Eurolink-Charter / 1.12.1996 Dienst eingestellt /

AIDA (Foto Hans-Joachim Reinecke, 1996)

ms AGIOS ANDREAS

Med Link Lines, Valletta
NSW Governm. Sb. & Eng. Co, Newcastle, NSW; Baunr. 79

10 178 BRZ / 2482 tdw / 135,70 m Länge ü.a. / 21,52 (21,34) m Breite / Zwei 16-Zyl.-Diesel mit Getriebe; Pielstick-Atlantique /

13 000 PSe / 2 Schrauben / 17,5 kn / 316 Pass. in 133 Kabinen, 804 Deckspass. / 300 PKW /

1967 Stapellauf als Frachtfähre AUSTRALIAN TRADER / 6.1969 Ablieferung an Australian Coastal Shipping Comm., Melbourne. 7005 BRT / Melbourne Devonport-Dienst / 1.1977 JERVIS BAY, Umbau zum Schulschiff der australischen Marine / 1995 an Med Link Lines, Valletta. Nach Umbau 1996 umbenannt AGIOS ANDREAS. Patras–Igoumenitsa–Brindisi-Dienst, zeitweise auch nach Cesme /

AGIOS ANDREAS (Foto Frank Heine, 1996)

ms AIDA

Deutsche Seereederei Touristik, Rostock
Kvaener-Masa Yard, Turku; Baunr. 1337

38 531 BRZ / 3752 tdw / 193,34 m Länge ü.a. / 27,60 (30,81) m Breite / Vier 6-Zyl.-Diesel mit Getriebe; MAN B&W / 21 720 kW / 2 Schrauben / 21 kn / 1186 Pass. in 593 Kabinen / Bes. 370

16.2.1996 aufgeschwommen / 4.6.1996 Ablieferung / 7.6.1996 Taufe in Warnemünde / 11.6.1996 Jungfernreise Bremerhaven–Palma de Mallorca / Mittelmeer-Kreuzfahrten, im Winter Karibik /

AKADEMIK HESEN ALIYEV siehe SOVIETSKAYA KIRGIZIYA

AKADEMIK M. TOPCHUBASHOV siehe SOVIETSKAYA KALMYKIYA

ALBATROS siehe SYLVANIA

ms ALBIREO
Taiheiyo Enkai Ferry, Nagoya
Nagoya Nakai Zosen, Setoda; Baunr. 250

9749 BRT / 3330 tdw / 167,24 m Länge ü.a. / 24,03 m Breite / Zwei 16-Zyl.-Diesel; B&W-Hitachi / 19 360 PSe / 2 Schrauben / 21,5 Kn / 254 Pass. in Kabinen, 681 Deckspass. / 95 LKW, 75 PKW / Bes. 69

1972 Stapellauf / 10.1.1973 Ablieferung / Nagoya–Tomakomai-Dienst / 1990 IONIAN ISLAND, Strintzis Lines, Patras / Umbau bei der reedereieigenen Werft in Perama. 9547 BRT, 717 Pass. in 220 Kabinen, 342 Pullman, 441 Deckspass., Bes. 125, 600 PKW / 6.1990 Patras–Ancona-Dienst / 1995 BRZ 18 858 /

IONIAN ISLAND ex ALBIREO (Foto Frank Heine, 1995)

ms ALEKSANDR PUSHKIN
Baltic Shipping Co, Leningrad
Mathias-Thesen-Werft, Wismar; Baunr. 126

19 860 BRT / 5180 tdw / 176,28 m Länge ü.a. / 23,63 m Breite / Zwei 7-Zyl.-Diesel; Sulzer-Cegielski / 21 000 PSe / 2 Schrauben / 20,5 kn / Pass.: 130 I., 620 Touristenklasse / Bes. 220

26.3.1964 Stapellauf / 6.1965 Fertigstellung / Kreuzfahrten / 13.4.1966 Erste Reise Leningrad–Montreal / 1975 20 502 BRT. Überwiegend für Kreuzfahrten eingesetzt / 1985 an Far Eastern Shipping Co, Wladiwostok / 6.2.1990 in Singapur aufgelegt / 1991 MARCO POLO, Shipping & General (Orient Line), Nassau / 6.1991 nach Griechenland überführt, wo das Schiff auf der Neorion-Werft auf Syros umgebaut wird. 20 502 BRT, 850 Pass. in 425 Kabinen / 11.1993 erste Mittelmeer-Kreuzfahrt / 1995 BRZ 22 080 /

Foto siehe Farbseite auf Seite 113

AMERICANA

AMBASSADOR siehe PRINS OBERON

mse AMBROSE SHEA
Canadian Dept. of Transport, St. John's
St. John's Marine Industries, Sorel; Baunr. 324

8444 BRT / 1691 tdw / 120,61 m Länge ü.a. / 21,72 (21,04) m Breite / Fünf 16-Zyl.-Diesel mit 24 200 PSe, fünf Generatoren, zwei Elektromotoren von 13 000 PSe; Cooper-Bessemer / 2 Schrauben / 16,5 kn / 260 Pass. in Kabinen, 50 Deckspass. / 100 PKW / Waggons

16.4.1966 Stapellauf / 12.12.1966 in der Ausrüstung durch Brand schwer beschädigt / 5.1968 Fertigstellung / Sidney–Argentia-Dienst/ 1970 Umbau. 9934 BRT, 258 Pass. in 93 Kabinen, 267 Deckspass., 150 PKW, 19 LKW / 1979 an CN Marine, St. John's / 1987 an Marine Atlantic, St. John's / 1989 an A. Lelakis, Piräus / 1989 AMBROSE, Rederi Svea-Link, Nassau / 26.4.1990 in Gdynia aufgelegt. Umbau und Umbenennung in EUROPA LINK geplant, aber nicht realisiert / 24.9.1990 In Malmö aufgelegt / 3.1991 QUEEN VERGINA, Strintzis Lines, Piräus. Dort zur Autofähre umgebaut / 1992 Piräus–Rhodos–Haifa-Dienst / 1993 Ancona-Cesme-Dienst in Charter der Topas Maritime Lines / 1994 an Ayios Efthimios Navigation Co, Valletta / 1996 Patras–Korfu–Igoumenitsa-Dienst für Vergina Ferries /

QUEEN VERGINA ex AMBROSE SHEA (Foto Frank Heine, 1996)

AMORELLA (Foto Klaus Peter Kiedel, 1994)

ms AMERICANA
Ivarans Rederi, Oslo
Hyundai Heavy Industries, Ulsan; Baunr. 464

19 203 BRZ / 19 830 tdw / 176,71 m Länge ü.a. / 26,01 m Breite / Ein 7-Zyl.-Diesel; MAN B&W-Bauwerft / 10 830 kW / 1 Schraube / 18,25 kn / 110 Pass. in 52 Kabinen / Bes. 30

7.1987 Stapellauf / 5.3.1988 Jungfernreise New York–La Plata /

AMERIKANIS siehe KENYA CASTLE

ms AMORELLA
Viking Line, Mariehamn
Brodogradiliste, Split; Baunr. 356

34 384 BRT / 3690 tdw / 157,97 m Länge ü.a. / 27,61 m Breite / Vier 12-Zyl.-Diesel mit Getriebe; Pielstick / 23 762 kW / 2 Schrauben / 21,5 kn / 2112 Pass. in 564 Kabinen, 88 Deckspass. / 630 PKW /

18.7.1987 Stapellauf / 20.9.1988 Ablieferung / 14.10.1988 Jungfernreise Stockholm–Mariehamn–Turku /

ANASTASIA siehe BORE I

MINGHUA ex ANCERVILLE (Foto Martin Lochte-Holtgreven, 1991)

ANASTASIS siehe VICTORIA

ms ANCERVILLE
Cie. de Navigation Paquet, Marseille
Chantiers de l'Atlantique, St. Nazaire; Baunr. M21

14 224 BRT / 3037 tdw / 167,95 m Länge ü.a. / 22,00 m Breite / Zwei 12-Zyl.-Diesel; B&W-Bauwerft / 24 000 PSe / 2 Schrauben / 22,5 kn / Pass.: 171 I., 346 Touristen-, 253 III. Klasse / Bes. 173

5.4.1962 Stapellauf / 20.8.1062 Ablieferung / 5.9.1962 Kreuzfahrt nach den Kanarischen Inseln. Danach Jungfernreise Marseille–Dakar / 1970 an Nouvelle Cie. de Paquebots, Marseille / 4.1973 MING HUA, China Ocean Shipping, Canton. China–Ostafrika-Dienst / 1981 Kreuzfahrten ab Australien für Burns, Philp & Co. 380 Passagiere / 1984 an Guangzhou Ocean Shipping Co, Guangzhou / 1986 In Lloyd's Register ohne Reedereiangabe als Wohnschiff verzeichnet. Hotelschiff in Shenzhen / 1991 in Lloyd's Register gestrichen, da permanent als Hotelschiff genutzt /

ms ANKARA
Turkish Maritime Lines, Istanbul
Stocznia Szcecinska im. A. Warskiego, Stettin; Baunr. B490/03

10 552 BRT / 1750 tdw / 127,44 m Länge ü.a. / 19,46 m Breite / Vier 6-Zyl.-Diesel mit Getriebe; Zgoda-Sulzer / 12 360 kW / 2 Schrauben / 20,25 kn / 460 Pass. in 123 Kabinen, 132 Pullman, 400 Deckspass. / 214 PKW /

1982 Stapellauf als MAZOWIA für Polska Zegluga Morska (Polferries) / 1983 ANKARA, Turkish Maritime Lines, Istanbul / 6.1983 Fertigstellung / 1.7.1983 Jungfernreise Istanbul–Izmir, dann Venedig–Izmir Dienst / 1996 BRZ 10 552 /

ANKARA (Sammlung Weirauch)

ANNA KARENINA siehe VIKING SONG

ms ANNA NERY
Cia. Nac. de Nav. Costeira Autaquia Fed., Rio de Janeiro
Brodogradiliste Uljanik, Pula; Baunr. 237

10444 BRT / 3713 tdw / 150,02 m Länge ü.a. / 20,02 (19,00) m Breite / Zwei 7-Zyl.-Diesel; B&W-Krupp / 8100 PSe / 2 Schrauben / 17,5 kn / Pass.: 208 I., 274 Touristenklasse / Bes. 163

5.11.1961 Stapellauf / 27.8.1962 Ablieferung / Manaus–Buenos Aires-Dienst / 13.10.1963 25 sm vor Rio de Janeiro mit dem brasilianischen Tanker PRESIDENTE DEODORO kollidiert. Zwei Tote. Nach monatelanger Reparatur wieder in Dienst / 1978 DANAOS, Kavounides Hellenic Cruises, Piräus / 2.1978 In Piräus aufgelegt / 1978 CONSTELLATION, Kavolines Corp., Piräus. Weiter aufgelegt / 11.1981 bis 12.5.1982 Umbau in Perama. 12 433 BRT. 480 Pass. in 211 Kabinen. Bes. 200 / 6.1982 Mittelmeer-Kreuzfahrten / 1984 mit 7952 BRT vermessen / 27.10.1986 In Piräus aufgelegt / 1988 an Epirotiki Lines, Piräus / 1989 an Kavounides Shipping Co, Piräus. Weiter aufgelegt / 1992 MORNING STAR, A. E. Lelakis (Ridgeway Shipping), Nassau / 1992 REGENT SPIRIT, Regency Cruise Line, Nassau / 1994 BRZ 10 392 / 10.1995 in Nizza arretiert / 2.6.1996 SALAMIS GLORY, Golden Anchor, Limassol. Mittelmeer-Kreuzfahrten /

REGENT SPIRIT ex ANNA NERY (Foto Jürgen Saupe, 1994)

ts AQUARAMA
Sand Products Corp., Wilmington
Sun Sb. & D. D. Co, Chester; Baunr. 357

12 773 BRT / 151,4 m Länge ü.a. / 21,85 m Breite / Zwei Getriebeturbinen; General Electric / 9900 PSw / 1 Schraube / 19 kn / 2500 Deckspass. / 165 PKW / Bes. 190

7.1945 Fertigstellung als C4-Frachter MARINE STAR für die US Maritime Commision.

AQUARAMA (Sammlung Weirauch, 1988)

10 780 BRT / 1952 an Sand Products Corp,. Wilmington, Del. / Bei Todd in Brooklyn und bei der West Michigan Dock & Market Corp. zum Fährschiff umgebaut / 9.1955 als AQUARAMA in Dienst gestellt / 1956 Erste Reise Detroit–Cleveland auf dem Eriesee / 1977 aufgelegt / 1987 An S.S. Aquarama, Ontario. Einsatz als schwimmendes Kongreß-Zentrum / 1994 MARINE STAR, Empire Cruise Lines, Wilmington /

ARAHURA (Foto Frank Heine, 1996)

ARAFURA LILY siehe ZI DING XIANG

mse ARAHURA
New Zealand Railway Corp., Wellington
Aalborg Vaerft., Aalborg; Baunr. 245

7633 BRT / 2457 tdw / 148,37 m Länge ü.a. / 20,50 m Breite / Vier 12-Zyl.-Diesel, vier Generatoren, zwei E-Fahrmotoren; Wärtsilä / 7700 kW / 2 Schrauben / 19 kn / 1085 Deckspass. / 132 PKW oder 60 Waggons / Bes. 71

18.3.1983 Stapellauf / 12.11.1983 Ablieferung / Wellington–Picton-Dienst / 1996 an Trans Rail, Interisland Line, Wellington. BRZ 13 621 /

ms ARBOREA
Tirrenia di Navigazione, Neapel
Italcantieri, Genua; Baunr. 4354

11 324 BRT / 5402 tdw/ 148,32 m Länge ü.a./ 22,76 m Breite / Zwei 12-Zyl.-Diesel mit Getriebe; GMT / 11 033 kW / 2 Schrauben / 20 kn / 333 Pass. in Kab., 888 Deckspass. / 409 PKW /

4.3.1980 Stapellauf als Ro-Ro-Frachter STAFFETTA JONICA. 6900 BRT / 1987 Umbau zur Passagierfähre ARBOREA, Daten s.o. / Fährdienst an der Westküste Italiens /

ms ARETOUSA
Minoan Lines, Heraklion
Fosen MV, Rissa; Baunr. 56

28 417 BRZ / 5850 tdw / 177,30 m Länge ü.a. / 27,00 m Breite / Vier 8-Zyl.-Diesel mit Getriebe; MAN B&W / 31 200 kW / 2 Schrauben / 23,8 (25) kn / 500 Pass. in 125 Kabinen, 1000 Deckspass., davon 250 Pullman / 1000 PKW /

15.12.1994 Stapellauf als Unterauftrag bei Bruce, Landskrona / 9.6.1995 Ablieferung / 6.1995 Vorstellung in Piräus / 8.7.1995 Jungfernreise Patras–Ancona /

ARBOREA (Foto Frank Heine, 1989)

ARETOUSA (Foto Hans Jürgen Amberg, 1995)

ms ARGENTINA

Moore-McCormack Lines, New York
Ingalls Shipbuilding Corp., Pascagoula, Ms; Baunr. 468

14 984 BRT / 8552 tdw / 188,22 m Länge ü.a. / 26,88 (25,61) m Breite / Zwei Satz Getriebeturbinen; General Electric / 35 000 PSw / 2 Schrauben / 24 kn / 553 Pass. I. Klasse / Bes. 401

12.3.1958 Stapellauf / 9.12.1958 Ablieferung / 12.12.1958 Jungfernreise New York–Buenos Aires / 1963 bei Bethlehem Steel in Baltimore umgebaut. 15 257 BRT / 1972 VEENDAM, Holland Amerika Lijn, Willemstad / 8.9.1972 Ankunft in Bremerhaven, Umbau bei der Hapag-Lloyd-Werft. 23 372 BRT. 671 Pass. / 3.1973 nach Rotterdam überführt / 17.6.1973 Mit einer Reise Rotterdam–New York als Cruise Liner in Dienst gestellt. / 14.5.1974 In Hampton Roads aufgelegt / 15.12.1974 an Agence Maritime International verchartert. Umbenannt BRASIL. Kreuzfahrten ab Rio de Janeiro / 4.1975 Ende der Charter, umbenannt VEENDAM / 1976 MONARCH STAR, Monarch Cruises, Panama. 15 632 BRT / 1978 VEENDAM, Holland-Amerika-Lijn, Panama / 1981 Heimathafen Willemstad. 23 819 BRT / 5.1984 BERMUDA STAR, Island Navigation Corp. Panama. 14 208 BRT / 1989 von Bermuda Star Line bereedert / 9.1990 ENCHANTED ISLE, Commodore Cruise Lines, Panama / 28.5.1993 erste von sechs Norwegen-Kreuzfahrten ab Kiel / 24.8.1993 bis 8.1994 COMMODORE HOTEL, Hotelschiff in St. Petersburg / 8.1994 wieder ENCHANTED ISLE. 23 875 BRZ. Kreuzfahrten für US-Markt /

SEAFRANCE CEZANNE ex ARIADNE (Foto Andreas Wörteler, 1996)

ENCHANTED ISLE ex ARGENTINA (Foto Eckhard Biermann, 1993)

ms ARGO

Taiheiyo Enkai Ferry, Nagoya
Nipponkai Dock Co, Toyama; Baunr. 164

6949 BRT / 2825 tdw / 131,98 m Länge ü.a. / 22,71 m Breite / Zwei 16-Zyl.-Diesel; Pielstick-Ishikawajima / 16 000 PSe / 2 Schrauben / 19,5 Kn / 709 Deckspass. / 100 PKW, 60 LKW / Bes. 70

25.6.1973 Ablieferung / Nagoya–Ohita-Dienst / 1980 FERRY KOGANE MARU, Kansai Kisen Co / 4.11.1980 erste Reise Osaka–Kobe–Beppu / 1983 an Kurushima Dockyard / 1984 PEGASUS, Taiyo Ferry Osaka / Weiter an OSK-Mitsui / 1989 RODOS, DANE Sea Line, Rodos. 6475 BRT. 528 Pass. in 165 Kabinen, 872 Deckspass., 400 PKW. Piräus–Rhodos-Dienst / 1996 BRZ 10 298 /

RODOS ex ARGO (Foto Antonio Scrimali)

ARIADNE siehe Tor Hollandia

ARKONA ex ASTOR (Foto Jürgen Saupe, 1996)

ms ARIADNE
Rederi A/B Nordö, Malmö
Kockums Varv, Malmö; Baunr. 568

8920 BRT / 10500 tdw / 163,51 m Länge ü.a./ 27,63 (23,00) m Breite / Zwei 7-Zyl.-Diesel; Sulzer-Sumitomo / 13 027 kW / 2 Schrauben / 21 kn / 175 Fahrer / LKW /

13.10.1979 Stapellauf / 1980 Ablieferung / Frachtfährdienst im Mittelmeer / 1980 umbenannt SOCO / 1982 TRAPETZITZA, SO Mejdunaroden Automobilen Transport (SOMAT), Bourgas / 10.1988 FANTASIA, Sealink British Ferries, Nassau. In Bremerhaven aufgelegt / 7.5. bis 10.1989 für Dover–Calais-Dienst umbenannt CHANNEL SEAWAY / 10.1989 umbenannt FANTASIA / 17.10.1989 bis 8.5.1990 bei der Lloydwerft in Bremerhaven zur Passagierfähre umgebaut.
25 122 BRZ, 1800 Deckspass., 650 PKW / 2.1990 FIESTA, Soc. Nouvelle d'Armement Transmanche (S.N.A.T.), Calais / 19.5.1990 Erste Reise Calais–Dover / 1.1.1996 SEA-FRANCE CEZANNE, Seafrance, Calais. Gleicher Dienst /

ARKADIA siehe AZERBAYDZHAN

ms ARKAS
Taiheiyo Enkai Ferry, Nagoya
Setoda Zosensho, Setoda; Baunr. 249

9695 BRT / 3362 tdw / 167,24 m Länge ü.a. / 24,03 m Breite / Zwei 16-Zyl.-Diesel; B&W-Hitachi / 13 830 kW / 2 Schrauben / 21,5 kn / 254 Pass. in Kabinen, 681 Deckspass. / 95 LKW, 75 PKW / Bes. 69

4.1972 Stapellauf / 11.9.1972 Ablieferung / 1987 IONIAN GALAXY, Strintzis Lines, Piräus. 700 Pass. in 400 Kabinen, 900 Deckspass., 600 PKW, 9964 BRT. Patras–Ancona-Dienst / 22.8.1991 in Patras durch Brand im Maschinenraum erheblich beschädigt / 1995 BRZ 17 691 /

ARKONA siehe ASTOR 1987

ASIAN PRINCESS siehe AUGUSTUS

ASK siehe LUCKY RIDER

ms ASTOR
Hadag Cruise Line, Hamburg
Howaldtswerke-Deutsche Werft, Hamburg; Baunr. 165

18 835 BRT / 2500 tdw / 164,34 m Länge ü.a. / 22,89 m Breite / Vier 6-Zyl.-Diesel mit Getriebe; MAN / 9708 kW / 2 Schrauben / 18 kn / 638 Pass. / Bes. 220

16.12.1980 Stapellauf. Ursprünglich als HAMMONIA geplant / 24.11.1981 erste Probefahrt / 14.12.1981 Ablieferung / 14.12.1981 Gästekreuzfahrt Hamburg–Genua / 23.12.1981 Jungfernkreuzfahrt Genua–Teneriffa / 7.2.1984 an Safmarine, Kapstadt. Umbau bei HDW in Hamburg, 540 Passagiere in 304 Kabinen / 4.1984 Erste Reise Southampton–Kapstadt. Kreuzfahrten / 1.7.1984 Heimathafen Nassau / 29.8.1985 an Deutsche West-Afrika Linie, Hamburg; unmittelbar danach ARKONA, Deutfracht/Seereederei, Rostock. Bes. 250. 15.10.1985 erste Kreuzfahrt ab Warnemünde; Kreuzfahrten für den FDGB und für westliche Touristen, Reisen nach Kuba / 1991 vom Frankfurter Veranstalter Seetours in Vollcharter genommen / 1990 an Deutsche Seereederei, Rostock. 18 834 BRT / 1992 BRZ 18 591 / 1994 von Deutsche Seetouristik Rostock bereedert / 12.1995 neue Schornsteinmarke /

IONIAN GALAXY ex ARKAS (Foto Antonio Scrimali)

ASTOR (Foto Peter Voß, 1995)

ms ASTOR

Marlan Corporation, Port Louis
Howaldtswerke-Deutsche Werft, Kiel; Baunr. 218

20 606 BRZ / 3780 tdw / 176,26 m Länge ü.a. / 22,61 m Breite / Zwei 8-Zyl.- + zwei 6-Zyl.-Diesel mit Getriebe; Sulzer-Wärtsilä / 15 400 kW / 2 Schrauben / 18 kn / 650 Pass. in 295 Kabinen / Bes. 250

1985 Von South Africa Marine Corporation, Kapstadt, bestellt / 1986 an Marlan Corporation, Port Louis / 30.5.1986 Aufschwimmen / 26.6.1986 Taufe / 14.1.1987 Ablieferung / 31.1.1987 Jungfern-Kreuzfahrt von Hamburg über Genua nach Südamerika und der Karibik / 3.10.1988 FEDOR DOSTOEVSKIY, Black Sea Shipping Co, Odessa / 23.12.1988 Erste Kreuzfahrt ab Genua. 20 606 BRZ / 1990 Fünfjahres-Vollcharter durch Neckermann-Seereisen / 1991 an Fedor Dostoevskiy Shipping Co, Nassau / 1.12.1995 umbenannt ASTOR, für Aquamarin Kreuzfahrten eingesetzt /1996 in Zehnjahres-Vollcharter an Transocean Tours in Bremen /

ASTRA II siehe Anhang 2, Seite 229

ms ASUKA

Nippon Yusen Kaisha, Tokio
Mitsubishi H.I., Nagasaki; Baunr. 2050

28 717 BRZ / 2248 tdw / 192,82 m Länge ü.a. / 24,70 m Breite / Zwei 7-Zyl.-Diesel mit Getriebe; MAN-Mitsubishi / 15 560 kW / 2 Schrauben / 21 kn / 584 (604) Pass. in 292 Kabinen / Bes. 243

6.4.1991 Stapellauf / 12.1991 Ablieferung / 24.12.1991 Jungfern-Kreuzfahrt Yokohama–Taiwan. Kreuzfahrten in Ostasien und Australien /

ASUKA (Foto Eckhard Biermann, 1996)

LANGKAPURI STAR AQUARIUS ex ATHENA (Foto Jürgen Saupe, 1994)

ATALANTE siehe TAHITIEN

ms ATHENA

Viking Line, Slite
Wärtsilä Marine Industries, Turku; Baunr. 1297

40 012 BRZ / 2800 tdw / 176,60 m Länge ü.a. / 24,00 (29,00) m Breite / Vier 9-Zyl.-Diesel mit Getriebe; Sulzer-Wärtsilä / 23 760 kW / 2 Schrauben / 21 kn / 1712 Pass. in 573 Kabinen, 488 Deckspass. / 620 PKW, 84 Trailer / Bes. 215

22.10.1988 Aufschwimmen / 21.4.1989 Ablieferung / Stockholm–Mariehamn-Dienst / 16.8.1993 in Stockholm aufgelegt / 24.9.1993 STAR AQUARIUS, Star Cruises, Panama. Bei Sembawang Shipyard in Singapur für Kreuzfahrten umgebaut, neue Einrichtungen in den ehemaligen Autodecks. BRZ 40 022 / 12.1993 erste Kreuzfahrt ab Singapur / 1993 umbenannt LANGKAPURI STAR AQUARIUS /

ATHIRA siehe ROSA DA FONSECA

ms ATLANTIC

Home Lines, Monrovia
Constr Navale de la Mediterranée, La Seyne; Baunr. 1432

19 337 BRT / 7000 tdw / 204,81 m Länge ü.a. / 27,36 m Breite / Zwei 10-Zyl.-Diesel; GMT-Fiat / 22 070 kW / 2 Schrauben / 23 kn / 1278 Pass. in 560 Kabinen / Bes. 490

9.1.1981 Stapellauf / 2.4.1982 Ablieferung / 14.4.1982 erste Ankunft in New York / 17.4.1982 Jungfernkreuzfahrt New York–Bermudas / 1984 1292 Pass. in 543 Kabinen / 1988 STARSHIP ATLANTIC, Premier Cruise Line, Monrovia / 1995 BRZ 35 143 / 1.1997 an Mediterranean Shipping Cruises. 1.5.1997 erste Kreuzfahrt als MELODY von Kapstadt nach Genua geplant /

ASIAN PRINCESS ex AUGUSTUS (Foto Sammlung Brogen, 1990)

ms AUGUSTUS

Italia SAN, Genua
Cant. Riuniti dell'Adriatico, Triest; Baunr. 1757

27 028 BRT / 8720 tdw / 207,99 m Länge ü.a./ 27,17 (26,67) m Breite / Zwei 12-Zyl.- Diesel; Fiat / 37 000 PSe / 2 Schrauben / 21 kn / Pass.: 118 I., 196 Kabinen-, 788 Touristenklasse / Bes. 591

19.11.1950 Stapellauf / 2.1952 Fertigstellung / 4.3.1952 Jungfernreise Genua–Buenos Aires / 7.2.1957 erste Reise Genua–New York / 9.1961 wieder Südamerika-Dienst / 1965 Pass.: 180 I., 1000 Touristenklasse / 16.1.1976 in Neapel aufgelegt / 1976 GREAT SEA, Great Shipping & Investment, Port Victoria, Seychellen. Zum Umbau nach Hongkong / 7.1977 für weitere Umbauarbeiten nach Keelung / 1977 an Great Sea Shipping Co, Panama / 17.10.1977 in Hongkong aufgelegt / 3.7.1978 Reise nach Kaohsiung und Keelung / 21.8.1978 erneut in Hongkong aufgelegt / 1980 OCEAN KING, Ocean King Navigation Co, Manila / 14.1.1982 In Manila aufgelegt / 1983 Umbenannt PHILIPPINES, Wohnschiff in Manila / 1985 PRESIDENT, Philippine President Lines, Manila. In Hongkong aufgelegt / 11.1987 in Keelung aufgelegt / 1988 umbenannt ASIAN PRINCESS, Heimathafen Hongkong. 27 090 BRT / 28.11.1989 in Kaohsiung aufgelegt / 1990 Heimathafen Manila /

STARSHIP ATLANTIC ex ATLANTIC (Foto Peter Voß)

AURELIA (Foto Arnold Kludas, 1993)

ms AURELIA
Tirrenia di Navigazione, Neapel
Italcantieri, Castellammare di Stabia;
Baunr. 4351

9485 BRT / 3250 tdw / 136,0 m Länge ü.a. / 23,04 m Breite / Zwei 16-Zyl.-Diesel mit Getriebe; GMT / 19 200 kW / 2 Schrauben / 22 kn / 568 Pass. in Kabinen, 160 Deckspass. / 470 PKW / Bes. 105

24.11.1979 Stapellauf / 20.11.1980 Ablieferung / Genua–Palermo–Porto Torres-Dienst / 1987-88 Umbau bei Fincantieri in Triest, 12523 BRZ, 3250 tdw, 147,99 m Länge ü.a., 2000 Passagiere, davon 568 in Kabinen / 1987 Heimathafen Cagliari / 1992 Einbau von zwei neuen Passagierdecks mit 133 Kabinen in Messina. 14 834 BRT. 2280 Pass., davon 1434 in Kabinen / 5.1992 wieder in Dienst /

SAINT PATRICK II ex AURELLA (Foto Frank Heine)

ms AURELLA
Viking Line, Mariehamn
J. J. Sietas, Hamburg; Baunr. 702

7210 BRT / 1325 tdw / 125,63 m Länge ü.a. / 21,65 m Breite / Zwei 16-Zyl.-Diesel; Stork-Werkspoor / 18 900 PSe / 2 Schrauben / 21 kn / 330 Pass. in Kabinen, 1270 Deckspass. / 420 PKW / Bes. 124

17.3.1973 Stapellauf / 6.1973 Ablieferung / 3.7.1973 Jungfernreise Kapellskar–Mariehamn–Naantali / 20.1.1982 SAINT PATRICK II, Irish Continental Line, Dublin. / Bis 5.1982 Umbau bei Amsterdamsche D.D., 7985 BRT. 780 Pass. in Kabinen, 300 PKW / 2.6.1982 erste Reise Rosslare–Cherbourg und Le Havre; auch andere Routen, z. B. 1982–83 Rotterdam–Hull für

MARIANNA VI ex AUREOL (Foto Steffen Weirauch, 1992)

AURORA AF HELSINGBORG (Foto Hans Jürgen Amberg, 1992)

North Sea Ferries, 1984 Rosslare–Pembroke für B+I, 1985 Hamburg–Harwich für DFDS, 1985 Göteborg–Frederikshavn–Moss für Stena, 1988 Liverpool–Belfast, 1989–90 Kanaldienst für Sealink UK, 1990-91 dito für P&O European Ferries / 9.1992 bis 5.1993 und erneut von 9.1993 bis 5.1994 an die Estonian Shipping Co. für Tallinn–Helsinki-Dienst verchartert, dafür jeweils in Tallinn eingetragen / 1994 BRZ 11 481 / 5.1995 Cork–Rosslare und im Winter Roscoff–Le Havre–Cherbourg-Dienst/

ms AUREOL

Elder Dempster Lines, Liverpool
A. Stephen & Sons, Glasgow; Baunr. 629

14 083 BRT / 6937 tdw / 163,71 m Länge ü.a. / 21,39 m Breite / Zwei 4-Zyl.-Diesel; Doxford / 9400 PSe / 2 Schrauben / 16 kn / 253 (269) I., 76 Kabinenklasse /

28.3.1951 Stapellauf / 12.10.1951 Ablieferung / 8.11.1951 Jungfernreise Liverpool–Lagos / 1969 451 Pass. / 26.4.1972 Erste Reise Southampton–Lagos / 15.11.1974 MARIANNA VI, Marianna Shipping & Trading Corp., Panama. Wohnschiff in Djeddah. 400 Plätze in 205 Kabinen / 22.2.1979 Ankunft in Piräus, aufgelegt / 24.2.1980 Ankunft in Rabegh, dort als Hotelschiff genutzt / 31.8.1985 von Bilinder Marine Corp., Athen, bewirtschaftet / 8.12.1989 in der Eleusis Bay aufgelegt /

mse AURORA AF HELSINGBORG

Swedish Ferry Lines (SweFerry), Helsingborg
Tangen Vaerft Kragero, Kragero; Baunr. 157

10 918 BRZ / 8200 tdw / 110,20 m Länge ü.a. / 28,20 (27,60) m Breite / Vier 6-Zyl.-Diesel, vier Generatoren, vier E-Fahrmotoren; Wärtsilä / 6000 kW / 4 Schrauben, 2 vorn / 13,5 kn / 1250 Deckspass. / 238 PKW, Waggons /

6.7.1991 Stapellauf / 5.3.1992 Ablieferung / 21.3.1992 Taufe / 1.4.1992 erste Reise im Fährdienst Helsingborg–Helsingör /

ts AUSONIA

Adriatica di Navigazione, Venedig
Cantieri Riuniti dell'Adriatico, Monfalcone; Baunr. 1821

11 879 BRT / 3416 tdw / 159,26 m Länge ü.a. / 21,29 m Breite / Zwei Satz Getriebeturbinen; Bauwerft / 17 400 PSw / 2 Schrauben / 20,7 kn / Pass.: 185 I., 135 II., 252 III. Klasse, 70 Deckspass. / Bes. 215

5.8.1956 Stapellauf / Damals größtes und schnellstes Passagierschiff im Mittelmeer / 23.9.1957 Jungfernreise Triest–Alexandria–Beirut / 1978–79 bei Arsenal Triestino, San Marco, für Kreuzfahrten umgebaut. 690 Pass. Von Italia Crociere Internazional bereedert / 1983 an Ausonia Crociere, Neapel / 1984 Umbau der achteren Aufbauten. 11 921 BRT. 755 Pass. in 259 Kabinen / 9.1985 12 368 BRZ / 1986 in Palermo vorderen Aufbaubereich umgebaut, 12 750 BRZ / 1988 BRZ 12 609 /

AUSONIA (Foto Frank Heine)

ARKADIA ex AZERBAYDZHAN (Foto Ruth Frank)

AWANI DREAM siehe RENAISSANCE

AZERBAIJAN
siehe SOVIETSKAYA ARMENIYA

ms AZERBAYDZHAN
Black Sea Shipping Co, Odessa
Wärtsilä, Turku; Baunr. 1221

16 631 BRT / 2251 tdw / 156,24 m Länge ü.a. / 22,02 (21,80) m Breite / Zwei 18-Zyl.-Diesel mit Getriebe; Pielstick-Wärtsilä / 18 000 PSe / 2 Schrauben / 21,5 kn / 505 Pass. in Kabinen, 505 Deckspass.; auf Kreuzfahrten 350 Pass. / 256 PKW / Bes. 191

14.4.1975 Stapellauf / 18.12.1975 Ablieferung / Überwiegend für Kreuzfahrten eingesetzt / 1978 mit 13 251 BRT vermessen / 1984 Umbau bei der Lloydwerft in Bremerhaven. 13 252 BRT. 650 Pass. in 230 Kabinen. Nur noch Kreuzfahrten / 1991 ukrainische Flagge / 1995 BRZ 15 410 / 1996 ARKADIA, Blasco UK, Monrovia / 7.1996 Heimathafen Odessa /

ms BALTIC FERRY
Stena Line, London
Hyundai Heavy Industries Co, Ulsan;
Baunr. 652

6455 BRT / 6115 tdw / 151,01 m Länge ü.a. / 25,28 (19,9) m Breite / Zwei 12-Zyl.-Diesel mit Getriebe; Pielstick-Nippon Kokan / 11 475 kW / 2 Schrauben / 17 kn / 114 Pass. /

5.7.1978 Stapellauf als Frachtfähre STENA TRADER / 15.9.1978 Ablieferung als STENA TRANSPORTER / 1979 Chartername FINNROSE / 1980 wieder STENA TRANSPORTER / 1980 BALTIC FERRY, European Ferries-Charter. Umbau zur Passagierfähre bei der Lloydwerft in Bremerhaven; Daten s.o. / Felixstowe–Europoort-Dienst / 2.5.1982 bis 4.1983 Truppentransporter im Falkland-Krieg / 12.1984 an Townsend-Thoresen, London / 1986 Umbau bei Wilton-Fijenoord in Rotterdam. 18 732 BRZ, 8704 tdw, 258 Pass. in 111 Kabinen, 424 Deckspass., 207 PKW / 23.5.1986 Felixstowe–Zeebrügge-Dienst / 19.1.1987 an P&O European Ferries, London / 2.1992 umbenannt PRIDE OF SUFFOLK / 22.10. bis 11.1995 bei Harland & Wolff zur Frachtfähre für 110 Trailer umgebaut. 16 776 BRZ. Felixstowe–Europoort-Dienst /

BANASSA siehe METTE MOLS

ms BANG CHUI DAO
Dalian Marine Transport, Dairen
Van der Giessen-de Noord, Krimpen;
Baunr. 965

15 560 BRZ / 6883 tdw / 134,80 m Länge ü.a. / 23,40 m Breite / Zwei 9-Zyl.-Diesel mit Getriebe; Stork-Wärtsilä / 10 940 kw / 2 Schrauben / 20 kn / 938 Pass. in 169 Kabinen / 226 PKW, 69 LKW / Bes. 89

13.5.1995 Stapellauf / 5.9.1995 Ablieferung /

PRIDE OF SUFFOLK ex BALTIC FERRY (Foto Florent Van Otterdijk, 1995)

BANG CHUI DAO (Foto Andreas Wörteler, 1995)

BARFLEUR (Foto Frank Heine, 1993)

ms BARFLEUR

Truckline Ferries, Cherbourg
Kvaerner Masa-Yards, Helsinki; Baunr. 485

20 133 BRZ / 5175 tdw / 157,65 m Länge ü.a. / 23,30 m Breite / Vier 8-Zyl.-Diesel mit Getriebe; Wärtsilä / 11 992 kW / 2 Schrauben / 19,5 kn / 268 Pass. in 72 Kabinen, 944 Deckspass. / 304 PKW, 66 Trailer / Bes. 58 /

26.7.1991 aufgeschwommen / 11.1991 um 7,9 m verlängert / 26.3.1992 Ablieferung des ursprünglich als reine Frachtfähre geplanten Schiffes / 15.4.1992 Jungfernreise Cherbourg–Poole /

SHANGHAI ex BAUDOUINVILLE (Foto Martin Lochte-Holtgreven, 1987)

ms BAUDOUINVILLE

Cie. Maritime Belge, Antwerpen
Cockerill-Ougrée, Hoboken, Antwerpen; Baunr. 778

13 922 BRT / 10 612 tdw / 170,00 m Länge ü.a. / 21,37 m Breite / Zwei Satz Getriebeturbinen; Cockerill / 12 500 PSw / 1 Schraube / 16,5 kn / 300 Pass. I. Klasse / Bes. 196

10.1.1957 Stapellauf / 2.11.1957 Jungfernreise Antwerpen–Matadi / 28.2.1961 CATHAY, P&O Line, London. 231 Pass. 13 809 BRT / 14.4.1961 erste Reise London–Yokohama / 1969 mit 13 521 BRT vermessen / 1970 an Eastern & Australian S.S. Co, London. Ostasien–Australien-Dienst / 28.1.1976 Nab Yang Shipping Co, Macao / 1976 KENGSHIN, China Ocean Shipping Co / 1978 umbenannt SHANGHAI / 1979 Shanghai–Hongkong-Dienst / 1984 an Shanghai Haixing Shipping Co, Shanghai. 13 333 BRT / 1996 außer Dienst gestellt /

ms BELORUSSIYA

Black Sea Shipping Co, Odessa
Wärtsilä, Turku; Baunr. 1212

16 631 BRT / 2251 tdw / 156,27 m Länge ü.a. / 22,05 (21,80) m Breite / Zwei 18-Zyl.-Diesel mit Getriebe; Pielstick–Wärtsilä / 18 000 PSe / 2 Schrauben / 21,3 kn / 504 Pass. in Kabinen, 505 Deckspass.; bei Kreuzfahrten 350 Pass. / 256 PKW, 23 LKW / Bes. 191

6.3.1974 Stapellauf / 15.1.1975 Ablieferung / Kreuzfahrten in europäischen Gewässern / 1980 mit 13 251 BRT vermessen / 1986 Einbau von Kabinen ins Autodeck bei der Lloyd-Werft in Bremerhaven. 650 Pass. in 232 Kabinen / 1991 ukrainische Flagge; als BYELORUSSIYA transliteriert / 25.10.1992 bei einem Dockunfall in Singapur gekentert und teilweise bis zum Bootsdeck unter Wasser geraten. Smit-TAK wird mit der Bergung beauftragt / 1.1992 aufgerichtet / 17.5.1993 Ankunft zur Reparatur bei der Lloyd Werft in Bremerhaven, wobei die gesamte Inneneinrichtung erneuert wird. 16 214 BRZ, 590 Pass. in 244 Kabinen, Bes. 210 in 97 Kabinen / 9.12.1993 Rücklieferung als KAZAKHSTAN II, an Delphin Seereisen in Offenbach verchartert / 22.12.1993 erste Reise ab Genua rund um Afrika / 6.1995 an Lady Lou Shipping Co, Limassol / 5.1996 DELPHIN, Sea Delphin Shipping, Valletta. Weiter von Delphin Seereisen eingesetzt /

DELPHIN ex BELORUSSIYA (Foto Dieter Streich, 1996)

ms BERGEN

Rutelaget Askoy-Bergen, Bergen Fosen MV, Fevag; Baunr. 52

16 551 BRZ / 3318 tdw / 134,50 m Länge ü.a. / 24,00 m Breite / Zwei 8-Zyl.-Diesel mit Getriebe; Sulzer-Wärtsilä / 11 520 kW / 2 Schrauben / 19 kn / 542 Pass. in 145 Kabinen, 358 Deckspass. / 350 PKW /

29.1.1993 Stapellauf bei Bruce in Landskrona / 18.6.1993 Ablieferung / 27.6.1993 erste Reise im Dienst Hanstholm–Bergen bzw. nach Egersund /

BERGEN (Foto Frank Heine, 1994)

BERLIN siehe Anhang 2, Seite 229

ms BIRKA PRINCESS

Birka Line, Mariehamn
Valmet Shipbuilding Group, Helsinki; Baunr. 321

21 484 BRZ / 1680 tdw / 141,03 m Länge ü.a. / 25,15 (24,71) m Breite / Vier 12-Zyl.-Diesel mit Getriebe; Pielstick-Wärtsilä / 17 600 kW / 2 Schrauben / 18 kn / 1394 Pass. in 497 Kabinen, 106 Deckspass. / 80 PKW / Bes. 150

29.10.1985 Stapellauf / 22.4.1986 Ablieferung / Fährverkehr mit Kreuzfahrt-Standard zwischen Stockholm und Mariehamn /

ms BISON

P&O Ferries, London
J. J. Sietas, Hamburg; Baunr. 755

4347 BRT / 7078 tdw / 141,81 m Länge ü.a. / 19,05 m Breite / Zwei 12-Zyl.-Diesel; K.H.D. / 6000 PSe / 2 Schrauben / 18,5 kn / 40 Pass. in Kabinen, 66 Deckspass. / 105 Trailer /

31.10.1974 Stapellauf als RoRo-Frachter (12 Pass.) für Stena Line, Göteborg / 24.1.1975 Ablieferung an P&O Ferries / Dienst in der Irischen See / 8.10.1975 an Hain-Nourse, London / 7.3.1978 an P&O Ferries, London / 1980 bis 1981 bei Tyne Shiprepairers verlängert und Pass.-Einr. erweitert. Daten s.o., Dienst in der Irischen See / 1989 bis 1993 Dublin– Liverpool-Dienst in B+I-Charter / 1995 bei Cammell Laird in Birkenhead umgebaut, neues Autodeck, Seitenwulste. 11 723 BRZ, 60 Pass. in 30 Kabinen / 4.8.1995 erste Reise Fleetwood–Larne /

BIRKA PRINCESS (Foto K. Brzoza)

BLACK PRINCE (Foto Peter Voß, 1995)

CROWN M ex BLACK WATCH (Foto Frank Heine)

ms BLACK PRINCE

Fred Olsen & Co, Oslo
Lübecker Flender-Werke, Lübeck; Baunr. 561

9499 BRT / 3043 tdw / 141,64 m Länge ü.a. / 20,27 (20,02) m Breite / Zwei 18-Zyl.-Diesel mit Getriebe; Pielstick-OEW / 16 740 PSe / 2 Schrauben / 22,5 kn / 584 Pass. in Kabinen, 126 Deckspass. / 185 PKW / Bes. 177

14.5.1966 Stapellauf / 10.1966 Ablieferung. Für Fred Olsen und Det Bergenske gemeinsam registriert. Det Bergenske setzt das Schiff von Mai bis September als VENUS im Kristiansand Amsterdam–Harwich-Dienst ein / 20.10.1966 Jungfernreise London–Kanarische Inseln / Zeitweise unter dem Namen VENUS Fährdienst Cuxhaven–Bergen für Det Bergenske / 22.5.1985 erste Reise Newcastle–Bergen für Norway Line, Oslo. Auch Esbjerg–Stavanger Bergen-Dienst / 10.1986 bis 12.2.1987 bei Wärtsilä in Turku zum Kreuzfahrtschiff umgebaut. 11 209 BRZ, 527 Pass. in 237 Kabinen, Bes. 145. Heimathafen Manila / 28.2.1987 Erste Kreuzfahrt ab Southampton / 27.5.1989 Heimathafen Oslo / 1994 Heimathafen Hvitsten /

BISON (Foto Frank Lose, 1996)

ms BLACK WATCH

Fred Olsen & Co / Det Bergenske DS, Bergen
Flender Werke, Lübeck; Baunr. 560

9499 BRT / 2995 tdw / 141,64 m Länge ü.a. / 20,27 (20,02) m Breite / Zwei 18-Zyl.-Diesel mit Getriebe; Pielstick-OEW / 16 741 PSe / 2 Schrauben / 22 kn / 570 Pass. in Kabinen, 390 Deckspass. / 175 PKW Bes. 175

5.3.1966 Stapellauf / 25.6.1966 Ablieferung / Unter zwei Namen registriert, für Bergenske als JUPITER / Southampton–Spanien-Dienst / 1982 für drei Jahre an DFDS verchartert, Bergen–Newcastle-Dienst / 1986 bis 4.1987 Hotelschiff in Kristiansand / 1987 an Fred Olsen als alleinigen Eigner; nach Umbau Bergen–Newcastle-Dienst. 503 Pass. in 184 Kabinen, 88 Deckspass. / 1989 JUPITER, Norway Line, Bergen / 1990 CROWN M, Marlines, Panama / 1992 Heimathafen Valletta / 1993 Heimathafen Limassol. Ancona–Korfu–Igoumenitsa– Patras-Dienst, auch nach Kusadasi / 1995 an die libysche GNMTC verchartert. BRZ 11 487 /

BLUE ZEPHIR (Ships of the World)

BLACK WATCH
siehe ROYAL VIKING STAR

ms BLUE ZEPHYR
Nippon Yusen Kaisha + Kinkai Yusen Kaisha, Tokio
Kanda Zosen, Kawajiri; Baunr. 331

12521 BRT / 6000 tdw / 186,50 m Länge ü.a. / 24,98 (24,40) m Breite / Zwei 9-Zyl.-Diesel mit Getriebe; Pielstick-Diesel United / 17 528 kW / 2 Schrauben / 23 kn / 64 Pass. in 32 Kabinen, 630 Deckspass. / 140 PKW, 170 LKW / Bes. 53

27.3.1990 Stapellauf / 17.7.1990 Ablieferung / Tokio–Kushiro-Dienst / 1996 BRZ 12 524 /

BLUENOSE
siehe STENA JUTLANDICA, 1973

ms BOCCACCIO
Tirrenia di Navigazione, Cagliari
Italcantieri, Castellammare di Stabia; Baunr. 4237

6900 BRT / 1946 tdw / 130,99 m Länge ü.a. / 20,07 m Breite / Zwei 9-Zyl.-Diesel; Fiat / 16 560 PSe / 2 Schrauben / 20 (22) 22 kn / Pass.: 158 I. in 66 Kabinen, 348 II. Klasse in 95 Kabinen, 500 Deckspass. / 250 PKW / Bes. 105

105 8.6.1969 Stapellauf / 30.6.1970 Ablieferung / 5.7.1970 Jungfernreise. An der italienischen Westküste, auch nach Nordafrika, eingesetzt / 1985 mit 7086 BRT vermessen, 1200 Pass. / 1991 Einbau neuer Decks; jetzt 11 779 BRZ, 917 Pass. in 288 Kabinen, 479 Deckspass./

BOCCACCIO (Foto Jürgen Saupe, 1993)

FREEWINDS ex BOHEME (Foto Steffen Weirauch)

CRUCERO EXPRESS ex BOLERO (ToYouToo, 1996)

ms BOHEME

Wallenius Bremen, Bremen
Wärtsilä, Turku; Baunr. 1161

9866 BRT / 134,32 m Länge ü.a. / 21,04 (19,91) m Breite / Zwei 8-Zyl.-Diesel; Sulzer-Wärtsilä / 14 000 PSe / 2 Schrauben / 21 kn / 460 Pass. in Kabinen /

12.2.1968 Stapellauf / 12.11.1968 Ablieferung. Erstes Kreuzfahrtschiff der Wärtsilä-Werft / Kreuzfahrten von US-Häfen / 1970 Umbau bei Blohm + Voss in Hamburg. 10 328 BRT. 540 Pass. / 3.1981 an Hanseatic Caribbean, Panama / 1984 mit 7056 BRT vermessen / 9.1986 FREEWINDS, International Association of Scientologists. Für San Donato Properties Corp., Panama, registriert. Kreuzfahrten / 1996 BRZ 9780 /

ms BOLERO

Fred Olsen & Co, Oslo
Dubigeon-Normandie, Nantes; Baunr. 133

11 344 BRT / 1829 tdw / 141,46 m Länge ü.a. / 21,92 m Breite / Zwei 12-Zyl.-Diesel mit Getriebe; Pielstick-Atlantique / 20 400 PSe / 2 Schrauben / 21 kn / 967 Passagiere / 250 PKW / Bes. 84

13.6.1972 Stapellauf / 15.2.1973 Ablieferung / 24.2. bis 11.3.1973 Bremerhaven- bzw. Hamburg–Harwich-Dienst in Charter der Prinzenlinien / 26.3.1973 erste Bahama-Kreuzfahrt für Commodore Cruise Lines / 1.1976 Portland–Yarmouth-Dienst in Prince of Fundy Line-Charter / 12.10.1976 erste Reise Kristiansand–Stavanger–Newcastle / 9.4.1978 bis 14.9.1981 SCANDINAVICA, Göteborg–Kiel-Dienst in Stena-Charter / 9.1981 bis 1982 auf der Frederikshavn Vaerft umgebaut. 872 Pass. in Kabinen und 728 Deckspass. 420 PKW, 10 568 BRT / 23.9.1982 erste Reise, wieder als BOLERO, Hirtshals–Stavanger–Bergen / 1985 Chartereinsatz im Bottnischen Meerbusen für Vaasalaivat / 1990 Fährdienst Bergen–Aalesund–Molde–Newcastle / 15.12.1990 an Color Line, Kristiansand / 12.1990 umbenannt JUPITER. 11 675 BRT. 355 PKW / 30.4. bis 30.9.1994 Naantali–Kappelskär-Dienst in Viking Line-Charter / 10.1994 CRUCERO EXPRESS, Dreijahres-Charter mit Kaufoption von Flota Mercante Grancolombiana. 14 264 BRZ / 4.12.1994 erste Reise Cristobal–Cartagena / 1995 Heimathafen Nassau / 18.9.1996 Dienst eingestellt, Schiff an Color Line zurückgeliefert / 14.2.1997 erste Reise Tampa–Puerto Calica als SEMINOLE EXPRESS in Empress Cruise Line-Charter /

TABIOLA ex BOOGABILLA (Foto Peter Voß)

BOLERO siehe STARWARD

ms BOOGABILLA

Rederi Transatlantic, Göteborg
Mitsubishi H. I., Nagasaki; Baunr. 1831

21 048 BRT / 31 456 tdw / 228,51 m Länge ü.a. / 32,31 m Breite / Ein 9-Zyl.-Diesel; Sulzer-Mitsubishi / 22 180 kW / 20,5 kn / 45 Pass. in Kabinen / Trailer

10.3.1978 Stapellauf / 25.8.1978 Ablieferung / 3.2.1989 TAPIOLA, Tapiola Shipping, Panama / 31.7.1989 an Wilhelmsen Lines, Tönsberg /

WASA QUEEN ex BORE STAR (Foto Dirk Jankowsky, 1993)

Getriebe; Sulzer-Wärtsilä / 18 000 PSe / 2 Schrauben / 22 kn / 432 Pass. in 169 Kabinen, 823 Deckspass. / 344 PKW / Bes. 140

1972 von Silja Rederiet bestellt / 11.7.1972 Stapellauf / 15.3.1973 Ablieferung an Bore Lines / 17.3.1973 Jungfernreise Turku– Stockholm / 3.3.1976 nach Grundberührung in den Schären von Stockholm einen Monat Reparatur bei Finnboda Varf, Stockholm / 11.7.1980 an Finska Ångfartygs, Helsinki / 1.9.1980 umbenannt SKANDIA / 5.10.1983 STENA BALTICA, Stena Line, Göteborg / 10.1983 ILYICH (auch ILICH transliteriert), Baltic Shipping Co, Leningrad / 11.3. bis 14.5.1984 Umbau bei der Cityvarvet in Göteborg. U.a. vorderer Schornstein entfernt. 12 281 BRT / 1984 Leningrad–Helsinki–Stockholm-Dienst / 1991 Riga– bzw. St. Petersburg–Nynäshamn- bzw. Stockholm-Dienst / 1.12.1995 in Stockholm arretiert / 10.1996 an Baltic Shipping Line, Limassol. Umbenannt ANASTASIA / 12.1996 erste Reise Kiel–St. Petersburg /

ms BORE STAR

Bore Ångfartygs, Åbo
Dubigeon-Normandie, Nantes; Baunr. 143

12 343 BRT / 1880 tdw / 153,10 m Länge ü.a. / 22,03 m Breite / Vier 12-Zyl.-Diesel mit Getriebe; Pielstick-Atlantique / 24 000 PSe / 2 Schrauben / 22 kn / 799 Pass. in Kabinen, 401 Deckspass. / 290 PKW / Bes. 150

30.1.1975 Stapellauf / 2.12.1975 Ablieferung / 11.12.1975 Jungfernkreuzfahrt von Frankreich nach Westafrika. Dann Helsinki–Stockholm-Dienst / Im Winter 1976/77 Finnlines-Charter und Mittelmeer-Kreuzfahrten / 1.9.1980 SILJA STAR, Finska Ångfartygs, Helsinki / 4.2.1986 ORIENT EXPRESS, Sealink (UK), Nassau. Bis 12.4.1986 Umbau bei der Lloyd Werft in Bremerhaven. 800 Pass. Kreuzfahrten im Mittelmeer / 12.1986 CLUB SEA, Club Sea, Charter für Karibik-Kreuzfahrten / 4.1987 wieder ORIENT EXPRESS / 16.12.1988 bis 15.3.1989 in Marseille bei Cie. Marseillaise umgebaut / 19.11.1989 als EUROSUN an Europe Cruise Line verchartert. Kreuzfahrten nach den Kanarischen Inseln / 4.1990 wieder ORIENT EXPRESS / 10.1990 EUROSUN, Eurosun, Hamilton / 4.1991 ORIENT SUN, Sembawang Johnson Management, Singapur. Kreuzfahrten zwischen Singapur und Djakarta / 15.5.1992 WASA QUEEN, Wasa Line, Vasa, von Silja Line bereedert. Vasa–Sundsvall-Dienst / 1993 BRZ 16 546 / 15.1. bis 5.5.1996 Helsinki–Tallinn-Dienst für Silja Line / 6.5.1996 erste Reise Vaasa–Umea / 3.9.1996 erste Reise Helsinki–Tallinn /

ILICH ex BORE I (Foto Dirk Jankowsky)

ms BORE I

Bore Lines, Turku
Wärtsilä, Turku; Baunr. 1199

8528 BRT / 2460 tdw / 128,02 m Länge ü.a. / 22,05 m Breite / Vier 9-Zyl.-Diesel mit

SKAGEN ex BORGEN (Foto Frank Heine, 1996)

UNIVERSE EXPLORER ex BRASIL (Foto Joachim Pein, 1996)

BRETAGNE (Foto Frank Heine)

ms BORGEN

Fred Olsen, Kristiansand
Aalborg Vaerft, Baunr. 206

5330 BRT / 1219 tdw / 109,00 m Länge ü.a. / 17,75 m Breite / Vier 6-Zyl.-Diesel mit Getriebe; Stork-Werkspoor / 16 000 PSe / 2 Schrauben / 21 kn / 335 Pass. in Kabinen, 800 Deckspass. / 210 PKW / Waggons /

17.12.1974 Stapellauf / 25.6.1975 Ablieferung / 6.8.1975 Jungfernreise Kristiansand–Hirtshals. Im Winter Bergen–Stavanger–Newcastle / 9.1976 Kristiansand–Bergen-Dienst / 10.1976 erste Reise Kristiansand–Hirtshals / 4.1.1982 bis 6.1982 bei Aalborg Vaerft verlängert, ein zusätzliches Deck, Seitenwulste. Jetzt 7570 BRT, 130,21 m Länge ü.a., 19,77 m Breite, 335 Pass. in Kabinen, 1465 Deckspass., 430 PKW / Hirtshals–Oslo-Dienst / 12.1.1990 SKAGEN, Color Line, Kristiansand / 1993 BRZ 12 333 / 10.1996 erste Reise Hirtshals–Langesund /

ms BRASIL

Moore-McCormack Lines, New York
Ingalls Shipbuilding Corp., Pascagoula, Miss.; Baunr. 467

14984 BRT / 8706 tdw / 188,22 m Länge ü.a. / 26,88 (25,61) m Breite / Zwei Satz Getriebeturbinen; General Electric /35 000 PSw / 2 Schrauben / 24 kn / 553 Pass. I. Klasse / Bes. 401

16.12.1957 Stapellauf / 5.9.1958 Ablieferung / 12.9.1958 Jungfernreise New York–Buenos Aires / 1963 Umbau bei Bethlehem in Baltimore. 15 257 BRT / 5.9.1969 in Baltimore aufgelegt / 4.1972 VOLENDAM, Holland Amerika Lijn, Willemstad / 18.8.1973 bis 2.1974 Umbau bei Hapag-Lloyd Werft, Bremerhaven. 23 395 BRT. 715 Pass. in 352 Kabinen / 4.1974 erste Kreuzfahrt / 6.1.1974 in Hampton Roads aufgelegt / 8.1975 MONARCH SUN, Zwei-Jahres-Charter bei Monarch Cruise Line. Karibik-Kreuzfahrten / 1976 Heimathafen Panama. 15 631 BRT / 1978 wieder VOLENDAM. 15 334 BRT / 1982 an Holland America Cruise, Willemstad. 23 858 BRT / 1983 An Banstead Shipping, Panama / 1984 umbenannt ISLAND SUN. 13 680 BRT / 1985 LIBERTE, American Hawaii Cruises, Honolulu / 12.1985 erste Kreuzfahrt Papeete–Tahiti / 1987 CANADA STAR, Orley Shipping Co, Panama. Von Common Bros. bereedert / 6.1988 umbenannt QUEEN OF BERMUDA / 11.6.1988 Erste Reise ab Philadelphia / 11.1990 ENCHANTED SEAS, Commodore Cruise Line, Panama, 715 Pass. in 352 Kabinen / 1995 UNIVERSE EXPLORER, World Explorer-Charter. Studien-Kreuzfahrten / 27.7.1996 Auf einer Alaska-Kreuzfahrt bricht in der Wäscherei ein Feuer aus, dem fünf Besatzungsmitglieder zum Opfer fallen. 73 weitere Personen, darunter 6 Passagiere, erlitten z. T. schwere Rauchvergiftungen. Der Brand kann nach vier Stunden gelöscht werden. Das Schiff läuft die Auke Bay bei Juneau an, wo die Passagiere evakuiert und ausgeflogen werden / 2.8.1996 Ankunft zur Reparatur bei Vancouver Drydock. 14.8.1996 wieder in Fahrt /

BREMEN siehe Anhang 2, Seite 230

ms BRETAGNE

Brittany Ferries, Roscoff
Chantiers de l'Atlantique, St. Nazaire; Baunr. D29

25 015 BRT / 2950 tdw / 151,20 m Länge ü.a. / 29,25 (26,60) m Breite / Vier 12-Zyl.-Diesel mit Getriebe; Wärtsilä-Duvant / 18 020 kW / 19,5 (20,5) kn / 1146 Pass. in 367 Kabinen, 910 Deckspass. / 580 PKW /

4.2.1989 Aufgeschwommen / 13.7.1989 Ablieferung / 16.7.1989 Erste Reise Plymouth–Santander / Einsatz auf den Fährlinien Roscoff–Plymouth, Roscoff–Cork und –Plymouth, ab 1993 Portsmouth–Santander / 14.6.1993 erste Reise St. Malo–Portsmouth. Im Winter Portsmouth–Santander / 1994 Heimathafen Morlaix, 24 534 BRZ /

BRITANIS siehe MONTEREY

ms BUFFALO
Pandoro, London
J. J. Sietas, Hamburg; Baunr. 756

10 987 BRZ / 4377 tdw / 141,81 m Länge ü.a. / 19,44 (19,00) m Breite / Zwei 12-Zyl.-Diesel; KHD / 6 000 PSe / 2 Schrauben / 18,5 kn / 45 Pass. in Kabinen / 90 Trailer /

6.1.1975 Stapellauf für Stena Line, Göteborg / 26.3.1975 Ablieferung an P&O-Gruppe als RoRo-Frachter mit 12 Pass. / 1988 bei Hall, Russell in Aberdeen verlängert und Pass.-Einrichtungen eingebaut. Daten s.o. / 24.7.1996 erste Reise Fleetwood–Larne /

BUFFALO (Foto Frank Heine, 1993)

ms BUKIT SIGUNTANK
P.T. Pelayaran Nasional Indonesia (PELNI), Jos. L. Meyer, Papenburg; Baunr. 642

14 610 BRZ / 3375 tdw / 146,50 m Länge ü.a. / 23,70 (23,40) m Breite / Zwei 6-Zyl.-Diesel mit Getriebe; MaK / 12 800 kW / 20 kn / 2003 Pass. in Kabinen / Bes. 147

15.5.1996 aufgeschwommen / 12.10.1996 Ablieferung / Passagierdienst zwischen den Inseln Indonesiens /

BUKIT SIGUNTANK (Foto Steffen Weirauch, 1996)

CALYPSO siehe CANGURO VERDE

ts CAMBODGE
Messageries Maritimes, Marseille
Ateliers et Chantiers de France, Dünkirchen; Baunr. 208

13 217 BRT / 3400 tdw / 166,15 m Länge ü.a. / 22,08 m Breite / Zwei Satz Getriebeturbinen; Loire / 24 000 PSw / 2 Schrauben / 21 (24,5) kn / Pass.: 117 I., 110 Touristen-, 314 III. Klasse / Bes. 181

8.7.1952 Stapellauf / 31.7.1953 Jungfernreise Marseille–Yokohama / 1963 Mit 13 520 BRT vermessen / 12.1969 an Sun Line, Piräus / 1970 umbenannt STELLA V, in La Spezia aufgelegt; erneut umbenannt, STELLA SOLARIS / 2.1971 bis 6.1973 in Perama für Kreuzfahrten umgebaut. 10 595 BRT. 660 Pass. in 329 Kabinen / 25.6.1973 Erste Mittelmeer-Kreuzfahrt ab Piräus / 1994 BRZ 17 490 / 1.12.1995 an Royal Olympic Cruises, Piräus /

STELLA SOLARIS ex CAMBODGE
(Foto Jürgen Saupe, 1996)

CANBERRA (Foto Peter Voß, 1992)

tse CANBERRA

P&O Lines, London
Harland & Wolff, Belfast; Baunr. 1621

45 720 BRT / 9910 tdw / 249,49 m Länge ü.a. / 31,25 m Breite / Zwei Turbinen, zwei Generatoren, zwei E-Fahrmotoren; Assoc. Elect. Ind. / 88 200 PSw / 2 Schrauben / 27,5 kn / Pass.: 538 I., 1650 Touristenklasse / Bes. 960

16.3.1960 Stapellauf / 19.5.1961 Ablieferung / 2.6.1961 Jungfernreise Southampton–Sydney–Auckland–US-Westküste–Panamakanal–Southampton. Daneben Kreuzfahrten / 1962 mit 45 733 BRT vermessen / 1968 mit

44 807 BRT vermessen / 1973 nur noch Kreuzfahrten. 1702 Pass. in 807 Kabinen / 9.4. bis 11.7.1982 Truppentransporter im Falklandkonflikt / 9.1982 nach Überholung wieder Kreuzfahrten für P&O Cruises / 1994 BRZ 49 073 / 9.1997 Außerdienststellung geplant, dabei wird ein Weiterverkauf als Kreuzfahrtschiff ausgeschlossen /

CALYPSO ex CANGURO VERDE (Foto Jürgen Saupe, 1996)

ms CANGURO VERDE

Traghetti Sardi, Cagliari
Italcantieri, Castellamare di Stabia; Baunr. 645

5300 BRT / 1965 tdw / 126,35 m Länge ü.a. / 19,26 m Breite / Zwei 7-Zyl.-Diesel; Fiat / 11 900 PSe / 2 Schrauben / 18,5 kn / 358 Pass. in 122 Kabinen, 400 Deckspass. / 150 PKW / Bes. 86

23.4.1967 Stapellauf / 12.9.1967 Ablieferung / Genua–Barcelona bzw. Porto Torres-Dienst / 1974 an Linea Canguro, Cagliari. Fährdienst an der italienischen Westküste, wechselnde Routen / 1981 DURR, Fayez Trading & Shipping, Djeddah. Dienst im Roten Meer / 1989 umbenannt IONIAN HARMONY, Ancona–Patras-Dienst für Strintzis Lines / 1990 SUN FIESTA, Sea-Escape Cruises, Nassau. Tageskreuzfahrten in Florida. 5235 BRT / 20.11.1990 in Mobile aufgelegt / 9.1992 bis 1993 in Avlis zum Kreuzfahrtschiff umgebaut. 11 162 BRZ. 500 Pass. in Kabinen. Bes. 240 / 1993 REGENT JEWEL, Regency Cruises, Nassau / 20.12.1994 CALYPSO, Jule Cruises, Nassau; Transocean Tours-Charter / 21.12.1994 Jungfernkreuzfahrt Piräus–Bombay /

CAPO CARBONARA (Foto Arnold Kludas, 1996)

ms CAPO CARBONARA

Tirrenia di Navigazione, Neapel
Cantieri Navali Riuniti, Ancona; Baunr. 873

12 167 BRT / 6820 tdw / 148,27 m Länge ü.a./ 22,74 m Breite / Zwei 12-Zyl.-Diesel mit Getriebe; GMT-Riuniti / 11 030 kW / 2 Schrauben / 20 kn / 508 Pass. in Kabinen, 1000 Deckspass. / 340 PKWF /

30.7.1980 Stapellauf als RoRo-Frachter ADRIA für Lloyd Triestino, Triest / 3.3.1981 Ablieferung / 1987 CAPO CARBONARA, Tirrenia di Navigazione / 1987–88 Umbau zur Passagierfähre, Daten s.o. / Fährdienste von Genua und Neapel nach Sizilien, Sardinien und Korsika / 1996 BRZ 17 961 /

CAPO SANDALO (Foto Frank Heine)

ms CAPO SANDALO

Tirrenia di Navigazione, Neapel
Cant. Nav. Riuniti, Ancona; Baunr. 874

17 961 BRZ / 6812 tdw / 148,27 m Länge ü.a./ 22,74 m Breite / Zwei 12-Zyl.-Diesel mit Getriebe; GMT-CNR / 11 030 kW / 2 Schrauben / 20 kn / 508 Pass. in Kabinen, 1000 Deckspass. / 340 PKW /

19.10.1981 Stapellauf als RoRo-Frachter TORRE DEL GRECO / 27.2.1982 Ablieferung an den Lloyd Triestino, Triest / 1988 CAPO SANDALO, Tirrenia. In Palermo zur Passagierfähre umgebaut, Daten s.o. / 1989 erste Reise Genua-Porto Torres

CAPO SPARTIVENTO (Foto Frank Heine, 1989)

ms CAPO SPARTIVENTO

Tirrenia di Navigazione, Neapel
Italcantieri, Genua; Baunr. 4375

17 961 BRZ / 5408 tdw / 148,34 m Länge ü.a. / 22,76 m Breite / Zwei 12-Zyl.-Diesel mit Getriebe; GMT / 11 030 kW / 2 Schrauben / 20 kn / 508 Pass. in Kabinen, 1000 Deckspass. / 340 PKW /

18.7.1980 Stapellauf als RoRo-Frachter APULIA / 26.1.1981 Ablieferung an Lloyd Triestino, Triest / 1987 CAPO SPARTIVENTO, Tirrenia, Neapel. In San Marco zur Passagierfähre umgebaut, Daten s.o. / Genua–Porto Torres-Dienst /

ms CARALIS

Tirrenia di Navigazione, Cagliari
Italcantieri, Genua; Baunr. 4353

11 315 BRT/5402 tdw / 148,32 m Länge ü.a. / 22,76 m Breite / Zwei 12-Zyl.-Diesel mit Getriebe; GMT / 11 030 kW / 2 Schrauben / 20 kn / 888 Pass. in 312 Kabinen / 409 PKW / Bes. 69

12.6.1979 Stapellauf als RoRo-Frachter STAFETTA LIGURE; 12 Pass. / 14.11.1979 Ablieferung / 1987–88 in Genua zur Passagierfähre umgebaut, Daten s.o.; Genua–Porto Torres-Dienst / 14.3.1996 Beim Auslaufen nach Civitavecchia 23 sm südlich Cagliari vor Serpentara auf felsigen Grund gelaufen. 371 Passagiere und die 69köpfige Besatzung werden zehn Stunden später in Schlauchbooten auf die SAN GIUSTO der italienischen Marine evakuiert / 16.3.1996 freigeschleppt / 16.4.1996 nach Messina /

CARALIS (Foto Frank Heine, 1992)

CARDUCCI (Foto Frank Heine)

1992 bei INMA in La Spezia umgebaut; drei zusätzliche Decks und seitliche Stabilisierungswulste. BRZ 11 779, 23,60 m Breite über Wulste, 971 Pass. in 288 Kabinen, 425 Deckspass., Bes. 96, 370 PKW /

ms CARIBOU

Marine Atlantic, St. John's
Versatile Davie, Lauzon; Baunr. 705

27 213 BRT / 3662 tdw / 179,0 m Länge ü.a. / 24,96 m Breite / Vier 8-Zyl.-Diesel mit Getriebe; MaK / 18 170 kW / 2 Schrauben / 22 kn / 196 Pass. in 49 Kabinen, 1146 Deckspass. / 350 PKW, 91 Trailer / Bes. 114

25.10.1984 Stapellauf für CN Marine / 4.1986 Ablieferung an Marine Atlantic / 12.5.1986 Jungfernreise North Sydney–Port aux Basques/

ms CARDUCCI

Tirrenia di Navigazione, Cagliari
Italcantieri, Castellammare di Stabia; Baunr. 4238

6900 BRT / 1971 tdw / 131,07 m Länge ü.a. / 20,05 m Breite / Zwei 9-Zyl.-Diesel; Adriatico / 12 180 kW / 2 Schrauben / 22 kn / Pass.: 158 I. in 66 Kabinen, 348 II. Klasse in 95 Kabinen, 500 Deckspass. / 250 PKW / Bes. 105

28.7.1969 Stapellauf / 18.9.1970 Ablieferung / Fährdienst an der italienischen Westküste, bis Nordafrika / 1985 Pass.: 1200, 7069 BRT /

CARIBOU (Foto Arie Lagendijk)

CARNIVAL DESTINY (Foto Jürgen Saupe 1996)

ts CARINTHIA

Cunard Steamship Co, Liverpool
John Brown & Co, Clydebank; Baunr. 699

21 947 BRT / 8500 tdw / 185,40 m Länge ü.a. / 24,49 m Breite / Zwei Satz Getriebeturbinen; Pametrada-Brown / 24 500 PSw / 2 Schrauben / 20 kn / Pass.: 154 I., 714 Touristenklasse / Bes. 461

14.12.1955 Stapellauf / 6.1956 Fertigstellung / 27.6.1956 Jungfernreise Liverpool–Montreal. Im Winter Liverpool–New York-Dienst / 1967 nur noch Kreuzfahrten / 1.1968 FAIRLAND, Fairland Shipping Corp., Monrovia. In Southampton aufgelegt / 21.2.1970 bis 7.1972 in Triest für Kreuzfahrten umgebaut. 16 627 BRT, 884 Pass. / 1971 FAIRSEA, Sitmar Cruises, Monrovia / 7.1972 in Dienst. Kreuzfahrten von US-Häfen / 1984 906 Pass. in 481 Kabinen / 1.9.1988 FAIR PRINCESS, Princess Cruises (P&O), Monrovia / 1994 BRZ 24 799 /

CARLO R siehe RANGATIRA

mse CARNIVAL DESTINY *

Carnival Cruise Lines,
Fincantieri, Monfalcone; Baunr. 5941

101 353 BRZ / 8600 tdw / 272,18 m Länge ü.a. / 35,35 m Breite / Sechs 12-Zyl.-Diesel mit elektrischer Kraftübertragung; Sulzer-Fincantieri / 63 000 kW / 2 Schrauben / 23 kn / 2642 (3500) Pass. in 1321 Kabinen / Bes. 1000

19.10.1996 Ablieferung als größtes bis dahin gebautes Passagierschiff der Welt / 24.11.1996 Jungfernkreuzfahrt ab Miami, nachdem sich das Schiff vorher in Venedig, Boston und New York vorgestellt hatte /

mse CARNIVAL TRIUMPH*

Carnival Cruise Lines,
Fincantieri, Monfalcone; Baunr.
101 000 BRZ / 2642 Pass. /
1999 Ablieferung /

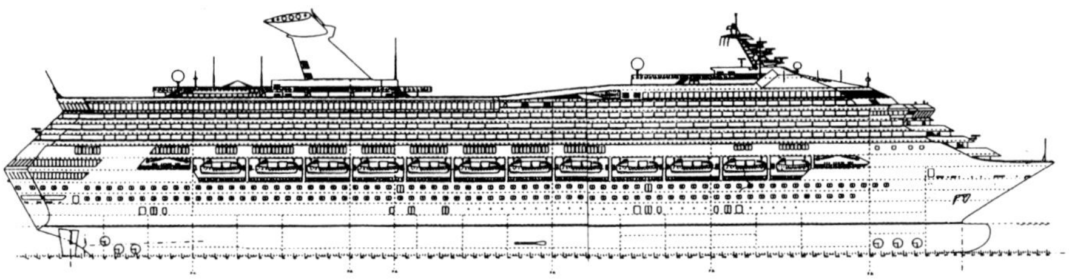

CARNIVAL TRIUMPH (Cruise & Ferry Info)

FAIR PRINCESS ex CARINTHIA (Foto Eckhard Biermann, 1996)

CAROUSEL

siehe NORDIC PRINCE

ms CASSIOPEIA

Ocean Ferry, Tokushima
Hashihama Zosen, Imabari; Baunr. 310

7454 BRT / 2815 tdw / 137,85 m Länge ü.a. / 23,42 m Breite / Zwei 18-Zyl.-Diesel mit Getriebe; Pielstick-Ishikawajima / 19 080 PSe / 2 Schrauben / 21,75 (23,2) kn / 980 Deckspass. / 104 PKW / Bes. 70

16.2.1972 Stapellauf / 29.6.1972 Ablieferung / Tokushima–Chiba-Dienst / 1976 an Ocean Tokyu Ferry, Tokushima / 1978 umbenannt IZU MARU No. 3.,Tokio–Tokushima–Kokura-Dienst/ 1991 IONIAN STAR, Minoan Lines; bis 1992 Umbau für 188 Pass. in 94 Kabinen, 2512 Deckspass., davon 350 Pullman. 400 PKW. 8797 BRT/ 1991 umbenannt SUPERFERRY, Strintzis Lines, Piräus / 4.1992 erste Reise Rafina–Kykladen. Auch Patras– Ancona / 1993 460 Pass. in Kabinen, 740 Deckspass., davon 300 Pullman / 5.3.1994 erste Reise Swansea–Cork/ 1994 BRZ 14 797 /

SUPERFERRY ex CASSIOPEIA (Foto Andreas Wörteler, 1994)

CELEBRATION (Foto Eckhard Biermann, 1996)

ms CELEBRATION

Carnival Cruise Lines, Monrovia
Kockums, Malmö; Baunr. 597

47 262 BRZ / 6405 tdw / 223,37 m Länge ü.a. / 28,20 m Breite / Zwei 7-Zyl.-Diesel; Sulzer / 23 510 kW / 2 Schrauben / 19 kn / 1896 Pass. in 716 Kabinen / Bes. 680

9.8.1986 Stapellauf / 9.2.1987 Überführungsreise Malmö–Miami. Karibik-Kreuzfahrten / 10.2.1989 nördlich Punta Guarico mit dem kubanischen Frachter CAPITAN SAN LOUIS kollidiert, der mit drei Toten untergeht. Die CELEBRATION wird nur leicht beschädigt / 18.6.1995 vor den Bahamas nach Brand in der E-Anlage 1760 Passagiere auf die ECSTASY evakuiert. Vier Wochen Ausfall /

ms CENTRAL No. 1

Central Ferry Co, Kobe
Mitsubishi Heavy Industries, Shimonoseki; Baunr. 688

5744 BRT / 2660 tdw / 130,38 m Länge ü.a. / 22,36 (22,00) m Breite / Zwei 9-Zyl.-Diesel; Mitsubishi / 15 000 PSe / 2 Schrauben / 19,5 (22,6) kn / Pass.: 59 I. Klasse, 496 II. Klasse, 300 Deckspass. / 20 PKW, 130 LKW / Bes. 56

14.11.1970 Stapellauf / 29.3.1971 Ablieferung / Kobe– bzw. Osaka–Kawasaki-Dienst / 1973 TASSILI, Cie. Nationale Algerienne de Navigation Maritime (CNAN), Algier / Marseille–Algier–Oran-Dienst / 1974 nach Umbau 10 233 BRT / 1984 an Société Nationale de Transport Maritime & Cie Nationale Algerienne de Navigation Maritime (SNTM/CNAN), Algier / 1990 an Enterprise Nationale de Transport Maritime des Voyageurs (ENTMV), Algier. 600 Pass. in Kabinen, 300 Deckspass. / 1995 BRZ 12 268 /

TASSILI ex CENTRAL No. 1
(Foto Frank Heine, 1995)

CENTURY (Foto Arnold Kludas)

ms CENTRAL No. 3

Central Ferry Co, Kobe
Kanasashi Zosensho, Shimizu; Baunr. 965

5647 BRT / 2847 tdw / 130,38 m Länge ü.a. / 22,36 (22,00) m Breite / Zwei 14-Zyl.-Diesel mit Getriebe; MAN-Kawasaki / 15 200 PSe / 2 Schrauben / 19,5 (21,2) kn / Pass.: 44 I., 548 II. Klasse, 300 Deckspass. / 22 PKW, 99 LKW / Bes. 58

26.3.1971 Stapellauf / 22.7.1971 Ablieferung / Osaka- bzw. Kobe-Kawasaki-Dienst / 1973 EL DJAZAIR, Cie. Nationale Algerienne de Navigation Maritime (CNAN), Algier / 1974 nach Umbau in den Marseille–Algier–Oran-Dienst eingestellt. 12 529 BRT, 249 Pass. in Kabinen, 527 Deckspass., 220 PKW / 1984 Für Soc. Nationale de Transport Maritime & Cie Nationale Algerienne de Navigation Maritime (SNTM/-CNAN), Algier, gemeinsam registriert / 1989 BRZ 12 124 / 1990 an Enterprise Nationale de Transport Maritime des Voyageurs (E.N.T.M.V.), Algier / 1994 BRZ 12 200 /

ms CENTURY

Celebrity Cruises (Chandris), Monrovia
Jos. L. Meyer, Papenburg; Baunr. 637

70 606 BRZ / 5700 tdw / 248,52 m Länge ü.a. / 32,20 m Breite / Zwei 6- und zwei 9-Zyl.-Diesel mit Getriebe; MAN B&W / 29 250 kW / 2 Schrauben / 21,5 kn / 1778 Pass. in 889 Kabinen / Bes. 858

2.10.1995 aufgeschwommen / 26.10.1995 Taufe / 2.11.1995 erste Probefahrt. Größtes bis dahin in Deutschland gebautes Passagierschiff / 6.12.1995 Überführungsfahrt Southampton–New York. Dann Karibik-Kreuzfahrten ab Fort Lauderdale /

ms CHAMPS ELYSEES

Société Nationale des Chemins de Fer Francais (SNCF), Dünkirchen
Dubigeon-Normandie, Nantes; Baunr. 167

15 093 BRZ / 2430 tdw / 130,00 m Länge ü.a. / 23,02 (22,51) m Breite / Zwei 16-Zyl.-Diesel mit Getriebe; SEMT-Pielstick / 12 700 kW / 2 Schrauben / 18,5 kn / 4 Pass. in 2 Kabinen, 1800 Deckspassagiere / 330 PKW, 53 LKW / Bes. 84

21.12.1983 Stapellauf / 2.10.1984 Ablieferung / 4.10.1984 Jungfernreise Calais–Dover / 1987 Heimathafen Calais / 2.7.1990 erste Reise Newhaven–Dieppe / 1.5.1992 an Sealink Stena Line (Charter) / 3.6.1992 Nach Überholung bei A. & P. Appledore in Southampton umbenannt STENA PARISIEN / 1995 BRZ 15 093 /

ms CHARLESVILLE

Compagnie Maritime Belge, Antwerpen
Cockerill-Ougrée, Hoboken, Antwerpen; Baunr. 743

10 901 BRT / 9128 tdw / 153,68 m Länge ü.a. / 19,77 (19,61) m Breite / Ein 8-Zyl.-Diesel; B&W-Cockerill / 7200 PSe / 1 Schraube / 15,5 kn / 248 Pass. in Kabinen / Bes. 140

12.8.1950 Stapellauf / 12.2.1951 Fertigstellung / 15.2.1951 Ablieferung / 6.3.1951 Jungfernreise Antwerpen–Matadi / 5.1957 Umbau der Antriebsanlage. Mit Aufladung jetzt 9250 PSe, 16,5 kn / 5.7.1967 GEORG BÜCHNER, VEB Deutsche Seereederei, Rostock. 11 060 BRT. Als frachtfahrendes Ausbildungsschiff eingesetzt / 1.1.1974 an VEB Deutfracht/Seereederei, Rostock / 31.8.1977 Als »Landseitiges Ausbildungsobjekt« auf der Warnow bei Rostock-Schmarl aufgelegt / 1991 an die Stadt Rostock, weiter als Ausbildungsschiff genutzt /

EL DJAZAIR ex CENTRAL No. 3 (Foto Eckhard Biermann)

CINDERELLA (Wärtsilä)

CHRISTIAN IV

siehe OLAU BRITANNIA, 1982

ms CINDERELLA

Viking Line, Mariehamn
Wärtsilä Marine Industries, Turku; Baunr. 1302

46 398 BRZ / 3600 tdw / 191,00 m Länge ü.a. / 35,84 (29,00) m Breite / Vier 12-Zyl.-Diesel mit Getriebe; Sulzer-Wärtsilä / 28 780 kW / 2 Schrauben / 22 kn / 2500 Pass. in Kabinen / 480 PKW / Bes. 224

15.4.1989 Stapellauf / 7.11.1989 Ablieferung. Letzter Neubau der in Konkurs gegangenen Werft / 8.11.1989 Helsinki–Stockholm / 1993 2766 Pass. in 914 Kabinen, 44 Pullman / 1.10.1994 erste 24-Stunden-Kreuzfahrt Helsinki– Muuga (Tallinn). In den Sommermonaten auch Turku–Mariehamn–Stockholm-Dienst /

STENA PARISIEN ex CHAMPS ELYSEES (Foto Frank Lose)

GEORG BÜCHNER ex CHARLESVILLE (Foto Wolfgang Kramer, 1996)

CIREMAI (Meyer Werft)

ms CIREMAI
P.T. Pelayaran Nasional Indonesia (PELNI), Djakarta
Jos. L. Meyer, Papenburg; Baunr. 631

14 610 BRZ / 3489 tdw / 146,50 m Länge ü.a. / 23,70 (23,40) m Breite / Zwei 6-Zyl.-Diesel mit Getriebe; MaK / 12 800 kW / 20 kn / 1973 Pass. in Kabinen / Bes. 145

13.8.1992 aufgeschwommen / 8.5.1993 Ablieferung / Passagierdienst zwischen den Inseln Indonesiens /

ts CITY OF EXETER
Ellerman Lines, London
Vickers Armstrong, Newcastle; Baunr. 121

13 345 BRT / 11 350 tdw / 164,90 m Länge ü.a. / 21,70 m Breite / Zwei 6-Zyl.-Diesel; Doxford / 12 650 PSe / 2 Schrauben / 16 kn / 107 I. Klasse /

7.7.1952 Stapellauf / 29.4.1953 Ablieferung / 5.1953 Jungfernreise London–Beira / 1971 MEDITERRANEAN SEA, Michail A. Karageorgis, Piräus / In Perama zum Autofährschiff umgebaut. 15 212 BRT. 829 Pass., 400 PKW / 12.1972 Erste Reise Patras–Brindisi–Ancona / 1974 Heimathafen Famagusta. 16 384 BRT / 1988 13 692 BRT. 230 PKW / 9.9.1992 in Charter der Westminster Transport für ein Jahr als Hotelschiff nach Luanda / 5.8.1995 TUTKU, von Istanbul Sea Lines für Cesme–Bari-Dienst gechartert. Nicht in Fahrt, an der Werft in Chalkis arretiert /

CITY OF TARANTO siehe KYDON

ts CITY OF YORK
Ellerman Lines, London
Vickers-Armstrongs, Newcastle; Baunr. 122

14 941 BRT / 11 406 tdw / 164,90 m Länge ü.a. / 21,70 m Breite / Zwei 6-Zyl.-Diesel; Doxford / 12 650 PSe / 2 Schrauben / 17 kn / Pass.: 107 I. Klasse /

30.3.1953 Stapellauf / 26.10.1953 Ablieferung / 11.1953 Jungfernreise London–Beira / 1971 MEDITERRANEAN SKY, Michail A. Karageorgis, Piräus / In Perama zum Autofährschiff umgebaut. 786 Pass., 400 PKW, Bes. 100 / 1974 Erste Reise Ancona–Rhodos / 12.1987 bis 2.1988 in argentinischer Charter unter dem Namen SITERRANEAN SKY eingesetzt / 1992 modernisiert. 260 PKW / 1995 BRZ 16 533 / 31.7.1996 erste Reise Brindisi–Patras in Golden Cruises-Charter / 10.8.96 in Patras durch Streik stillgelegt /

MEDITERRANEAN SKY ex CITY OF YORK (Foto Frank Heine, 1996)

MEDITERRANEAN SEA ex CITY OF EXETER (Foto Frank Heine)

CLUB MED 1 (Foto Jürgen Saupe, 1993)

ms CLODIA

Tirrenia di Navigazione, Cagliari
Italcantieri, Genua; Baunr. 4348

9385 BRT / 3250 tdw / 136,0 m Länge ü.a. / 23,07 m Breite / Zwei 16-Zyl.-Diesel mit Getriebe; GMT / 14 120 kW / 2 Schrauben / 22,2 kn / 568 Pass., 160 Deckspass. / 470 PKW / Bes. 105

9.3.1979 Stapellauf / 4.3.1980 Ablieferung / Genua–Palermo-Dienst / 1988 Umbau, 12 413 BRZ, 3741 tdw, 147,99 m Länge ü.a., max. 2000 Pass., davon 568 in Kabinen.

11 030 kW / 1992 in La Spezia zwei neue Decks mit 133 Kabinen eingebaut, jetzt 2280 Pass., davon 1434 in Kabinen. 14 834 BRT / 5.1992 wieder in Dienst /

CLODIA (Foto Frank Heine, 1992)

mse CLUB MED 1 (5-Mast-Schoner)

Services et Transports Cruise Line, Nassau
Ateliers et Chantiers du Havre, Le Havre; Baunr. 274

14 745 BRZ / 1654 tdw / 187,20 m Länge ü.a. / 20,02 m Breite / Vier 6-Zyl.-Diesel, vier Generatoren und zwei E-Fahrmotoren; Wärtsilä-Duvant Crepelle / 7360 kW / 2 Schrauben / 15 kn / 453 Pass. in 201 Kabinen / Bes. 222

1.1989 Stapellauf als LA FAYETTE / 29.12.1989 Ablieferung als CLUB MED 1 / Kreuzfahrten /

COLUMBUS (MTW)

ms CLUB MED 2 (5-Mast-Schoner)

Services et Transports Cruise Line, Le Havre
Ateliers et Chantiers du Havre, Le Havre; Baunr. 282

14 893 BRZ / 1600 tdw / 187,20 m Länge ü.a. / 20,02 m Breite / Vier 6-Zyl.-Diesel, vier Generatoren und zwei E-Fahrmotoren; Wärtsilä-Duvant Crepelle / 7360 kW / 2 Schrauben / 15 kn / 441 Pass. in 197 Kabinen / Bes. 222

12.7.1991 Stapellauf / 25.9.1992 Ablieferung / 10.10.1992 Gästefahrt nach Brest / 10.1992 Überführungs-Jungfernreise nach Neukaledonien, dem Einsatzgebiet des Cruise-Seglers / 1994 Heimathafen Mata-Utu /

COLUMBUS (Foto Wolfgang Kramer, 1996)

COLOR FESTIVAL siehe SVEA

COLOR VIKING siehe WELLAMO, 1975

ms COLUMBUS*

Conti Reederei, Bremen
MTW Schiffswerft, Wismar; Baunr. 451

14 000 BRZ / Vier 6-Zyl.-Diesel; Wärtsilä / 144 m Länge ü.a. / 21,5 m Breite / 10 560 kW / 2 Schrauben / 18,5 kn / 420 Pass. in 205 Kabinen / Bes. 169

30.10.1996 Stapellauf / 6.1997 Ablieferung / Kreuzfahrten in Bareboat-Charter Hapag-Lloyd / 29.6.1997 Jungfernkreuzfahrt Bremerhaven–Nordkap geplant /

CLUB MED 2 (Foto Yoshitatsu Fukawa)

ts CONSTITUTION

American Export Lines, New York
Bethlehem Steel Co, Quincy, Mass.;
Baunr. 1619

23 754 BRT / 7222 tdw / 208,03 m Länge ü.a. / 27,18 m Breite / Zwei Satz Getriebeturbinen; Bauwerft / 55 000 PSw / 2 Schrauben / 22,5 kn / Pass.: 295 I., 375 Kabinen-, 330 Touristenklasse / Bes. 577

16.9.1950 Stapellauf / 6.5.1951 Probefahrt / 25.6.1951 Jungfernreise New York–Neapel–Genua / 1. bis 3.1959 Umbau der I.-Klasse-Einrichtungen in Newport News. Jetzt 484 I. Klasse. 23 754 BRT / 1967 20 269 BRT / 1968 nur noch Kreuzfahrten / 9.9.1968 In Jacksonville aufgelegt / 1.1974 OCEANIC CONSTITUTION, Atlantic Far East Lines (C.Y. Tung), Panama. 950 Pass. in einer Klasse / 8.1974 In Hongkong aufgelegt / 1981 an American Hawaii Cruise, Panama. Überholung in Taiwan. 1088 Pass. / 6.1982 Hawaii-Kreuzfahrten / 1982 CONSTITUTION, American Global Line, New York / 1984 800 Pass. in 369 Kabinen / 1987 In Honolulu registriert / 1990 20 199 BRT / 6.7.1995 in Portland aufgelegt /

CONSTITUTION (Foto Jürgen Scholz)

COPA CASINO siehe RYNDAM

ms COPENHAGEN

Nordline, Kopenhagen
Vickers Ltd, Barrow; Baunr. 1085

13 758 BRT / 2137 tdw / 136,30 m Länge ü.a. / 21,52 m Breite / Zwei 16-Zyl.-Diesel mit Getriebe; Pielstick-Crossley / 16 000 PSe / 2 Schrauben / 19 kn / 590 Pass. in Kabinen /

1970 Kiellegung / Geplanter Name PRINS HENRIK AF DANMARK / 20.12.1972 Stapellauf ohne Taufe / 27.3.1973 Überführung nach Newcastle, Weiterbau bei Swan Hunter / 3.1974 Erste Probefahrt / Nach Fertigstellung aufgelegt / 5.1975 ODESSA, Black Sea Shipping Co, Odessa / 18.7.1974 Überführungsfahrt Liverpool–Leningrad. Kreuzfahrten / 1984 550 Pass. in 250 Kabinen / 8.1992 unter die Flagge der Ukraine gebracht / 1994 13252 BRT / 12.4.1995 in Neapel arretiert / 8.1996 zur Versteigerung bestimmt /

ODESSA ex COPENHAGEN (Foto Peter Voß, 1993)

ms CORSE

Soc. Nationale Maritime Corse Méditerranée (SNCM), Marseille
Dubigeon-Normandie, Nantes; Baunr. 163

12 686 BRT / 2200 tdw / 145,01 m Länge ü.a. / 23,80 m Breite / Vier 16-Zyl.-Diesel mit Getriebe; Pielstick-Atlantique / 20 263 kW / 2 Schrauben / 22,5 (23,5) kn / 810 Pass. in 143 Kabinen; zwei Klassen, 1516 Deckspass. / 680 PKW, 43 Trailer / Bes. 123

16.10.1982 Stapellauf / 5.1983 Ablieferung / 24.5.1983 Jungfernreise Marseille–Korsika / 16.6.1983 in Nizza getauft / 3.1984 Truppentransporter nach dem Libanon / 9.1990 Truppentransporter im Golfkrieg / 3.1992 Truppentransporter nach Jugoslawien / 4.9.1992 vor Korsika auf Riff gelaufen. In Marseille rapariert /

CORSE (Foto Frank Heine)

CORSICA MARINA II
siehe STENA NAUTICA

CORSICA VICTORIA
siehe GOTLAND

ms COSTA ALLEGRA
Costa Crociere, Neapel
Wärtsilä, Turku; Baunr. 1170

28 430 BRZ / 7391 tdw / 187,69 m Länge ü.a. / 25,84 m Breite / Zwei 12-Zyl.- und zwei 16-Zyl.-Diesel mit Getriebe; Pielstick-Wärtsilä / 19 150 kW / 2 Schrauben / 23 kn / 1066 Pass. in 405 Kabinen /

29.4.1969 Stapellauf als Containerschiff ANNIE JOHNSON für die Johnson Line, Stockholm / 1986 REGENT MOON, Regency Cruise Line, Piräus / 1988 ALEXANDRA, Cia. Nav. Panalexandra, Panama / 1990 an Costa Crociere / 4.9.1990 bis 1992 bei der Mariotti- Werft in Genua zum Kreuzfahrtschiff umgebaut. Daten s.o., als COSTA ALLEGRA in Dienst / 23.11.1992 Jungfernreise Genua–St. Thomas / 1994 Heimathafen Monrovia /

COSTA ALLEGRA (Foto Dirk Jankowsky)

ms COSTA CLASSICA
Costa Crociere, Neapel
Fincantieri-Cant. Nav. Italiani (Breda), Venedig; Baunr. 5877

52 926 BRZ / 5000 tdw / 222,61 m Länge ü.a. / 32,78 (30,80) m Breite / Vier 8-Zyl.-Diesel mit Getriebe; Grandi Motori / 21 120 kW / 2 Schrauben / 19,2 (20,2) kn / 1905 Pass. in 654 Kabinen / Bes. 607

2.2.1991 Stapellauf / 6.1991 erste Probefahrt / 7.12.1991 Ablieferung / Kreuzfahrten / 1994 Heimathafen Monrovia /

COSTA CLASSICA (Foto Peter Voß, 1993)

ms COSTA MARINA
Costa Crociere, Neapel
Wärtsilä, Turku; Baunr. 1169

25 441 BRZ / 6121 tdw / 174,20 m Länge ü.a. / 25,84 m Breite / Zwei 12-Zyl.- und zwei 16-Zyl.-Diesel mit Getriebe; Pielstick / 14 880 kW / 2 Schrauben / 1025 Pass. in 386 Kabinen / Bes. 374

16.1.1969 Stapellauf als Containerschiff AXEL JOHNSON, Johnson Line, Stockholm / 1986 REGENT SUN, Regency Cruise Line, Piräus / 15.10.1986 Umbaubeginn auf der Mariotti-Werft in Genua zum Kreuzfahrtschiff SEA VENTURE / 1988 ITALIA, Navyclub Italia, Neapel / 1988 Fertigstellung als COSTA MARINA für Costa Crociere, Neapel / Kreuzfahrten im Mittelmeer und in der Karibik / 1993 BRZ 25558 / 1994 Heimathafen Monrovia /

COSTA MARINA (Foto Frank Heine)

ms COSTA OLYMPIA*

Costa Crociere, Neapel
Bremer Vulkan, Vegesack; Baunr. 108

74 000 BRZ / 1920 Pass. /

1996 nach Konkurs der Bauwerft Baustop an dem zu ca. 35 % fertiggestellten Neubau, der 1997 abgeliefert werden sollte / 6.10.1996 aufgeschwommen / Zum Verkauf gestellt /

COSTA PLAYA siehe FINLANDIA, 1967

COSTA RIVIERA

siehe GUGLIELMO MARCONI

ms COSTA ROMANTICA

Costa Crociere, Neapel
Fincantieri, C.N. Italiana (Breda), Venedig; Baunr. 5899

53 700 BRZ / 7781 tdw / 220,52 m Länge ü.a. / 30,82 m Breite / Vier 8-Zyl.-Diesel mit Getriebe; Sulzer-Fincantieri / 21 180 kW / 2 Schrauben / 19,75 kn / 1905 Pass. in 654 Kabinen / Bes. 607

28.11.1992 Stapellauf / 25.9.1993 Taufe und Ablieferung / 7.10.1993 Jungfern-kreuzfahrt Genua–Kanarische Inseln / 20.10.1993 Überführung Genua Miami / 21.11.1993 Jungfern-Kreuzfahrt in die Karibik / 1995 an Prestige Cruises, Monrovia. 53 049 BRZ /

COSTA ROMANTICA (Foto Jürgen Saupe, 1993)

COSTA OLYMPIA (Foto Steffen Weirauch, 1996)

ms COSTA VICTORIA

Costa Crociere, Neapel
Bremer Vulkan, Vegesack; Baunr. 1107

75 051 BRZ / 7100 tdw / 252,91 m Länge ü.a. / 38,0 (32,25) m Breite / Drei 6- und drei 7-Zyl.-Diesel mit elektrischer Kraftübertragung; MAN B&W / 50 700 kW / 2 Schrauben / 22,8 kn / 1928 (2274) Pass. in 964 Kabinen / Bes. 850

2.9.1995 aufgeschwommen / 15.2.1996 erste Probefahrt / 1.7.1996 zweite Probefahrt / 10.7.1996 Ablieferung / 13.7.1996 Taufe / 28.7.1996 Jungfernkreuzfahrt ab Venedig /

COSTA VICTORIA (Foto Peter Voß, 1996)

COUNTESS M siehe LEOPARD

ms CROWN DYNASTY
Commodore Cruise Line, Panama
Union Naval de Levante, Valencia; Baunr. 198

19 089 BRZ / 1800 tdw / 163,81 m Länge ü.a. / 22,52 m Breite / Vier 8-Zyl.-Diesel mit Getriebe; Wärtsilä-Echevarria / 13 110 kW / 2 Schrauben / 18,5 kn / 820 (916) Pass. in 410 Kabinen / Bes. 304

31.1.1992 Stapellauf / 23.2.1993 Ein Brand im Speisesaal verzögert die für 2.1993 vorgesehene Fertigstellung um ca. drei Monate / 25.6.1993 Ablieferung / 3.7.1993 ab Southampton nach US-Ostküste / 17.7.1993 Jungfern-Kreuzfahrt / 1994 Cunard-Bereederung / 3.1997 als CROWN MAJESTY an Majesty Cruise Line verchartert /

ms CROWN JEWEL
Commodore Cruise Line, Panama
Union Naval de Levante, Valencia; Baunr. 197

19 154 BRZ / 1900 tdw / 161,54 m Länge ü.a. / 22,50 m Breite / Zwei 8-Zyl.-Diesel; Wärtsilä-Echevarria / 12 945 kW / 19 (21,5) kn / 820 (916) Pass. in 410 Kabinen / Bes. 304

30.5.1991 Stapellauf / 5.1992 Ablieferung, danach in Barcelona Wohnschiff bei den Olympischen Spielen / 11.8.1992 Überführungsreise nach New York / 5.9.1992 erste Kreuzfahrt New York–Kanada, dann Karibik-Kreuzfahrten / 1.1993 Cunard-Bereederung, Umbenennung CUNARD CROWN JEWEL geplant / 1993 BRZ 19 089, 916 Pass. in 410 Kabinen / 1994 an Star Cruise Sendirian Berhad / 1995 SUPERSTAR GEMINI, Star Cruise Line, Panama. 19 089 BRZ / Kreuzfahrten ab Singapur /

CROWN M siehe BLACK WATCH

CROWN MAJESTY
siehe CROWN DYNASTY

ms CROWN MONARCH
Commodore Cruise Line, Panama
Union Naval de Levante, Valencia; Baunr. 185

15 271 BRZ / 5574 tdw / 150,72 m Länge ü.a. / 20,60 (19,80 m Breite / Vier 9-Zyl.-Diesel mit Getriebe; Normo-Bergen / 13 240 kW / 2 Schrauben / 18 kn / 556 Pass. in 265 Kabinen /

30.10.1989 Stapellauf / 1.12.1990 Erste Kreuzfahrt ab Palm Beach / 1.1993 Cunard-Bereederung / 1994 NAUTICAN, Crown Cruise Line, Panama. Kreuzfahrten ab Singapur / 1996 umbenannt WALRUS. 15 343 BRZ /

CROWN DYNASTY (Foto Jürgen Saupe, 1994)

SUPER STAR GEMINI ex CROWN JEWEL (Foto Jürgen Saupe, 1996)

WALRUS ex CROWN MONARCH (Foto Eckhard Biermann, 1997)

NORWEGIAN CROWN ex CROWN ODYSSEY (Foto Jürgen Saupe)

ms CROWN ODYSSEY

Royal Cruise Line, Piräus
Jos. L. Meyer, Papenburg; Baunr. 616

34 242 BRZ / 5186 tdw / 187,71 m Länge ü.a. / 28,21 m Breite / Zwei 8-Zyl.- und zwei 6-Zyl.-Diesel mit Getriebe; MaK / 21 300 kW / 2 Schrauben / 22,5 kn / 1209 Pass. in 526 Kabinen / Bes. 443

1.11.1987 aufgeschwommen / 28. bis 31.12.1987 Probefahrt / 14.5.1988 Taufe / 4.6.1988 Überführungsfahrt von Emden nach Tilbury / 7.6.1988 Erste Ostseekreuzfahrt ab Tilbury / 1990 Heimathafen Nassau / 1996 an Kloster Cruise, Nassau / 5.1996 umbenannt NORWEGIAN CROWN /

ms CROWN OF SCANDINAVIA

DFDS, Kopenhagen
Brodogradiliste Split, Split; Baunr. 373

35 498 BRZ / 2940 tdw / 169,40 m Länge ü.a. / 28,20 (27,60) m Breite / Vier 12-Zyl.-Diesel mit Getriebe; Pielstick / 23 760 kW / 2 Schrauben / 18 kn / 2188 Pass. in 678 Kabinen, 212 Deckspass. / 400 PKW, 8 LKW /

6.4.1992 Stapellauf für Euroway, Göteborg. Geplanter Name THOMAS MANN / 9.1993 Euroway tritt wegen verzögerter Fertigstellung vom Vertrag zurück / 5.1994 an DFDS / 11.6.1994 Ablieferung als CROWN OF SCANDINAVIA / 15.6. bis 22.7.1994 Umbau bei der Lloyd Werft in Bremerhaven / 26.7.1994 Taufe in Kopenhagen. Kopenhagen–Helsingborg–Oslo-Dienst /

CROWN OF SCANDINAVIA (Foto Peter Voß, 1994)

mse CROWN PRINCESS
P&O Cruises, Palermo
Fincantieri-Cant. Nav. Italiani, Monfalcone; Baunr. 5839

69 845 BRZ / 6995 tdw / 245,08 m Länge ü.a./ 32,28 m Breite / Vier 8-Zyl.-Diesel mit elektrischer Kraftübertragung; MAN B&W / 38 880 kW / 2 Schrauben / 19,5, (22,5) kn / 1900 Pass. in 798 Kabinen / Bes. 678

Von Sitmar Cruises in Auftrag gegeben / 1988 an P&O / 25.5.1989 aufgeschwommen / 29.6.1990 Ablieferung / 8.7.1990 Erste Kreuzfahrt ab Piräus ins Mittelmeer / 13.9.1990 Überführungsreise Southampton–New York / 10.1990 erste Karibik-Kreuzfahrt / 1992 an Princess Cruises, Monrovia /

CROWN PRINCESS (Foto Jürgen Saupe, 1993)

ms CRUISE FERRY HIRYU

Arimura Sangyo, Naha
Mitsubishi H. I., Shimonoseki; Baunr. 1007

10 342 BRT / 3606 tdw / 167,00 m Länge ü.a. / 22,00 m Breite / Zwei 18-Zyl.-Diesel mit Getriebe; Pielstick-Nippon / 19 680 kW / 2 Schrauben / 24,9 kn / 430 Pass. in 88 Kabinen, 218 Deckspass. / 72 PKW / Bes. 39

16.4.1994 Stapellauf / 29.6.1995 Ablieferung / Nagoya–Osaka–Naha-Dienst /

CRUISE FERRY HIRYU (Foto Yoshiaki Yokoi, 1995)

mse CRYSTAL HARMONY
Crystal Cruises, Nassau
Mitsubishi Heavy Industries, Nagasaki; Baunr. 2100

48 621 BRZ / 8642 tdw / 240,0 m Länge ü.a. / 29,6 m Breite / Vier 8-Zyl.-Diesel, elektrische Kraftübertragung; MAN-Bauwerft / 34 500 kW / 2 Schrauben / 22 kn / 960 Pass. in 480 Kabinen / Bes. 505

30.9.1989 Stapellauf / 7.1990 Ablieferung / Kreuzfahrten /

CRYSTAL HARMONY (Foto Jürgen Saupe, 1994)

mse CRYSTAL SYMPHONY
Crystal Cruises, Nassau
Kvaerner-Masa-Yards, Turku; Baunr. 1323

51 044 BRZ / 4500 tdw / 238,00 m Länge ü.a. / 30,60 (30,20) m Breite / Sechs 9-Zyl.-Diesel, sechs Generatoren, zwei E-Fahrmotoren; Sulzer / 38 880 kW / 2 Schrauben / 22 kn / 975 Pass. in 480 Kabinen / Bes. 550

18.4.1995 Ablieferung / 3.5.1995 in New York getauft / 4.5.1995 Jungfernkreuzfahrt durch den Panamakanal nach Mexiko /

CRYSTAL SYMPHONY (Foto Luis Miguel Correia, 1996)

TRITON es CUNARD ADVENTURER (Foto Jürgen Saupe, 1996)

CUNARD COUNTESS (Foto Martin Lochte-Holtgreven, 1994)

RHAPSODY ex CUNARD PRINCESS (Foto Florent Van Otterdijk, 1996)

ms CUNARD ADVENTURER

Cunard Line, Southampton
Rotterdamsche D.D. My, Rotterdam;
Baunr. 329

14 151 BRT / 2314 tdw / 148,11 m Länge ü.a. / 21,92 (21,49) m Breite / Vier 12-Zyl.-Diesel mit Getriebe; Stork-Werkspoor / 27 000 PSe / 2 Schrauben / 21,5 kn / 832 Pass. / Bes. 412

2.2.1971 Stapellauf. Ursprünglich von Overseas National Airways bestellt / 28.8.1971 Probefahrt / 19.10.1971 Ablieferung / 19.11.1971 Jungfernreise Southampton–San Juan. Kreuzfahrten in der Karibik / 1977 SUNWARD II, Klosters Rederi, Oslo / 8.3. bis 24.4.1977 in Bremerhaven bei der Hapag-Lloyd Werft umgebaut. 14 110 BRT. 718 Pass. / 1987 in Nassau registriert / 1990 857 Pass. in 337 Kabinen / 1991 TRITON, Epirotiki Lines, Piräus / 4.6.1996 Wegen eines Maschinenraumbrandes müssen die 570 Passagiere bei Kamiros evakuiert werden. 6.1996 nach Reparatur in Rhodos wieder in Fahrt /

ms CUNARD COUNTESS

Cunard Line, Southampton
Burmeister & Wain, Kopenhagen; Baunr. 858

17 495 BRT / 3230 tdw / 163,56 m Länge ü.a. / 22,84 m Breite / Vier 7-Zyl.-Diesel mit Getriebe; B&W-Hitachi / 21000 PSe / 2 Schrauben / 21,5 kn / 950 Pass. in 423 Kabinen /

20.9.1974 Stapellauf / 21.5.1975 Ablieferung / 28.5.1975 Ankunft in La Spezia, Einbau der Inneneinrichtung bei Industrie Navali Mechaniche Affini / 7.1976 Fertigstellung / 14.8.1976 erste Kreuzfahrt ab San Juan / 10.1982 an die britische Regierung verchartert, Truppentransporter zwischen Ascension–Port Stanley, Falkland-Inseln / 7.1983 KaribikKreuzfahrten / 1990 Heimathafen Nassau / 1994 BRZ 16 795 / 26.10.1996 an Awani Cruise Line, Indonesien /

ms CUNARD PRINCESS

Cunard Line, Southampton
Burmeister & Wain, Kopenhagen; Baunr. 859

17 496 BRT / 2499 tdw / 163,56 m Länge ü.a. / 22,84 m Breite / Vier 7-Zyl.-Diesel mit Getriebe; B&W / 21 000 PSe / 2 Schrauben / 21,3 kn / 947 Pass. in 405 Kabinen /

12.1974 Stapellauf als CUNARD CONQUEST / 30.10.1975 Ablieferung / 6.11.1975 Ankunft in La Spezia, Einbau der Inneneinrichtung bei Industrie Navali Mechaniche Affini / 1976 als CUNARD PRINCESS in Dienst. Kreuzfahrten / 10.1980 In Nassau registriert / 24.12.1990 Ankunft in Bahrein, Erholungszentrum für US-Soldaten im Golfkrieg / 23.9.1991 zur Überholung nach Malta / 19.10.1991 wieder Kreuzfahrten / 1.1995 RHAPSODY, Starlauro Cruises, Panama / 1.10.1995 an Mediterranean Shipping Cruises, Panama. 16 852 BRZ /

ILE DE BEAUTE ex CYRNOS (Foto Frank Heine, 1995)

ms CYRNOS

Soc. Nationale Maritime Corse Méditerranée (SNCM), Marseille
Dubigeon-Normandie, Nantes; Baunr. 160

11 819 BRT / 2400 tdw / 138,6 m Länge ü.a. / 23,0 m Breite / Vier 12-Zyl.-Diesel mit Getriebe; Pielstick–Alsthom-Atlantique / 22 950 kW / 2 Schrauben / 22 kn / 1332 Pass. in Kabinen, 335 Deckspass. / 440 PKW / Bes. 133

14.11.1978 Stapellauf / 31.5.1979 Ablieferung / 18.6.1979 Taufe und Jungfernreise Marseille–Ajaccio / Auch zwischen Marseille, Toulon und Porto Torres eingesetzt / 1984 1074 Pass. in Kabinen, 228 Deckspass. / 9.1989 Ankunft in Marseille, wo das Schiff bei der Cie. Marseillaise de Reparations um 20,4 m auf 159,05 m Länge ü.a. verlängert wird. 20 564 BRZ, 3450 tdw, 1344 Pass. in 451 Kabinen, 310 Deckspass., 520 PKW / 18.6.1990 Rücklieferung als ILE DE BEAUTE / 1990 Truppentransporter im Golfkrieg /

DA-IN siehe VENILIA

DAEDALOS siehe ORIENT VENUS

DAGISTAN siehe SOVIETSKIY DAGESTAN

ms DAISETSU

Taiheiyo Enkai Ferry, Nagoya
Nakai Zosen, Setoda; Baunr. 388

11 879 BRT / 4084 tdw / 175,6 m Länge ü.a. / 24,0 m Breite / Zwei 14-Zyl.-Diesel; MAN; Mitsubishi / 27 850 PSe / 2 Schrauben / 21,5 (26,2) kn / Pass.: 231 Pass. in Kabinen, 674 Deckspass. / 105 PKW / Bes. 70

28.3.1975 Stapellauf / 20.6.1975 Ablieferung / Nagoya–Sendai–Tomakomai-Dienst / 1980 verlängert. 188,40 m Länge ü.a., 12 854 BRT, 5432 tdw / 1985 VARUNA, Higashi Nippon Ferry Co, Muroran. 12 789 BRT / 1987 LATO, Anonymos Naftiliaki Eteria Kritis (ANEK), Chania / 1990 846 Pass. in Kabinen, 718 Deckspass., 800 PKW. Patras–Igoumenitsa–Korfu–Ancona-Dienst / 1996 15 404 BRT /

Foto siehe Farbteil Seite 117

DAME M siehe FERRY AKASHI

DANA ANGLIA (Foto Frank Heine, 1994)

ms DANA ANGLIA
Det Forenede DS, Esbjerg
Aalborg Vaerft, Aalborg; Baunr. 210

14 400 BRT / 3440 tdw / 152,91 m Länge ü.a. / 24,19 (23,72) m Breite / Zwei 18-Zyl.-Diesel mit Getriebe; Lindholmen Pielstick / 15 520 kW / 2 Schrauben / 21 kn / 1249 Pass. in Kab., 107 Deckspass. / 470 PKW / Bes. 121

24.6.1977 Stapellauf / 28.4.1978 Ablieferung / 4.5.1978 Taufe in London / 13.5.1978 Jungfernreise Esbjerg–Harwich / 1.1987 kurzer Hoek van Holland–Harwich-Dienst in Sealink-Charter / 23.11.1988 bis 11.2.1989 Kopenhagen–Oslo-Dienst / 1995 BRZ 19 321 /

POLARIS ex DANA FUTURA (Foto Frank Heine)

ms DANA FUTURA
Det Forenede DS, Esbjerg
Helsingör Vaerft, Helsingör; Baunr. 407

20 326 BRZ / 9000 tdw / 176,56 m Länge ü.a. / 23,02 m Breite / Zwei 18-Zyl.-Diesel mit Getriebe; B&W-Helsingör / 20 257 kW / 2 Schrauben / 22,5 kn / 130 Pass. in 42 Kabinen / Trailer /

11.7.1975 Stapellauf / 18.12.1975 Ablieferung als RoRoFrachter. 12 Pass. Esbjerg–Harwich-Dienst und Charter-Reisen / 4.3.1976 DAMMAN EXPRESS, US-Charter / 15.4. 1977 DROSSELFELS, DDG Hansa-Charter / 31.12.1977 wieder DANA FUTURA / 28.10. bis 12.12.1985 auf der Frederikshavn Vaerft verlängert, 18 787 BRZ / 1.12.1988 SKANE LINK, Rederi Nordö-Link, Malmö. 11.1988 bis 1.1989 Einbau der Passagiereinrichtungen, Daten s.o. / 10.1.1989 Helsingborg–Travemünde-Dienst / 9.1990 in Bremerhaven aufgelegt / 1991 Truppentransporter im Golfkrieg / 11.12.1991 POLARIS, Ventouris Group Enterprises, Limassol / 1992 erste Reise Bari–Korfu–Igoumenitsa–Patras /

VANA TALLINN ex DANA RAGINA (Foto Dirk Jankowsky)

ms DANA REGINA
Det Forenede DS, Esbjerg
Aalborg Vaerft, Aalborg; Baunr. 200

12 192 BRT / 2703 tdw / 153,70 m Länge ü.a. / 24,31 (22,31) m Breite / Vier 8-Zyl.-Diesel mit Getriebe; B&W-Helsingör / 17 600 PSe / 2 Schrauben / 21,5 kn / 878 Pass. in Kabinen, 100 Deckspass. / 250 PKW / Bes. 185
31.8.1973 Stapellauf / 28.6.1974 Ablieferung / 1.7.1974 Taufe. Kreuzfahrt nach London / 8.7.1974 Jungfernreise Esbjerg–Harwich / 1.1977 Umbau in Hamburg. 370 PKW / 12.10.1983 Kopenhagen–Oslo-Dienst / 3.1.1989 Heimathafen Nassau. 11 966 BRT / 5.6.1990 NORD ESTONIA, Nordström & Thulin, Stockholm / 18.6.1990 erste Reise Stockholm–Tallinn / 7.3.1993 umbenannt THOR HEYERDAHL. Larvik–Frederikshavn-Dienst in Larvik Line-Charter / 13.5.1994 VANA TALLINN, Tallink Line, Tallinn. 10 002 BRZ. Helsinki–Tallinn-Dienst /

ms DANAE
Delian Artemis Cruises, Piräus
Harland & Wolff, Belfast; Baunr. 1483

10 501 BRT / 3704 tdw / 162,31 m Länge ü.a. / 21,44 m Breite / Zwei 6-Zyl.-Diesel; H&W / 13 200 PSe / 2 Schrauben / 17 kn / 512 Pass. /

10.3.1955 Stapellauf als Frachter PORT MELBOURNE für die Port Line, London / 7.1955 Fertigstellung. 10 205 BRT. 12 Pass. I. Klasse / 1972 THERISOS EXPRESS, J.C. Carras, Piräus / Umbau zum Kreuzfahrtschiff bei der Chalkis-Werft in Griechenland / 1974 DANAE, Delian Artemis Cruises, Piräus. Kreuzfahrten / 1979 Für fünf Jahre an Costa Armatori verchartert / 1985 an Costa Armatori, Genua. 9603 BRZ. 497 Pass. in 205 Kabinen / 1990 Heimathafen Monrovia / 10.12.1991 bei Reparaturarbeiten in Genua in Brand geraten und schwer beschädigt / 1992 zum Totalverlust erklärt und zum Abwracken nach Griechenland verkauft / 7.1992 ANAR, Harbor Maritime, Monrovia. Nach Piräus zur Reparatur in die Keratzini-Werft geschleppt / 1992 STARLIGHT PRINCESS, Capricorn Maritime, Kingstown / 1994 BALTICA, Flax International, Panama. Kreuzfahrten für Baltic Line / 10.1995 in Piräus, ab 4.2.1996 in Skaramanga arretiert / 28.2.1996 PRINCESS DANAE, Arcalia Shipping Co, Panama /

PRINCESS DANAE ex DANAE (Foto Miguel Luis Correia, 1996)

DANIELLE CASANOVA (Foto Frank Heine)

ms DANIELLE CASANOVA

Soc. Nationale Maritime Corse Méditerranée (SNCM), Ajaccio
Chantiers de l'Atlantique, St. Nazaire; Baunr. C29

21 317 BRZ / 3452 tdw / 165,54 m Länge ü.a. / 29,40 (27,40) m Breite / Vier 18-Zyl.-Diesel mit Getriebe; Pielstick Alsthom Atlantique / 35 770 kW / 2 Schrauben / 23 kn / 1836 Pass. in 539 Kabinen, 936 Deckspass. / 804 PKW / Bes. 169

15.12.1988 Stapellauf. Als ILE DE BEAUTE geplant / 5.1989 Ablieferung. Marseille–Calvi-Dienst / 1990 im Golfkrieg als Truppentransporter eingesetzt /

DANMARK (Foto Carsten Watsack)

ms DANMARK

Danske Statsbaner, Rödbyhavn
Helsingör Skibsvaerft og Maskinbyg., Helsingör; Baunr. 384

6352 BRT / 1745 tdw / 144,51 m Länge ü.a. / 17,38 (17,20) m Breite / Zwei 10-Zyl.-Diesel; B&W-Helsingör / 10 000 PSe / 2 Schrauben / 17 kn / 1325 Deckspass. in zwei Klassen / 250 PKW, 12 Waggons / Bes. 25

14.2.1968 Stapellauf / 31.5.1968 Ablieferung / 7.6.1968 Jungfernreise Rödby–Puttgarden / 1994 BRZ 10 350 /

DAPHNE (Foto Arnold Kludas, 1996)

ms DAPHNE

J. C. Carras, Piräus
Swan, Hunter & Wigham Richardson, Newcastle; Baunr. 1827

10 545 BRT / 3700 tdw / 162,39 m Länge ü.a. / 21,42 m Breite / Zwei 6-Zyl.-Diesel; Doxford-Wallsend / 13 200 PSe / 2 Schrauben / 17 kn / 503 Pass. in 212 Kabinen /

29.10.1954 Stapellauf als Frachter PORT SYDNEY für die Port Line, London / 3.1955 Fertigstellung. 11 683 BRT. 12 Pass. London–Australien–Neuseeland-Dienst / 1972 AKROTIRI EXPRESS, J.C. Carras, Piräus / 1972 bis 6.1974 Umbau zum Cruise Liner DAPHNE auf der Chalkis-Werft. 10 545 BRT / 26.7.1974 erste Mittelmeer-Kreuzfahrt ab Marseille / 1976 an Delian Athina Cruises, Piräus / 1979 Kreuzfahrten in Costa-Charter / 1985 an Costa Armatori, Panama. 9436 BRZ / 1990 Heimathafen Monrovia / 1995 Heimathafen Monrovia / 1996 BRZ 15 739 / 12.1996 SWITZERLAND, in 5-Jahres-Kaufcharter an den Schweizer Veranstalter Leisure Cruise /

DEUTSCHLAND (HDW)

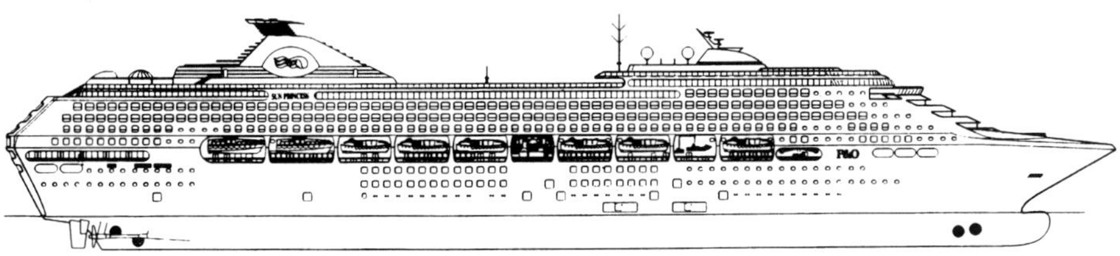
DAWN PRINCESS (Cruise & Ferry Info)

ms DAWN PRINCESS*
Princess Cruises, Monrovia
Fincantieri
77 000 BRZ / 1950 Pass. /
8.1996 aufgeschwommen / 1997 Ablieferung / Alaska- und Karibik-Kreuzfahrten /

DELPHIN
siehe BELORUSSIYA

mse DEUTSCHLAND
Deutsche Bundesbahn, Puttgarden
Werft Nobiskrug, Rendsburg; Baunr. 673

6118 BRT / 1600 tdw / 144,48 m Länge ü.a. / 17,71 m Breite / Neun 12-Zyl.-Diesel, neun Generatoren, vier E-Fahrmotoren; MTU /

19 040 PSw / 2 Schrauben / 20,4 kn / 1500 Deckspass. / 212 PKW, 28 Waggons /

9.1.1972 Stapellauf / 3.6.1972 Ablieferung / 23.6.1972 Jungfernreise Puttgarden–Rödby / 1993 an DFO Deutsche Fährgesellschaft Ostsee, Puttgarden / 1995 weißer Anstrich, Schriftzug Vogelflug Linie am Rumpf / 1994 BRZ 11 110 /

DEUTSCHLAND (Foto Carsten Watsack, 1996)

ms DEUTSCHLAND*
Deilmann, Neustadt
Howaldtswerke-Deutsche Werft AG, Kiel; Baunr. 328

22 400 BRZ / 174,80 m Länge ü.a. / Zwei 6- und zwei 8-Zyl.-Diesel; Mak / 12 320 kW / 2 Schrauben / 21 kn / 650 Pass. in 318 Kabinen /

1998 Ablieferung geplant /

NEW UTOPIA ex DIAMOND OKINAWA (Foto Michio Yamaka)

mse DISNEY MAGIC*

Disney Cruise Line,
Fincantieri, Marghera

85 000 BRZ / 294 m Länge ü.a. / 32,2 m Breite / Fünf 16-Zyl.-Diesel mit elektrischer Kraftübertragung / 2 Schrauben / 21,5 (24) kn / 2400 Pass. in 880 Kabinen / 708 PKW / Bes. 945

2.1998 Ablieferung geplant / Kreuzfahrten /

mse DISNEY WONDER*

Disney Cruise Line,
Fincantieri, Marghera

85 000 BRZ / 294 m Länge ü.a. / 32,2 m Breite / Fünf 16-Zyl.-Diesel mit elektrischer Kraftübertragung / 2 Schrauben / 21,5 (24) kn / 2400 Pass. in 880 Kabinen / 708 PKW / Bes. 945

11.1998 Ablieferung geplant / Kreuzfahrten /

ms DIAMOND OKINAWA

Ryukyu Kaiun, Naha
Onomichi Zosen, Onomichi; Baunr. 270

8609 BRT / 2891 tdw / 163,02 m Länge ü.a. / 21,04 m Breite / Zwei 18-Zyl.-Diesel mit Getriebe; MAN-Mitsubishi / 26 850 kW / 2 Schrauben / 25,3 kn / 1033 Pass /

29.3.1975 Ablieferung / 1982 NEW UTOPIA, Shin Nipponkai Ferry, Otaru. Bei Onomichi Zosen zum Kreuzfahrtschiff umgebaut. 11 106 BRT, 594 Pass. in 178 Kabinen. Bes. 75 / 1990 an Japan Cruise Line, Otaru. 12 344 BRT /

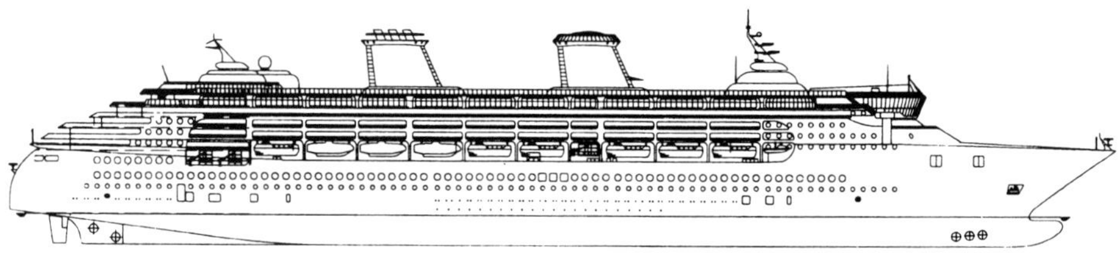

DISNEY MAGIC und DISNEY WONDER (Cruise & Ferry Info)

DISCOVERY SUN

siehe FREEPORT

ms DIANA II

Viking Line (Rederi Slite), Slite
Jos. L. Meyer, Papenburg;
Baunr. 592

11 671 BRT / 2400 tdw / 137,01 m Länge ü.a. / 24,89 (24,21) m Breite / Vier 8-Zyl.-Diesel mit Getriebe; MAN / 17 608 kW / 2 Schrauben / 21,5 kn / 714 Pass. in 313 Kabinen, 986 Deckspass., davon 225 Pullman / 555 PKW / Bes. 100

31.5.1979 Stapellauf / 9.6.1979 Ablieferung. Anfangs als DIANA II AF SLITE eingetragen / 16.6.1979 Jungfernreise Stockholm–Mariehamn–Turku / 1984 11 537 BRT. 828 Pass. in 366 Kabinen, 1024 Deckspass. Kapellskär–Naantali-Dienst / 30.12.1992 erste Reise Rostock–Trelleborg in zweijähriger Bareboat-Charter der TR-Linie, Rostock / 26.9.1994 letzte Abfahrt nach Trelleborg / 1994 umbenannt VIRONIA / 11.11.1994 MARE BALTICUM, Estline, Tallinn. Tallinn–Stockholm-Dienst / 1995 BRZ 17 955 / 20.9.1996 Tallinn–Helsinki Dienst in Tallink-Charter /

MELOODIA ex DIANA II (Foto Marko Stampehl)

DOBONSOLO (Meyer Werft)

DOMIZIANA (Foto Frank Heine, 1995)

DREAMWARD (Foto Jürgen Saupe, 1994)

ms DOBONSOLO

P. T. Pelayaran Nasional Indonesia, Sorong
Jos. L. Meyer, Papenburg; Baunr. 632

14 610 BRT / 3500 tdw / 146,50 m Länge ü.a. / 23,70 (23,40) m Breite / Zwei 6-Zyl.-Diesel mit Getriebe; Krupp-MaK / 12 800 kW / 2 Schrauben / 20 kn / 420 Pass. in drei Klassen, 1553 Deckspass. / Bes. 145

5.5.1993 aufgeschwommen / 10.10.1993 Ablieferung / Passagierdienst zwischen den indonesischen Inseln /

DOLPHIN IV siehe ZION

ms DOMIZIANA

Tirrenia di Navigazione, Neapel
Italcantieri, Castellammare di Stabia; Baunr. 4347

9485 BRT / 3250 tdw / 136,0 m Länge ü.a. / 23,04 m Breite / Zwei 16-Zyl.-Diesel mit Getriebe; GMT / 14 123 kW / 2 Schrauben / 20,5 kn / 568 Pass. in Kabinen, 160 Deckspass. / Bes. 105

19.4.1978 Stapellauf / 27.6.1979 Ablieferung / 2.7.1979 Jungfernreise Genua–Porto Torres / 1987 verlängert, 12 750 BRT, 3250 tdw, 147,99 m Länge ü.a., max 2000 Passagiere, davon 568 in Kabinen. 470 PKW /

ms DREAMWARD

Kloster Cruise, Nassau
Chantiers de l'Atlantique, St. Nazaire; Baunr. C30

39 217 BRZ / 5589 tdw / 190,04 m Länge ü.a. / 28,85 (28,50) m Breite / Zwei 8- und zwei 6-Zyl.-Diesel mit Getriebe; MAN B&W / 18 638 kW / 2 Schrauben / 21 kn / 1260 (1505) Pass. in 630 Kabinen / Bes. 495

24.2.1992 aufgeschwommen / 4.11.1992 Ablieferung / 5.12.1992 in Port Everglades getauft / 6.12.1992 Jungfernkreuzfahrt nach den Bermudas /

DRONNING INGRID (Foto Frank Heine)

ms DRONNING INGRID

Danske Statsbaner, Korsör
Helsingör Vaerft, Helsingör;
Baunr. 418

10 607 BRT / 4150 tdw / 152,00 m Länge ü.a./ 23,14 (22,81) m Breite / Sechs 16-Zyl.-Diesel mit Getriebe; B&W-Alpha / 18 680 kW / 2 Schrauben / 19 kn / 2280 Deckspass. / 420 PKW, 18 Waggons / Bes. 36

8.8.1979 Stapellauf / 20.8.1980 Ablieferung. Nyborg–Korsör-Dienst / 3.11. bis 21.12.1986 Kopenhagen–Helsingborg-Dienst für Danlink / 9.2.1989 im Großen Belt mit SUPERFLEX CHARLIE kollidiert / 1994 BRZ 16 071 /

PRINCESA VICTORIA ex DUNNOTTAR CASTLE (Foto Jürgen Saupe, 1994)

ms DRONNING MARGRETHE II

Danske Statsbaner, Rödbyhavn Nakskov Skibsvaerft, Nakskov;
Baunr. 200

5623 BRT / 3925 tdw / 133,51 m Länge ü.a. / 17,71 (17,23) m Breite / Zwei 10-Zyl.-Diesel; B&W / 10 080 PSe / 2 Schrauben / 18,5 kn / 1500 Deckspass. / 260 PKW, Waggons / Bes. 29

14.3.1973 Stapellauf / 6.12.1973 Ablieferung / Korsör–Nyborg-Dienst / 10.1980 Umbaubeginn bei Nakskov, 12 m verlängert und 2,5 m erhöht; 6211 BRT, 139,50 m Länge ü.a. / 6.1982 Rödby–Puttgarden-Dienst / 14.3.1991 im Nebel mit BORE BRITANNICA kollidiert, ein Besatzungsmitglied getötet. Auf Grund gesetzt, nach Bergung zur Reparatur in die Fredericia Skibsvaerft geschleppt / 7.1991 wieder in Fahrt / 1994 BRZ 10 850 /

DRONNING MARGRETHE II (Foto Carsten Watsack, 1995)

URD ex EASY RIDER (Foto Dirk Jankowsky)

ms DUNNOTTAR CASTLE

Union-Castle Mail Steamship Co, London
Harland & Wolff, Belfast;
Baunr. 959

15 007 BRT / 10 129 tdw / 174,53 m Länge ü.a. / 21,92 m Breite / Zwei 9-Zyl.-Diesel; B&W-H&W / 11 200 PSe / 2 Schrauben / 17 kn / Pass.: 258 I., 250 Touristenklasse / Bes. 250

25.1.1936 Stapellauf / 27.6.1936 Fertigstellung / 1.1936 Jungfernreise Southampton–Kapstadt, dann im Dienst London–Rund-um-Afrika eingesetzt / 14.10.1939 Hilfskreuzer der Royal Navy / 1942 Truppentransporter / 1948 aus dem Kriegsdienst entlassen. Nach Überholung 15 054 BRT, Pass.: 105 I., 263 Touristenklasse / 10.2.1949 Erste Nachkriegsreise im Dienst Rund-um-Afrika / 1958 An Incres S.S. Co, Monrovia / 1959 umbenannt VICTORIA / 1. bis 12.1959 bei Wilton Fijenoord in Rotterdam zum Cruise Liner für 600 Passagiere umgebaut. Neue Fiat-Diesel mit 16 800 PSe für 18, max. 21 Knoten. 174,53 m Länge ü.a. 14 917 BRT, 6590 tdw / 14.12.1959 Erste Karibik-Kreuzfahrt / 11.1975 Heimathafen Piräus / 6.6.1976 Erste Mittelmeer-Kreuzfahrt / 1977 THE VICTORIA, Chandris-Gruppe, Piräus / 1978 11 886 BRT / 1984 Heimathafen Panama. 14 411 BRT. 696 Pass. in 287 Kabinen / 1987 11 541 BRT / 1993 PRINCESA VICTORIA, Interorient Navigation Co, Limassol / 1994 an Louis Cruise Lines, Limassol. 14 583 BRZ /

THE AZUR ex EAGLE (Foto Frank Heine, 1994)

ms EAGLE

General Steam Navigation Co, London
Dubigeon-Normandie, Nantes;
Baunr. 123

11 609 BRT / 2085 tdw /142,12 m Länge ü.a. / 22,64 (21,90) m Breite / Zwei 12-Zyl.-Diesel mit Getriebe; Pielstick-Atlantique / 21 800 PSe / 2 Schrauben / 23 kn / 740 Pass. / 200 PKW / Bes. 138

16.10.1970 Stapellauf / 16.5.1971 Ablieferung / 18.5.1971 Jungfernreise Southampton–Lissabon–Tanger / 1.10.1971 von Southern Ferries (P&O) bereedert / 19.12.1975 AZUR, Nouvelle Cie. de Paquebots, Marseille. Fährdienst und Kreuzfahrten im Mittelmeer / 1981 Umbau zum Kreuzfahrtschiff. 10 718 BRT, 1039 Pass. in 344 Kabinen / Mittelmeer-Cruises ab Toulon; 1985 auch Kanada und Karibik / 1983 14 717 BRT / 1984 13 965 BRT / 26.1.1987 THE AZUR, Azur Transportation, Panama. 8936 BRT. Von Chandris bereedert / 6.1994 von Festival Cruises bereedert / 1995 BRZ 9159 /

ms EASY RIDER

Castello Hellas Shipping Co, Piräus
Nuovo Cantieri Apuania, Marina di Carrara;
Baunr. 2119

5072 BRT / 6235 tdw / 150,81 m Länge ü.a. / 20,22 m Breite / Zwei 12-Zyl.-Diesel mit Getriebe; MWM / 12 000 PSe / 17 kn / 32 Pass. in Kabinen / Bes. 17

12.7.1980 Stapellauf / 14.5.1981 Ablieferung / 28.5.1983 in Piräus arretiert / 3.4.1987 SEAFREIGHT HIGHWAY, Sealink UK, Hamilton. Dover–Zeebrügge-Dienst / 1988 umbenannt BOYANA für Somat-Charter / 1990 an Nordström & Thulin, Stockholm; wegen Maschinenschaden weiter an Blaesbjerg Marine, Aarhus / 30.11.1990 nach Reparatur in Bremerhaven umbenannt ARKA MARINE / 1991 umbenannt URD. In Danzig zur Passagier- und Autofähre umgebaut; 5765 BRT, 600 Passagiere, davon 52 in 13 Kabinen / 1991 Aarhus–Kalundborg-Dienst in Charter der Danske Statsbaner. Heimathafen Kalundborg / 1994 BRZ 11 030 /

EMILIA (Foto Frank Heine)

mse ECSTASY

Carnival Cruise Lines, Monrovia
Kvaerner Masa Yards, Helsinki; Baunr. 480

70 367 BRT / 7200 tdw / 262,00 m Länge ü.a. / 31,53 m Breite / Zwei 8-Zyl.-Diesel und vier 12 Zyl.-Diesel, Sulzer-Wärtsilä; vier Generatoren, zwei E-Fahrmotoren / 42 240 kW / 2 Schrauben / 18 kn / 2634 Pass. in 1022 Kabinen / Bes. 980

21.10.1989 aufgeschwommen / 18.4.1991 Ablieferung / 24.4.1991 Überführungsreise nach New York / 11.5.1991 in New York getauft / 9.6.1991 Jungfernkreuzfahrt ab Miami /

ms EFORIE

Cia. de Navigatie Romline, Konstantza
Intreprind. Constr. Navale Constantza, Konstantza; Baunr. 479

20 621 BRT / 12 000 tdw / 184,90 m Länge ü.a. / 26,00 m Breite / Zwei 8-Zyl.-Diesel mit Getriebe; MAN-Resita / 10 570 kW / 2 Schrauben / 14 kn / 100 Pass. / Waggons

1987 Stapellauf / 1991 Ablieferung /

EL DJAZAIR siehe CENTRAL No. 3

ms EL. VENIZELOS

Anonymos Naftiliaki Eteria Kritis (ANEK), Chania
Stocznia im Komuny Paryskiey, Gdynia; Baunr. 494/03

38 261 BRZ / 4500 tdw / 175,4 m Länge ü.a. / 28,5 m Breite / Vier 16-Zyl.-Diesel mit Getriebe; Sulzer-Zgoda / 34 130 kW / 2 Schrauben /

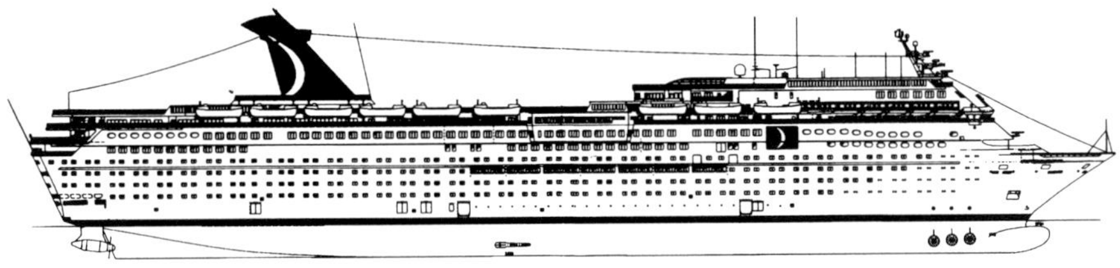

ELATION (Cruise & Ferry Info)

ECSTASY (Foto Jürgen Saupe, 1992)

EL. VENIZELOS (Foto Frank Heine, 1994)

20 kn / 1600 Pass. in 650 Kabinen, 1400 Deckspass. / 750 PKW /

1979 als STENA POLONIA von Stena Rederi, Göteborg, bestellt, die 1984 vom Kontrakt zurücktritt / 28.10.1984 Stapellauf, danach unfertig aufgelegt / 1988 BONANZA, F. Olsen; weiter in Gdynia aufgelegt / 1989 an Anonymos Naftiliaki Efteria Kritis (ANEK), Chania / 16.2.1989 Ankunft in Perama zur Fertigstellung / 6.1990 umbenannt KYDON II / 18.7.1990 zur Avlis-Werft nach Chalkis geschleppt / 1991 umbenannt EL. VENIZELOS / 1992 Ablieferung / 8.7.1992 Erste Reise Patras–Igoumenitsa–Korfu–Triest, im Winter Piräus–Heraklion-Dienst / 1996 Name in LR ausgeschrieben ELEFTHERIOS VENIZELOS /

OLYMPIC ex EMPRESS OF BRITAIN (Foto Florent Van Otterdijk, 1996)

mse ELATION*

Carnival Cruise Lines, Panama
Kvaerner Masa Yards, Helsinki; Baunr. 491

70 367 BRZ / 7000 tdw / 260,80 m Länge ü.a. / 31,50 m Breite / Vier 12- und zwei 8-Zyl.-Diesel mit elektr. Kraftübertragung; Sulzer-Wärtsilä / 42 240 kW / 2 Schrauben / 18 kn / 2624 Pass. in 1020 Kabinen /

2.1998 Ablieferung / Kreuzfahrten /

ms EMILIA

Tirrenia di Navigazione, Neapel
Italcantieri, Castellammare di Stabia; Baunr. 4349

9845 BRT / 3250 tdw / 136,0 m Länge ü.a. / 23,04 m Breite / Zwei 16-Zyl.-Diesel mit Getriebe; GMT / 14 125 kW / 2 Schrauben / 20,5 kn / 568 Pass. in Kabinen, 160 Deckspass. / 65 PKW, 70 Trailer / Bes. 105

19.7.1978 Stapellauf / 30.11.1979 Ablieferung / Neapel–Palermo-Dienst / 1986–87 verlängert. 12 750 BRT, 3250 tdw, 147,99 m Länge ü.a., max. 2000 Passagiere, davon 568 in Kabinen, 470 PKW / 1996 BRZ 12 523 /

ts EMPRESS OF BRITAIN

Canadian Pacific Steamship, Liverpool
Fairfield Sb. & Eng. Co, Glasgow; Baunr. 731

25 516 BRT / 8912 tdw / 195,08 m Länge ü.a. / 25,96 m Breite / Zwei Satz Getriebeturbinen; Pametrada-Fairfield / 22 067 kW (30 000 PSw) / 2 Schrauben / 20 kn / Pass.: 160 I., 894 Touristenklasse / Bes. 464

22.6.1955 Stapellauf / 9. bis 10.3.1956 Probefahrt / 9.4.1956 Gästekreuzfahrt Liverpool–Southampton / 20.4.1956 Jungfernreise Liverpool–Montreal / 18.11.1964 QUEEN ANNA MARIA, Greek Line, Andros / 11.1964 bis 6.3.1965 bei der Mariotti-Werft in Genua umgebaut. 21716 BRT, Pass.: 168 I., 1145 Touristenklasse. Auf Kreuzfahrten 741 Pass. / 24.3.1965 erste Reise Piräus–New York. Haifa–New York-Dienst. Kreuzfahrten / 22.1.1975 in Piräus aufgelegt. 12.1975 CARNIVALE, Carnival Cruise Lines, Panama. 18 952 BRT, 1297 Pass. in 458 Kabinen / 2.1976 erste Kreuzfahrt in der Karibik / 1988 1167 Pass. in 493 Kabinen / 6.1990 Heimathafen Nassau / 1993 FIESTAMARINA, Fiestamarina Cruises, Nassau / 5.1994 OLYMPIC, Epirotiki Lines, Piräus. 31 482 BRZ /

ts EMPRESS OF CANADA

Canadian Pacific Steamships, Liverpool
Vickers Armstrong, Newcastle; Baunr. 171

27 284 BRT / 9400 tdw / 198,13 m Länge ü.a. / 26,45 m Breite / Zwei Satz Getriebeturbinen; Pametrada-Bauwerft / 30 000 PSw / 2 Schrauben / 20 kn / Pass.: 192 I., 856 Touristenklasse / Bes. 470

10.5.1960 Stapellauf / 7.3.1961 Probefahrt / 24.4.1961 Jungfernreise Liverpool–Montreal / 1.1972 MARDI GRAS, Carnival Cruise Lines, Panama. 18 261 BRT, 1240 Pass. / 26.2.1972 Überführungsfahrt von Tilbury nach Miami. Kreuzfahrten ab Miami / 1991: 1106 Pass. in 457 Kabinen / 9.1993 OLYMPIC, Epirotiki Lines, Piräus / 1994 umbenannt STAR OF TEXAS. 28 574 BRZ / 1995 umbenannt APOLLON / 10.5.1995 in Piräus aufgelegt /

MARDI GRAS ex EMPRESS OF CANADA (Foto Martin Lochte-Holtgreven)

ENCHANTED ISLE
siehe ARGENTINA

ENCHANTED SEAS
siehe BRASIL

ms ENCHANTMENT OF THE SEAS*

Royal Caribbean Cruise Line,
Kvaerner Masa Yards, Helsinki
73 000 BRT / 1995 Pass. /
9.1997 Ablieferung /

ms ERIMO MARU
Nippon Enkai Ferry, Tokio
Ishikawajima-Harima Heavy Industries, Tokio; Baunr. 2979

11 272 BRT /5729 tdw / 178,00 m Länge ü.a. / 26,70 (25,00) m Breite / Zwei 9-Zyl.-Diesel mit Getriebe; Pielstick-IHI / 21 844 kW / 2 Schrauben / 23 kn / 634 Pass. / 105 PKW, 175 Trailer / Bes. 50

25.10.1988 Stapellauf / 17.3.1989 Ablieferung / Fährdienst Tokio–Tomakomai / 1.11.1990 an Blue Highway Line, Tokio / 22.1.1991 umbenannt SUN FLOWER ERIMO /

SUNFLOWER RERIMO ex ERIMO (Sammlung Hisashi Noma)

EROTOKRITOS siehe ISHIKARI

ESPRESSO CATANIA
siehe VIA MEDITERRANEO

ESPRESSO RAVENNA
siehe VIA IONIO

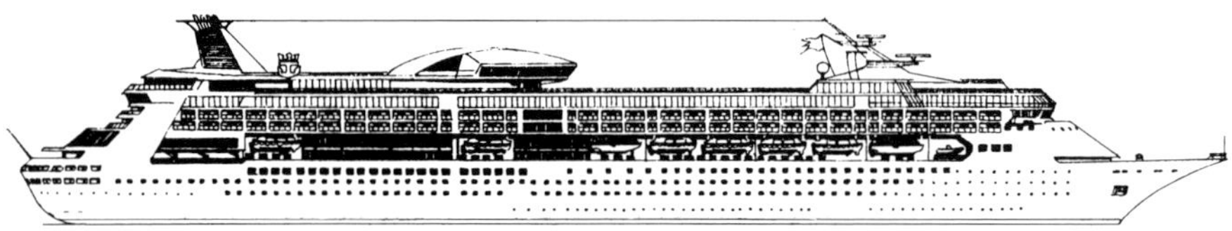

ENCHANTMENT OF THE SEAS (Cruise & Ferry Info)

ESTEREL (Foto Frank Heine)

ms ESTEREL
Soc. Nationale Maritime Corse Méditerranée (SNCM), Marseille
Dubigeon-Normandie, Nantes; Baunr. 162

12 676 BRT / 2200 tdw / 145,01 m Länge ü.a. / 25,81 (23,8o) m Breite / Vier 16-Zyl.-Diesel mit Getriebe; Pielstick-Alsthom-Atlantique / 20550 kW / 2 Schrauben / 23,5 kn / 810 Pass. in zwei Klassen, 1516 Deckspass. / 700 PKW / Bes. 123

26.9.1980 Stapellauf / 15.5.1981 Taufe und Ablieferung / Marseille–Korsika-Dienst; auch Séte-Oran / 1984 572 Pass. in 143 Kabinen, 1754 Deckspass. / 1984 Truppentransporte nach dem Libanon / 9.1990 Truppentransporter im Golfkrieg /

ts EUGENIO C
Costa Armatori, Neapel
Cantieri Riuniti dell'Adriatico, Monfalcone; Baunr. 1884

30567 BRT / 7935 tdw / 217,46 m Länge ü.a. / 29,39 m Breite / Zwei Satz Getriebeturbinen; De Laval-Bauwerft / 55 000 PSw / 2 Schrauben / 27 kn / Pass.: 178 I., 356 II., 1102 Touristenklasse; auf Kreuzfahrten 1603 / Bes. 424

21.11.1964 Stapellauf / 22.8.1966 Ablieferung / Genua–Buenos Aires-Dienst / 12.10. bis 1.12.1987 bei der Mariotti-Werft in Genua modernisiert. 1158 Pass. in 422 Kabinen / 1987

EUGENIO COSTA (Foto Jürgen Saupe, 1994)

EUGENIO COSTA, Costa Crociere, Neapel / 1989 Maschinenleistung auf 28 690 kW reduziert; 22 Knoten / 1991 BRZ 32 753 / 1994 Heimathafen Monrovia / 1994 von Costa an Bremer Vulkan, Heimathafen Monrovia. Rückcharter durch Costa / 11.1996 in Genua außer Dienst gestellt, aufgelegt /

ms EUROMAGIQUE

Eurolink Ferries, Nassau
Lödose Varf, Lödose; Baunr. 169

11 591 BRZ / 8946 tdw / Zwei 8-Zyl.-Diesel mit Getriebe; Sulzer-Zgoda / 7650 kW / 2 Schrauben / 17,25 kn / 350 Pass. in 170 Kabinen / 109 PKW, 115 Trailer /

11.5.1977 Stapellauf als Frachtfähre KAPRIFOL. 5372 BRT, 12 Pass. / 1977 Ablieferung an O.T. Rederierna, Wallhamn / 1988 NAESBORG, Vendila Rederi, Rungsted / 1990 bis 1991 Für DFDS-Charter in DANA CORONA umbenannt/ 1994 wieder NAESBORG / 1994 ATTIKA, A.K. Ventouris, Limassol / Umbau zur RoRo-Fähre, Daten s.o. Brindisi–Patras-Dienst / 1995 EUROMAGIQUE, Eurolink Ferries, Nassau / 16.4.1995 erste Reise Sheerness–Vlissingen / 17.6.1995 Maschinenraumbrand vor Vlissingen, Reparatur bis 11.7.1995 / 1.12.1996 Dienst eingestellt /

EUROMANTIQUE

siehe AGIA METHODIA

EUROMAGIQUE (Foto Andreas Wörteler, 1995)

ms EUROPA

Hapag-Lloyd AG, Bremen
Bremer Vulkan, Vegesack; Baunr. 1001

33 819 BRT / 6506 tdw / 199,63 m Länge ü.a. / 28,55 m Breite / Zwei 7-Zyl.-Diesel; MAN-Bremer Vulkan / 21 270 kW / 2 Schrauben / 21 kn / 600 (758) Pass. in 316 Kabinen / Bes. 300

22.12.1980 Stapellauf / 25.9.1981 erste Probefahrt / 5.12.1981 Ablieferung / 8.1.1982 Jungfernkreuzfahrt Genua–Afrika / 1988 BRZ 37 012 / 30.4.1992 330 sm östlich von Hongkong in dichtem Nebel mit dem griechischen Containerschiff INCHON GLORY kollidiert. Nach Kaohsiung geschleppt, wo die Passagiere von Bord gehen / 7.7.1992 erste Kreuzfahrt nach Reparatur in Singapur und Bremerhaven /

EUROPEAN SEAWAY (Foto Peter Voß, 1991)

EUROPEAN FREEWAY

siehe SYRIA

ms EUROPEAN GATEWAY

Townsend Car Ferries, London
Schichau-Unterweser, Bremerhaven; Baunr. 2256

3335 BRT / 4000 tdw / 118,32 m Länge ü.a. / 20,27 (19,91) m Breite / Zwei 9-Zyl.-Diesel mit Getriebe; Stork-Werkspoor / 11 400 PSe / 2 Schrauben / 18,5 kn / 54 Pass. in Kabinen, 78 Deckspass. / LKW / Bes. 44

20.12.1974 Stapellauf / 26.4.1975 Ablieferung / 7.6.1975 Felixstowe–Rotterdam-Dienst / 9.1980 bei Amsterdamsche Droogdok verlängert, 4263 BRT, 3949 tdw, 133,46 m Länge ü.a., 300 Pass. in Kabinen, 700 Deckspass., 30 PKW, 76 Trailer / 19.12.1982 2,5 sm vor Felixstowe nach Kollision mit SPEEDLINK VANGUARD gekentert. 6 Tote / 26.2.1983 geborgen und nach Amsterdam geschleppt / 3.5.1983 FLAVIA, Clorinda Navigation Co, Limassol / 5.6.1983 ab IJmuiden in Schlepp zum Umbau nach Piräus / 1984 Patras–Brindisi-Dienst für Anco Ferries / 1988 TRAVEMÜNDE LINK I, GT-Link, Nassau. Umbau auf der Oeresundsvarvet in Landskrona / 1989 umbenannt TRAVEMÜNDE LINK Gedser–Travemünde-Dienst / 1992 ROSTOCK LINK, R-L Shipping (Europa-Linien), Nassau / 6.2.1992 erste Reise Rostock–Gedser / 1994 BRZ 11 335 / 16.2.1996 Mit 876 Passagieren an Bord unmittelbar nach dem Verlassen Gedsers im Eis gestrandet. Nach 18 Stunden freigekommen / 2.3.1996 nach Reparatur bei der Kvaerner Warnow Werft in Warnemünde wieder in Fahrt / 4. bis 5.1996 Umbau in Nakskov, Pass.: /

ROSTOCK LINK ex EUROPEAN GATEWAY (Foto Marko Stampehl, 1996)

EUROPEAN HIGHWAY (Foto Florent Van Otterdijk, 1995)

EUROPA (Foto Peter Voß, 1996)

ms EUROPEAN HIGHWAY
P&O European Ferries (Dover), Dover
Schichau Seebeckwerft, Bremerha+ven;
Baunr. 1073

22 986 BRZ / 7550 tdw / 179,40 m Länge ü.a. / 28,28 (27,80) m Breite / Vier 8-Zyl.-Diesel mit Getriebe; Sulzer-Jugoturbina / 21 120 kW / 2 Schrauben / 21,5 kn / 200 Pass. in 81 Kabinen / 124 LKW /

14.12.1991 Stapellauf / 12.6.1992 Ablieferung / 16.6.1992 Jungfernreise Dover–Zeebrügge /

ms EUROPEAN PATHWAY
P&O European Ferries (Dover), Dover
Schichau Seebeckwerft, Bremerhaven;
Baunr. 1076

22 986 BRZ / 7550 tdw / 179,40 m Länge ü.a. / 28,28 (27,80) m Breite / Vier 8-Zyl.-Diesel mit Getriebe; Sulzer-Jugoturbina /

17 960 kW / 2 Schrauben / 21,5 kn / 200 Pass. in 81 Kabinen / 124 LKW /

10.8.1991 Stapellauf / 30.12.1991 Ablieferung / 4.1.1992 Jungfernreise Dover–Zeebrügge /

EUROPEAN PATHWAY (Foto Florent Van Otterdijk, 1995)

ms EUROPEAN SEAWAY
P&O European Ferries (Dover), Dover
Schichau Seebeckwerft, Bremerhaven;
Baunr. 1075

22 986 BRZ / 7550 tdw / 179,40 m Länge ü.a. / 28,28 (27,80) m Breite / Vier 8-Zyl.-Diesel mit Getriebe; Sulzer-Jugoturbina / 17 960 kW / 2 Schrauben / 21,5 kn / 200 Pass. in 81 Kabinen / 124 LKW /

20.4.1991 Stapellauf / 2.10.1991 Ablieferung / 7.10.1991 Erste Reise Dover–Zeebrügge /

EUROPEAN TIDEWAY siehe HELLAS

ms EXCELLENT*
Grimaldi
Nuovi Cantieri Apuania,
60 000 BRZ / 201,2 m Länge ü.a. / 29,0 m Breite / Vier Diesel; Sulzer / 2 Schrauben / 27 300 PSe / 23 kn / 1112 Pass. in 339 Kabinen, 900 Deckspass. / 800 PKW / 1998 Indienststellung, für Neapel–Palermo-Dienst geplant /

HAI HUA ex FABIOLAVILLE (Foto Gerhard Fiebiger)

ms FABIOLAVILLE
Cie. Maritime Belge, Antwerpen
Cockerill-Ougrée, Hoboken, Antwerpen; Baunr. 861

13 481 BRT / 15 349 tdw / 161,14 m Länge ü.a. / 23,22 m Breite / Ein 8-Zyl.-Diesel; B&W-Cockerill / 15 040 PSe / 1 Schraube / 20 kn / 71 Pass. in Kabinen / Bes. 58

18.1.1972 Stapellauf / 15. bis 18.5.1972 Probefahrt / 2.6.1972 Ablieferung / Antwerpen–Matadi-Dienst / 1984 13 303 BRT, 72 Passagiere, 18,5 kn / 1989 HAI HUA, Shanghai Hai Xing Shipping Co, Panama / Küstendienst in China /

SKY PRINCESS ex FAIRSKY (Foto Arie Lagendijk, 1996)

FANTASY (Foto Ulrich Streich, 1993)

FAIR PRINCESS siehe CARINTHIA

ts FAIRSKY
Sitmar Cruises, Monrovia
Chant. du Nord et de la Mediterranée, La Seyne; Baunr. 1436

38 876 BRT / 7872 tdw / 240,39 m Länge ü.a. / 27,84 m Breite / Zwei Satz Getriebeturbinen; GEC-CNIM / 21 700 kW / 2 Schrauben / 22 kn / 1600 Pass. in 580 Kabinen / Bes. 563

6.11.1982 Stapellauf / 12.4.1984 Ablieferung / 2.5.1984 Ankunft in Los Angeles, dort am 5.5. getauft / Kreuzfahrten auf dem US-Markt / 14.9.1988 SKY PRINCESS, P&O Lines, Monrovia / 1990 22 120 BRT / 1994 an Princess Cruises, London. BRZ 46 087 /

FAIRSTAR siehe OXFORDSHIRE

ms FANTASTIC
Grimaldi Group, Palermo
Nuovo Cantieri Apuania, Marina de Carrara; Baunr. 1182

35 000 BRZ / 6500 tdw / 188,22 m Länge ü.a. / 28,00 (26,80) m Breite / Vier 9-Zyl.-Diesel mit Getriebe; Sulzer / 26 000 kW / 23 kn / 1700 Pass., davon 1389 in 375 Kabinen. 644 Pullman / 760 PKW / Bes. 219

25.5.1996 Ablieferung, danach am 14.6. Beginn der ersten von drei siebentägigen Mittelmeer-Kreuzfahrten Genua–Malaga–Mallorca–Lissabon / 28.6.1996 Jungfernreise Genua–Porto Torres /

mse FANTASY
Carnival Cruise Lines, Monrovia
Wärtsilä (Masa Yards), Helsinki; Baunr. 479

70 367 BRZ / 7200 tdw / 260,60 m Länge ü.a. / 36,00 (31,50) m Breite / Zwei 8-Zyl.- und vier 12-Zyl.-Diesel, elektrische Kraftübertragung; Sulzer-Wärtsilä / 42 240 kW / 2 Schrauben / 18 kn / 2634 Pass. in 1024 Kabinen / Bes. 980

9.12.1988 Stapellauf / 26.8.1989 Taufe / 26.1.1990 Ablieferung / 2.3.1990 Erste Kreuzfahrt ab Miami /

mse FASCINATION
Carnival Cruise Lines, Panama
Kvaerner Masa Yards, Helsinki; Baunr. 487

70 367 BRZ / 7000 tdw / 260,80 m Länge ü.a. / 31,50 m Breite / Vier 12- und zwei 8-Zyl.-Diesel mit elektr. Kraftübertragung; Sulzer-Wärtsilä / 42 240 kW / 2 Schrauben / 18 kn / 2624 Pass. in 1020 Kabinen / Bes. 980
27.6.1994 Ablieferung / Kreuzfahrten /

FANTASTIC (Foto Frank Heine)

FASCINATION (Foto Arie Lagendijk, 1996)

ms FEDERICO C

Costa Armatori, Neapel
Ansaldo, Sestri-Ponente, Genua;
Baunr. 1516

20 416 BRT / 6600 tdw / 184,61 m Länge ü.a. / 24,06 m Breite / Zwei Satz Getriebeturbinen; Bauwerft / 28 600 PSw / 2 Schrauben / 21 kn / Pass.: 243 I., 300 II., 736 III. Klasse /

31.3.1957 Stapellauf / 3.1958 Fertigstellung / 22.3.1958 Jungfernreise Genua–Buenos Aires. Auch Kreuzfahrten / 1968 Pass.: 186 I., 1450 Touristenklasse. Auf Kreuzfahrten 1259 Pass. / 12.1983 ROYALE, Premier Cruise Line, Panama / 2.1984 Erste Kreuzfahrt ab Port Canaveral / 2.2.1989 umbenannt STARSHIP ROYALE / 1989 SEABREEZE I, Ulysses Cruises, Panama / 1993 von Dolphin Cruise Lines bereedert / 1994 BRZ 21 010 /

Foto siehe Farbteil Seite 19

FEDOR SHALYAPIN siehe IVERNIA

FEDRA siehe PETER PAN, 1974

ms FENNIA

Siljarederiet, Turku
Öresundsvarvet, Landskrona;
Baunr. 201

6179 BRT / 1476 tdw / 128,9 m Länge ü.a. / 19,7 m Breite / Vier 9-Zyl.-Diesel mit Getriebe; Ruston & Hornsby / 8640 PSe / 2 Schrauben / 18 kn / 226 Pass. in Kabinen, 1000 Deckspass. / 225 PKW /

28.10.1965 Stapellauf / 27.4.1966 Ablieferung / 29.4.1966 Jungfernreise Stockholm–Turku / 1970 an Svea Line (Finland), Mariehamn, gleicher Dienst / 1972 nach Umbau 360 Pass. in Kabinen / 1975 neue Maschinenanlage, vier 9-Zyl.-Diesel mit Getriebe von Atlas-MaK. 12 000 PSe / 1. bis 3.1978 Göteborg–Travemünde-Dienst in Sessan-Charter / 2.1. bis 1.2.1979 Malmö–Travemünde-Dienst in Saga-Charter / 18.6. bis 28.9.1983 Pembroke–Cork-Dienst in Charter der B&I Line / 24.1. bis 8.2.1984 Stockholm–Helsinki-Dienst / 16.5.1984 an Jakob Lines, Jakobstad. Jakobstad–Skelleftea-Dienst. 6396 BRT, 296 Pass. in Kabinen, 804 Deckspass. / 1986 an Rederi AB Sally, Vaasa. Nach Umbau 10 515 BRZ, 1410 tdw, 580 Pass. in Kabinen, 620 Deckspass., 215 PKW, 45 LKW, 37 Trailer. Vaasa–Sundsvall-Dienst / 1992 Umea–Skeleftea-Dienst / 16.10.1992 bis 3.1993 Norrköping–Riga-Dienst in Baltic Link-Charter / 1990 An Silja Line, Vaasa / 1994 Heimathafen Mariehamn / 11.1994 bis 3.1995 Stockholm–Turku-Dienst als Frachtfähre in Seawind-Charter /

FENNIA (Foto Marko Stampehl, 1994)

LA PALMA ex FERDINAND DE LESSEPS (Foto Jürgen Saupe, 1991)

ms FERDINAND DE LESSEPS

Cie. des Messageries Maritimes, Marseille
Forges & Chantiers de la Gironde, Bordeaux;
Baunr. 1

10 881 BRT / 6146 tdw / 150,09 m Länge ü.a. / 19,61 m Breite / Zwei 10-Zyl.-Diesel; B&W-Bauwerft / 12 500 PSe / 2 Schrauben / 17 kn / Pass.: 88 I., 112 Touristen-, 296 III. Klasse /

21.7.1951 Stapellauf / 7.1952 Fertigstellung / 3.10.1952 Jungfernreise Marseille–Mauritius / 1969 DELPHI, C.G. Efthymiades, Piräus / 1970 nach Umbau Kreuzfahrten im Mittelmeer / 11.11.1976 in Piräus aufgelegt / 1977 LA PERLA, Perlus Cruises, Limassol. 801 Passagiere / 1.1980 in Liverpool arretiert / 1980 LA PALMA, Intercruises, Limassol; 11 608 BRT. Mittelmeer-Kreuzfahrten ab Venedig / 1990 Heimathafen Piräus, 9022 BRT / 1992 an Navicruises Shipping Co, Piräus. 8619 BRT / 1996 BRZ 11 951 / 10.11.1996 in Piräus aufgelegt / 16.2.1996 arretiert /

DAME M ex FERRY AKASHI (Foto Jan Vinther Christensen, 1995)

ms FERRY AKASHI

Hankyu Ferry, Shimonoseki
Kanda Zosensho, Kure; Baunr. 170

6987 BRT / 2443 tdw / 150,09 m Länge ü.a. / 22,86 m Breite / Zwei 16-Zyl.-Diesel; MAN-Mitsubishi / 17 800 PSe / 2 Schrauben / 20,5 (23,4) kn / 1203 Deckspass. / 500 PKW / Bes. 65

15.11.1972 Ablieferung. Kobe–Kokura-Dienst / 1991 DAME M, Marlines, Limassol. Umbau in Keratsini. 14 015 BRZ. 680 Pass. in Kabinen, 1020 Deckspass. / 12.1995 erste Reise Patras–Ancona / 1996 Tunis–Neapel–Genua-Dienst in Cotunav-Charter /

FILIPINA PRINCESS als FERRY AKASHIA (Foto Kazuo Tachibana)

ms FERRY AKASHIA

Shin Nipponkai Ferry, Otaru
Kanda Zosensho, Kure; Baunr. 178

11 210 BRT / 4173 tdw / 180,52 m Länge ü.a. / 26,45 m Breite / Zwei 16-Zyl.-Diesel; MAN-Kawasaki / 32 000 PSe / 2 Schrauben / 20 kn / 1387 Pass. / 150 PKW, 119 LKW / Bes. 68

1.3.1973 Stapellauf / 14.7.1973 Ablieferung / 21.7.1973 Jungfernreise Tsuruga–Otaru / 1988 FILIPINA PRINCESS, Daiichi Shipping Co, Cebu City. 11 295 BRT / 1991 an Sulpicio Lines, Cebu City. 133 PKW / 31.3.1996 auf der Reise Manila–Visayas mit 2500 Passagieren nach Maschinenausfall vor Maricaban gestrandet, später abgebracht /

FERRY AZALEA (Foto M. Watanabe)

ms FERRY AZALEA

Shin-Nipponkai Ferry Co, Otaru
Ishikawajima-Harime H.I., Tokio; Baunr. 3039

20 554 BRZ / 7440 tdw / 195,46 m Länge ü.a. / 29,40 m Breite / Zwei 9-Zyl.-Diesel mit Getriebe; Pielstick-Diesel United / 23 800 kW / 2 Schrauben / 22,7 kn / 638 Pass. in 135 Kabinen, 288 Deckspass. / 80 PKW, 180 LKW / Bes. 70

1.10.1993 Stapellauf / 15.4.1994 Ablieferung / Niigata–Otaru-Dienst /

FERRY LILAC (Foto: Bauwerft)

ms FERRY HAKOZAKI

Meimon Taiyo Ferry, Kitakyushu
Onomichi Zosen, Onomichi; Baunr. 240

7309 BRT / 2919 tdw / 138,61 m Länge ü.a. / 22,15 m Breite / Zwei 14-Zyl.-Diesel; MAN-Mitsubishi / 15 200 PSe / 2 Schrauben / 19 Kn / 900 Deckspass. / 370 PKW / Bes. 52

28.5.1973 Ablieferung. Osaka–Shinmoji-Dienst / 1982 an Keihin Rentan Kogyo, Kitakyushu / 1986 wieder an Meimom Ferry / 3.1992 FERRY COSMO, Onomichi Zosen, Kobe / 8. bis 12.1992 von Kansai Kisen für Osaka–Beppu-Dienst gechartert / 1994 ABOITIZ SUPERFERRY V, Aboitiz Shipping Corp., Panama. 7237 BRT / 1995 Heimathafen Cebu City. 11 638 BRZ / 1995 an William Lines, Cebu City /

ms FERRY HAMANASU

Shin Nipponkai Ferry, Otaru
Koyo Dockyard Co, Mihara; Baunr. 636

9875 BRT / 2966 tdw / 162,03 m Länge ü.a. / 26,47 m Breite / Zwei 18-Zyl.-Diesel; Pielstick-Fuji / 18 000 PSe / 2 Schrauben / 21 kn / 1173 Pass. / 103 Trailer, 24 PKW / Bes. 74

7.5.1972 Ablieferung / Otaru–Niigata-Dienst / 1987 LISSOS, ANEK, Chania. 13 407 BRZ. 1989 Einbau von Kabinen für 746 Pass., 554 Deckspass. / 1989 Ancona–Korfu–Igoumenitsa–Patras-Dienst / 1992 Piräus–Iraklion–Chania-Dienst /

ms FERRY LAVENDER

Shin-Nipponkai Ferry Co, Otaru
Ishikawajima-Harima H.I., Tokio; Baunr. 3012

19 904 BRT / 7689 tdw / 192,91 m Länge ü.a. / 29,42 m Breite / Zwei 8-Zyl.-Diesel; Pielstick-Diesel United / 17 480 kW / 2 Schrauben / 21,8 (24,6) kn / 316 Pass. in 85 Kabinen, 480 Deckspass. / 226 PKW / Bes. 57

1.3.1991 Stapellauf / 21.9.1991 Fertigstellung / Maizuru–Otaru-Dienst /

ms FERRY LILAC

Shin-Nipponkai Ferry Co, Otaru
Ishikawajima-Harima H.I., Aioi; Baunr. 2904

18 268 BRT / 8285 tdw / 192,92 m Länge ü.a. / 29,41 m Breite / Zwei 8-Zyl.-Diesel mit Getriebe; Pielstick-IHI / 17 500 kW / 2 Schrauben / 21,8 kn / 343 Pass. in 68 Kabinen, 171 Deckspass. / 136 PKW, 152 LKW / Bes. 54

27.3.1984 Stapellauf / 10.7.1984 Ablieferung / Maizuru–Otaru-Dienst / 1989 18 494 BRT / 1993 19 329 BRT /

LISSOS ex FERRY HAMANASU (Foto Frank Heine)

FERRY LAVENDER (Sammlung Hisashi Noma)

FERRY SETTSU (Sammlung Hisashi Noma)

ms FERRY SETTSU

Hankyu Ferry, Kobe
Kanda Zosensho, Setoda; Baunr. 511

15 188 BRZ / 5634 tdw / 195,46 m Länge ü.a. / 27,00 m Breite / Zwei 9-Zyl.-Diesel mit Getriebe; Pielstick-United / 12 000 kW / 2 Schrauben / 23 kn / Deckspass. / PKW /

12.1995 Ablieferung /

ms FERRY SHIRAKABA

Shin-Nipponkai Ferry Co, Otaru
Ishikawajima-Harime H.I., Tokio; Baunr. 3040

20552 BRZ / 7427 tdw / 195,46 m Länge ü.a. / 29,40 m Breite / Zwei 9-Zyl.-Diesel mit Getriebe; Pielstick-Diesel United / 23800 kW / 2 Schrauben / 22,7 kn / 638 Pass. in 118 Kabinen, 288 Deckspass. / 80 PKW, 180 LKW / Bes. 70

13.1.1994 Stapellauf / 7.1994 Ablieferung / Niigata–Otaru-Dienst /

FERRY SHIRAKABA (Sammlung Hisashi Noma)

FERRY SUOU (Sammlung Hisashi Noma)

ms FERRY SUMIYOSHI
Meimom Car Ferry, Kitakyushu
Onomichi Zosen, Onomichi; Baunr. 239

7312 BRT / 2947 tdw / 138,61 m Länge ü.a. / 22,15 m Breite / Zwei 14-Zyl.-Diesel; MAN-Mitsubishi / 15 200 PSe / 2 Schrauben / 19 kn / 900 Deckspass. / 63 PKW, 108 Trailer / Bes. 61

20.3.1973 Ablieferung / Osaka–Shinmoji-Dienst/ 1982 an Keihin Rentan Kogyo, Kitakyushu / 1986 wieder an Meimom Ferry / 4.1992 an Aboitiz Transport System, Manila / Umbau zur reinen Passagierfähre, 11 405 BRZ. Autodecks werden Schlafsäle für 3000 Pass. III. Klasse / 1995 als ABOITIZ SUPERFERRY 2 in Dienst / 1995 umbenannt ABOITIZ SUPERFERRY II / 1996 umbenannt SUPERFERRY 2 /

ms FERRY SUOU
Hankyu Ferry, Kobe
Kanda Zosensho, Kawajiri; Baunr. 365

15 188 BRZ / 5599 tdw / 189,00 m Länge ü.a. / 27,00 m Breite / Zwei 9-Zyl.-Diesel mit Getriebe; Pielstick-United / 11 920 kW / 2 Schrauben / 23 kn / Deckspass. / PKW, LKW /

1996 Ablieferung /

ms FERRY TENRYU
Tokyo Ferry, Tokio
Koyo Dockyard Co, Mihara; Baunr. 651

8224 BRT / 3508 tdw / 162,06 m Länge ü.a. / 21,65 m Breite / Zwei 18-Zyl.-Diesel mit Getriebe; Pielstick-Ishikawjima / 18 000 PSe / 2 Schrauben / 21 (22,5 kn) kn / 596 Deckspass. / 92 PKW, 114 LKW / Bes. 54

10.8.1973 Ablieferung / 1978 FERRY SUZURAN, Shin-Nipponkai Ferry Co, Otaru. 8847 BRT / 1995 UTOPIA 3, Nishinippon Kisen, Panama. BRZ 15 771 /

FESTOS siehe SAGA

FILIPINA PRINCESS
siehe FERRY AKASHIA

ms FINLANDIA
Finska Angfartygs, Helsinki
Wärtsilä, Helsinki; Baunr. 383

8168 BRT / 1510 tdw / 153,0 m Länge ü.a. / 20,0 m Breite / Zwei 9-Zyl.-Diesel mit Getriebe; Sulzer-Wärtsilä / 16 400 PSe / 2 Schrauben / 22 (23,14) kn / Pass.: 263 I., 202 II., 191 Touristenklasse / 320 PKW

25.8.1966 Stapellauf / 10.5.1967 Probefahrt / 18.5.1967 Ablieferung / Damals größter Fährschiff-Neubau der Welt / 25.5.1967 Jungfernreise Helsinki–Kopenhagen–Travemünde / 1975 An Enso-Gutzeit, Helsinki. Helsinki–Travemünde-Dienst / 5.9.1978 bis 3.1.1979 in Helsinki zum Kreuzfahrtschiff umgebaut. 10 311 BRT, 576 Passagiere. 26.9.1978 umbenannt FINNSTAR / 1.1979 Erste Kreuzfahrt Helsinki–Kopenhagen–Bremerhaven–Nordafrika / 8.1980 aufgelegt / 8.1981 INNSTAR, Loke Shipping, Nassau / 18.8.1981 bis 4.1982 in Aalborg für Kreuzfahrten umgebaut. 12 456 BRT, 5597 tdw, 509 Pass.; umbenannt PEARL OF SCANDINAVIA / 6.1982 Kreuzfahrten ab Hongkong und Singapur / 1984

QUEEN OF SCANDINAVIA ex FINLANDIA (Foto Frank Heine)

437 Pass. / 12 475 BRT / 5.1. bis 15.2.1988 bei der Sembawang-Werft in Singapur modernisiert. Neuer Schornstein. 12475 BRT, 156,7 m Länge ü.a., 488 Pass., Bes. 235. 12.2.1988 umbenannt OCEAN PEARL, bereedert von Ocean Cruise Line / 1990 an Croisiéres Paquet, Nassau / 1994 umbenannt PEARL / 11.1995 COSTA PLAYA, Costa Crociere Nassau / Kuba-Kreuzfahrten /

2 Schrauben / 19,25 Kn / 48 Pass. in 16 Kabinen / 170 PKW, 55 Trailer / Bes. 18

2.1.1973 Stapellauf / 6.1973 Ablieferung / 15.6.1973 erste Reise Lübeck–Helsinki / 1988 Stockholm–Turku-Dienst in Silja-Charter / 29.8. bis 31.10.1988 Travemünde–Trelleborg-Dienst in TT-Line-Charter / 1989 Umbau in Kiel. 8304 BRT, 26 Waggons / 1989 Hargshamn–Nystad-Dienst in Finnlink-Charter. Heimathafen Uusikanpunkki / 1996 BRZ 14 297 / 9.12.1996 vor Uusikaupunki auf Grund gelaufen und leckgeschlagen. Sechs Passagiere evakuiert / 12.12.1996 von zwei Schleppern abgebracht, vor Anker gelegt, jedoch erneut auf Grund getrieben / 19.12.1996 wieder flott, zur Reparatur nach Turku /

ms FINLANDIA

Finska Angfartygs, Helsinki
Wärtsilä, Turku; Baunr. 1251

25678 BRT/ 3898 tdw/ 166,10 m Länge ü.a. / 29.04 (28,40) m Breite / Vier 12-Zyl.-Diesel mit Getriebe; Pielstick-Wärtsilä / 22 950 kW / 2 Schrauben / 22 kn / 1601 Pass. in 640 Kabinen, 399 Deckspass. / 480 PKW / Bes. 164

25.7.1980 Stapellauf, ursprünglich als SKANDIA geplant / 30.3.1981 Ablieferung / 31.3.1981 Jungfernreise Helsinki–Stockholm / 1984 25 905 BRT / 15.5.1990 QUEEN OF SCANDINAVIA, Det Forenede DS, Kopenhagen / 1.6.1990 Erste Reise Kopenhagen–Helsingborg–Oslo / 1995 BRZ 33 575 /

STENA SEARIDER ex FINNCARRIER (Foto Jürgen Saupe, 1995)

ms FINNCARRIER

Finnlines, Helsinki
Wärtsilä, Helsinki; Baunr. 390
6209 BRT / 4650 tdw / 137,34 m Länge ü.a. / 24,54 (23,68) m Breite / Zwei 12-Zyl.-Diesel mit Getriebe; Pielstick-Wärtsilä / 11 160 PSe / 2 Schrauben / 18 kn / 36 Pass. / Trailer, LKW /

26.3.1969 Stapellauf / 1969 Ablieferung. Kopenhagen–Lübeck-Dienst / 1975 umbenannt POLARIS, Effoa-Bereederung / 1984 SCANDINAVIA, Rederi A/B Nordö, Malmö. Malmö–Travemünde-Dienst / 1987 SCANDINAVIA LINK. Verlängert und umgebaut. 20 914 BRZ, 14 800 tdw, 178,70 m Länge ü.a., 120 Pass. in Kabinen, Waggons / 1990 STENA SEARIDER, Northern Marine Management, Nassau/ 1991 umbenannt SEARIDER für Seaboard-Charter in der Karibik / 1992 STENA SEARIDER, Stena Line, Nassau / 5.1992 bis 15.1.1995 NORSE MERSEY, Belfast–Liverpool-Dienst in Charter Norse Irish Ferries / 1995 STENA SEARIDER, Stena Marine, Göteborg / 8.3.1995 erste Reise Kiel– Göteborg / 6.1996 Göteborg–Travemünde-Dienst /

COSTA PLAYA ex FINLANDIA (Foto Sammlung Brogren, 1995)

ms FINNFELLOW

Finnlines, Helsinki
Wärtsilä, Helsinki;
Baunr. 1205

6292 BRT / 4995 tdw / 137,37 m Länge ü.a. / 24,69 (24,54) m Breite / Zwei 14-Zyl.-Diesel mit Getriebe; Pielstick-Wärtsilä / 14 000 PSe /

FINNFELLOW (Foto Dirk Jankowsky, 1993)

PRINCESA MARISSA ex FINNHANSA (Foto Frank Heine, 1987)

ms FINNHANSA

Finnlines, Helsinki
Wärtsilä, Helsinki; Baunr. 377

7481 BRT / 2002 tdw / 134,42 m Länge ü.a. / 20,10 (19,92) m Breite / Zwei 8-Zyl.-Diesel; Sulzer-Wärtsilä / 14 000 PSe / 2 Schrauben / 20 kn / 344 Pass. in Kabinen, davon 116 I. und 228 II. Klasse; 1450 Deckspass. / 318 PKW

1.12.1964 Stapellauf / 18.3.1965 am Ausrüstungskai in Brand geraten und schwer beschädigt / 28.3.1966 Ablieferung / Damals größte Ostseefähre / 31.3.1966 Jungfernreise Helsinki–Nynäshamn–Travemünde / 1972 288 zusätzliche Kabinenplätze / 1.1978 PRINSESSAN, Birka Line, Mariehamn. Stockholm–Mariehamn-Dienst / 1980 bei HDW in Hamburg umgebaut. 9491 BRT, 875 Pass. in Kabinen, 182 Deckspass. / 1986 in Mariehamn aufgelegt / 1987 PRINCESA MARISSA, Louis Cruise Lines, Limassol. Piräus–Limassol–Port Said-Dienst, später nur noch ab Limassol. 10 487 BRZ /

FINNHANSA (Foto Dirk Jankowsky)

ms FINNHANSA

Finnlines, Helsinki
Stocznia Gdanska, Danzig; Baunr. 501/1

32 531 BRZ / 11 600 tdw / 183,00 m Länge ü.a. / 29,90 (28,70) m Breite / Vier 8-Zyl.-Diesel mit Getriebe; Sulzer-Zgoda / 23 040 kW / 2 Schrauben / 21,25 kn / 88 Pass. in 34 Kabinen, 24 Pullman / LKW, Trailer / Bes. 21

3.8.1994 Ablieferung / 3.8.1994 Helsinki–Lübeck-Dienst /

gts FINNJET

Enso Gutzeit (Finnlines), Helsinki
Wärtsilä, Helsinki; Baunr. 407

24 605 BRT / 1885 tdw / 212,81 m Länge ü.a. / 24,44 m Breite / Zwei Pratt & Whitney-Gasturbinen / 56 250 kW / 2 Schrauben / 30,5 kn / 1532 Pass. in 519 Kabinen / 220 PKW, 30 LKW /

28.3.1976 aufgeschwommen / 9.12.1976 Erste Probefahrt / 4.1977 Ablieferung. Schnellstes konventionelles Fährschiff der Welt / Helsinki–Travemünde-Dienst / 10. bis 13.12.1981 In Amsterdam werden zwei 18-Zyl.-Pielstick-Wärtsilä-Diesel mit elektrischer Kraftübertragung eingebaut, 14 400 kW für 18,5 kn. Diese zusätzliche Antriebsanlage wird in den verkehrsschwachen Wintermonaten an Stelle der Gasturbinen eingesetzt. 25 042 BRT / 1986 Einbau von 29 neuen Luxuskabinen. 1544 Pass. in 548 Kabinen, 268 Deckspass. / 6.1986 an Effoa, Helsinki / 1.1987 von Silja Line bereedert / 4.1994 Nach Einbau eines neuen Getriebes bei HDW in Kiel max. 33,5 kn. BRZ 32 940 / 1995 Heimathafen Mariehamn /

FINNJET (Foto Marko Stampehl, 1995)

FINNPARTNER (Foto Jürgen Saupe, 1995)

FINNMAID siehe HANS GUTZEIT

ms FINNPARTNER

Finnlines, Helsinki
Stocznia Gdanska, Danzig; Baunr. 501/2

32 534 BRZ / 11 558 tdw / 183,00 m Länge ü.a. / 28,70 m Breite / Vier 8-Zyl.-Diesel mit Getriebe; Sulzer-Zgoda / 23 040 kW / 2 Schrauben / 21,25 kn / 112 Pass. in 34 Kabinen / Bes. 21

15.7.1994 Stapellauf / 12.2.1995 Ablieferung / 18.2.1995 Jungfernreise Helsinki–Lübeck /

FINNSAILOR (Foto Dirk Jankowsky)

ms FINNSAILOR

Finnlines, Helsinki
Stocznia Gdanska im. Lenina, Danzig; Baunr. 489/01

19919 BRZ / 8842 tdw / 157,61 m Länge ü.a. / 25,30 m Breite / Zwei 12-Zyl.-Diesel mit Getriebe; Sulzer-Wärtsilä / 15360 kW / 2 Schrauben / 20,5 kn / 18 Pass. /

31.10.1986 Stapellauf / 21.10.1987 Ablieferung / 29.10.1987 Jungfernreise Helsinki–Lübeck / 1. bis 4.1996 bei Turku Reparationsvarf Einrichtungen. für 120 Pass. in Kabinen eingebaut / 4.1996 Helsinki–Nörrköping-Dienst /

FINNTRADER (Foto Dirk Jankowsky)

ms FINNTRADER

Finnlines, Helsinki
Stocznia Gdanska, Danzig; Baunr. 501/4

27 786 BRZ / 10 700 tdw / 183,00 m Länge ü.a. / 28,70 m Breite / Vier 8-Zyl.-Diesel mit Getriebe; Sulzer-Zgoda / 23 040 kW / 2 Schrauben / 21,25 kn / 112 Pass. in 34 Kabinen / Bes. 21

10.1995 Ablieferung / 3.11.1995 Jungfernreise Helsinki–Lübeck /

ms FLAMINIA
Tirrenia di Navigazione, Neapel
Italcantieri, Castellammare di Stabia; Baunr. 4352

9485 BRT / 3250 tdw / 136,0 m Länge ü.a. / 23,04 m Breite / Zwei 16-Zyl.-Diesel mit Getriebe; GMT / 14 121 kW / 2 Schrauben / 22 kn / 568 Pass., 160 Deckspass. / 470 PKW / Bes. 105

31.5.1980 Stapellauf / 24.4.1981 Ablieferung / Neapel–Palermo- und Genua–Porto Torres-Dienst / 1987–88 verlängert. 12 413 BRT, 3741 tdw, 147,99 m Länge ü.a., max. 2000 Passagiere, davon 568 in Kabinen. 11 033 kW / 1991 12 523 BRT /

FLAMINIA (Foto Frank Heine)

ts FRANCE
Cie. Générale Transatlantique, Le Havre
Chantiers de l'Atlantique, St. Nazaire; Baunr. G19

66 343 BRT / 13 740 tdw / 315,53 m Länge ü.a. / 33,81 m Breite / Acht Getriebeturbinen; CEM-Parsons-Bauwerft / 160 000 PSw / 4 Schrauben / 31 kn / 407 I. Klasse, 1637 Touristenklasse / Bes. 1044

11.5.1960 Stapellauf / 19.11.1961 Erste Probefahrt / 19.1.1962 Kreuzfahrt Le Havre–Kanarische Inseln / 3.2.1961 Jungfernreise Le Havre–New York / 9.10.1974 in Le Havre aufgelegt / 10.1977 nach Saudi-Arabien an Akkram Ojjeh verkauft. Weiter in Le Havre aufgelegt / 6.1979 NORWAY, Klosters R/A, Oslo / 8.1979 bis 14.4.1980 Umbau zum Kreuzfahrtschiff bei der Hapag-Lloyd Werft in Bremerhaven. Antriebsleistung auf 30 000 kW reduziert, vier Turbinen ausgebaut. 17, max. 25 Knoten. 2 Schrauben. 70 702 BRT. 2400 Passagiere / 6.1980 erste Kreuzfahrt ab Miami / 1990 an Kloster Cruise, Nassau / 3.9. bis 2.10.1990 Umbau bei der Lloyd Werft in Bremerhaven. Durch Aufsetzen von zwei neuen Decks wird die Passagierkapazität auf 2565 in 1115 Kabinen erhöht. 76 049 BRT /

NORWAY ex FRANCE (Foto Dr. Achim Borchert, 1991)

FRANCESCA
siehe KONSTANTIN SIMONOV

ms FRANS SUELL
Sea-Link Shipping, Malmö
Brodogradiliste, Split; Baunr. 372

35 285 BRZ / 16 562 tdw / 169,40 m Länge ü.a. / 28,20 (27,60) m Breite / Vier 12-Zyl.-Diesel mit Getriebe; Pielstick-Alsthom / 23 750 kW / 2 Schrauben / 21,5 kn / 2188 Pass. in 678 Kabinen, 212 Deckspass. / 400 PKW, 8 LKW /

23.1.1991 Stapellauf / 16.5.1992 in Malmö getauft / 19.5.1992 Jungfernreise Lübeck–Travemünde–Malmö / 1.9.1993 erste Reise Lübeck–Malmö–Kopenhagen / 12.3.1994 letzte Ankunft in Lübeck / Umbau in Helsinki / 31.3.1994 bis 3.1997 SILJA SCANDINAVIA, Turku–Mariehamn–Stockholm-Dienst in Silja Line-Charter / 1995 BRZ 35 492 / 4.1997 an Viking Line, Mariehamn /

SILJA SCANDINAVIA ex FRANS SUELL (Foto Frank Heine, 1994)

FRECCIA ROSSA (Foto Frank Heine, 1992)

ms FRECCIA BLU

Grandi Thraghetti, Palermo
Cant. Nav. Breda, Venedig; Baunr. 263

4415 BRT / 3940 tdw / 133,23 m Länge ü.a. / 21,21 m Breite / Zwei 8-Zyl.-Diesel; Fiat / 14 720 PSe / 2 Schrauben/ 21 kn / 147 Pass. / LKW /

21.1.1970 Stapellauf / Genua–Palermo-Dienst / 1977 verlängert. 5697 BRT, 3940 tdw, 163,96 m Länge ü.a., 170 Pass. in Kabinen, 940 Deckspass. / 1994 BRZ 13 265 /

FRECCIA BLU (Foto Frank Heine)

ms FRECCIA ROSSA

Grandi Traghetti di Navigazione, Palermo
Cant. Nav. Breda, Venedig; Baunr. 262

3800 BRT / 3971 tdw / 133,46 m Länge ü.a. / 21,21 m Breite / Zwei 8-Zyl.-Diesel; Fiat / 14 720 PSe / 2 Schrauben / 21 kn / 147 Pass. / LKW /

8.1969 Stapellauf / 1970 Ablieferung / Livorno–Palermo-Dienst / 1976 verlängert. 6331 BRT, 163,89 m Länge ü.a., 143 Pass. in Kabinen, 1348 Deckspass. / 1994 BRZ 13 714 /

NORSE LAGAN ex FREDERICK CARTER (Foto Frank Heine, 1993)

ms FREDERICK CARTER

Canadian National Railways, St.John's
Davie Shipbuilding, Lauzon;
Baunr. 660

12 221 BRT / 5339 tdw / 148,1 m Länge ü.a. / 24,38 (24,00) m Breite / Vier 12-Zyl.-Diesel mit Getriebe; Pielstick-Crossley / 22 000 PSe / 2 Schrauben / 18 kn / 12 LKW, 39 Waggons / Bes. 66

12.3.1967 Stapellauf / 12.1967 Probefahrt / North Sydney–Port aux Basques-Dienst / 1979 an CN Marine, St.John's / 1986 FRED, Anco Ferries, Piräus. Frachtfährdienst Ancona–Patras / 1987 FLAVIA II, Harma Shipping Co, Cypern / 1988 ATHENIA, Meltika Marine Co, Limassol / 1989 THENIA, Nordö Link, Nassau. Umbau zur Passagierfähre und Verlängerung bei Cityvarvet in Landskrona. 21 572 BRZ, 187,00 m Länge ü.a., 400 Pass. in 116 Kabinen, 360 PKW / 1990 umbenannt HANSA LINK. Malmö–Travemünde-Dienst / 12.1990 Truppentransporter im Golfkrieg / 11.1991 NORSE LAGAN, Wagenborg Shipping, Willemstad. Belfast–Liverpool-Dienst in Norse Irish Ferries-Charter / 1994 Heimathafen Delfzijl, 21 717 BRZ / 6.1996 an Norse Irish Ferries, Belfast /

ms FREE ENTERPRISE VI

Townsend Car Ferries, Dover
IHC Gusto, Schiedam; Baunr. 881

4981 BRT / 1181 tdw / 117,5 m Länge ü.a. / 19,1 m Breite / Drei 8-Zyl.-Diesel; Stork-Werkspoor / 12 600 PSe / 3 Schrauben / 22 kn / 68 Pass. in Kabinen, 1132 Deckspass. / 250 PKW / Bes. 85

29.1.1972 Stapellauf / 6.1972 Ablieferung. Dover–Zeebrügge- bzw. Calais-Dienst / Juni bis 22.10.1985 von der Schichau-Unterweser in Bremerhaven verlängert, verbreitert und um ein Deck erhöht. 12 503 BRZ, 5941 tdw, 139,40 m Länge ü.a., 22,48 (22,00) m Breite, 19 (20,8) Kn, 370 PKW, 50 Trailer / 19.1.1987 an P&O Ferries, Dover / 1.12.1987 umbenannt PRIDE OF SANDWICH / 3.1992 umbenannt PRIDE OF AILSA / 13.2.1992 erste Reise Larne–Cairnryan / 17.6.1996 PRIDE OF AL SALAM, El Salam Shipping & Trading Establ., /

PRIDE of AILSA ex FREE ENTERPRISE VI (Foto Philippe Holthof, 1992)

ms FREE ENTERPRISE VII

Townsend Car Ferries, Dover
IHC Gusto, Schiedam; Baunr. 882

4981 BRT / 1148 tdw / 117,51 m Länge ü.a. / 19,49 m Breite / Drei 8-Zyl.-Diesel mit Getriebe; Stork-Werkspoor / 12 600 PSe / 3 Schrauben / 22 kn / 68 Pass. in Kabinen, 1132 Deckspass. / 250 PKW / Bes. 85

22.10.1972 Stapellauf / 26.3.1973 Ablieferung / Dover–Zeebrügge-Dienst / 6.1985 bis 1.2.1986 in Bremerhaven von Schichau-Unterweser verlängert, verbreitert und um ein Deck erhöht. 12 503 BRZ, 139,40 m Länge ü.a., 22,48 (22,00) m Breite, 21 kn, 60 LKW, 250 PKW / 19.1.1987 an P&O Ferries, Dover / 22.2.1988 umbenannt PRIDE OF WALMER. Dover–Zeebrügge-Dienst / 1.1992 erste Reise Dover–Calais / 5.1992 umbenannt PRIDE OF RATHLIN / 11.6.1992 erste Reise Larne–Cairnryan /

PRIDE OF RATHLIN ex FREE ENTERPRISE VII (Foto Philippe Holthof, 1992)

SCANDINAVIAN SUN ex FREEPORT (Foto Sammlung Weirauch)

FUJI MARU (Foto Yoshitatsu Fukawa)

ms FREEPORT

Freeport Cruise Lines, Monrovia
Orenstein Koppel & Lübecker Maschinenbau, Lübeck; Baunr. 658

10 488 BRT / 2337 tdw / 134,45 m Länge ü.a. / 21,87 (21,51) m Breite / Zwei 16-Zyl.-Diesel mit Getriebe; Pielstick-OEW / 16 000 PSe / 2 Schrauben / 20 kn / 812 Pass. / 144 PKW /

20.4.1968 Stapellauf / 16.11.1968 Probefahrt / 22.11.1968 Ablieferung. Umbenannt FREEPORT I / 7.12.1968 Jungfernreise Miami–Freeport. Kreuzfahrten / 16.5.1973 FREEPORT, Birka-Line, Mariehamn. 9963 BRT / 6.3.1974 SVEA STAR, Rederi AB Svea, Stockholm (Trave-Line). Kopenhagen–Helsingborg–Travemünde-Dienst / 4.11.1976 CARIBE, Bremer Schiffahrts-Gesellschaft, Bremen. 9908 BRT. Karibik-Kreuzfahrten / 3.1981 Als CARIBE BREMEN nach Panama ausgeflaggt / 16.10.1981 SCANDINAVIAN SUN, DFDS Seaways, Nassau / 11.1981 bis 1.1982 bei HDW in Hamburg umgebaut. 280 Pass. in 103 Kabinen, 820 Deckspass., 170 PKW / 20.2.1982 erste Reise Miami–Freeport / 1.7.1985 an Sea-Escape (Bahamas), Nassau / 1992 BALANGA QUEEN, Belle Mead Shipping, Monrovia, später Nassau / 1992 in Regie der schwedischen Corona Line Rederi Karlskrona–Gdynia-Dienst / 28.5.1994 erste Reise Travemünde–Tallinn–Helsinki in Eminre Tallinn-Charter / 12.1994 DISCOVERY SUN, Discovery Cruises, Panama. 11 979 BRZ. Kreuzfahrten ab Miami /

FREEWINDS siehe BOHEME

ms FUJI MARU

Mitsui O.S.K. Passenger Line, Tokio
Mitsubishi Heavy Industries, Kobe; Baunr. 1177

23 340 BRZ / 4613 tdw / 167,00 m Länge ü.a. / 27,00 (24,00) m Breite / Zwei 8-Zyl.-Diesel; Mitsubishi / 13 390 kW / 2 Schrauben / 20 kn / 603 Pass. in 163 Kabinen / Bes. 135

10.9.1988 Stapellauf / 19.4.1989 Ablieferung / 29.4.1989 Erste Kreuzfahrt ab Tokio / 1994 an Osaka Shosen Mitsui Senpaku, Tokio /

FULK AL SALAMAH (Foto Peter Voß, 1987)

ms FULK AL SALAMAH

Marine von Oman (Royal Yacht Squadron), Port Sultan
Bremer Vulkan, Bremen; Baunr. 1078

10 794 BRZ / 5040 tdw / 136,33 m Länge ü.a. / 21,04 m Breite / Vier 6-Zyl.-Diesel mit Getriebe; GMT / 12 360 kW / 19 (20) kn / 43 Pass. in 25 Kabinen /

9.1986 als GHOUBAT AL SALAMAH aufgeschwommen / 31.3.1987 umbenannt FULK AL SALAMAH / 5.1987 Ablieferung /

ts FUNCHAL

Empresa Insulana de Navegacao, Lissabon
Helsingör Skibsv. og Maskinbyg., Helsingör; Baunr. 353

10031 BRT / 2975 tdw / 152,65 m Länge ü.a./ 19,08 m Breite / Zwei Satz Getriebeturbinen / 13 800 PSw / 2 Schrauben / 20 (22,5) Kn / Pass.: 80 I.-, 320 Touristenklasse, 100 Deckspass. / Bes. 208
10.2.1961 Stapellauf / 10.10.1961 Probefahrt / 10.1961 mit 9824 BRT vermessen / 5.11.1961 Jungfernreise Lissabon–Madeira–Azoren. Auch Kreuzfahrten / 11.1972 bis 4.1973 bei Nederlandse Dok in Amsterdam zum Motorschiff umgebaut. Zwei 9-Zyl.-Diesel; Stork-Werkspoor, 10 000 PSe, 17 kn / 1973 nur noch Kreuzfahrten. 442 Pass. in 204 Kabinen / 1974 an Cia. Portuguesa des Transportes Maritimos, Lissabon / 1985 an Arcalia Shipping Co, Panama. 9470 BRT /

FUNCHAL (Foto Eckhard Biermann, 1994)

MERIDIAN ex GALILEO GALILEI (Foto Arnold Kludas, 1992)

ms GALAXY*

Celebrity Cruises, Monrovia
Jos. L. Meyer, Papenburg; Baunr. 638

77 713 BRZ / 7260 tdw / 263,90 m Länge ü.a. / 32,2 m Breite / Zwei 9- und zwei 6-Zyl.-Diesel mit Getriebe; MAN B&W / 31 500 kW / 2 Schrauben / 21,5 kn / 1896 Pass. in 948 Kabinen / Bes. 908

14.9.1996 aufgeschwommen / 26.10.1996 erste Probefahrt / 20.11.1996 Ablieferung. Größtes bis dahin in Deutschland gebautes Passagierschiff / 21.12.1996 Jungfernkreuzfahrt ab Fort Lauderdale, nachdem sich das Schiff in verschiedenen US-Häfen vorgestellt hatte /

ts GALILEO GALILEI

Lloyd Triestino, Genua
Cant. Riuniti dell'Adriatico, Monfalcone; Baunr. 1862

27 888 BRT / 9486 tdw / 213,65 m Länge ü.a. / 28,71 m Breite / Zwei Satz Getriebeturbinen; De Laval-San Andrea / 44 000 PSw / 2 Schrauben / 24 (27,3) kn / Pass.: 156 I., 1594 Touristenklasse / Bes. 443

2.7.1961 Stapellauf / 3.1963 Fertigstellung / 23.3.1963 erste von zwei Mittelmeer-Kreuzfahrten / 22.4.1963 Jungfernreise Genua–Sydney / 1964 27 907 BRT / 21.10.1977 bis 24.3.1979 in Palermo bei Cant. Nav. Riuniti für Kreuzfahrten umgebaut. 28 083 BRT / 1979 an Italia Crociere International, Genua / Mittelmeer-Kreuzfahrten / 22.10.1983 an Chandris Cruises, Panama. In Genua zum Kreuzfahrtschiff umgebaut. 17 634 BRT, 1262 Pass. / 1984 als GALILEO in Dienst. Kreuzfahrten in der Karibik / 12.10.1989 bis 2.1990 Umbau bei der Lloydwerft in Bremerhaven. 30 440 BRT, 1224 Pass. in 550 Kabinen / 22.2.1990 als MERIDIAN für Fantasy Cruises, Nassau, in Dienst / 1.4.1990 erste Kreuzfahrt ab Port Everglades /

GALAXY (Foto Peter Voß, 1996)

ms GALLOWAY PRINCESS

Sealink (Scotland), Stranraer
Harland & Wolff, Belfast; Baunr. 1713

6630 BRT / 1895 tdw / 129,42 m Länge ü.a. / 21,62 (21,00) m Breite / Zwei 16-Zyl.-Diesel mit Getriebe; Pielstick-Crossley / 11 770 kW / 2 Schrauben / 18,5 kn / 26 Pass. in 13 Kabinen, 974 Deckspass. / 309 PKW / Bes. 71

24.5.1979 Stapellauf / 22.4.1980 Ablieferung / 29.4.1980 Gästefahrt ab Glasgow / 1.5.1980 Jungfernreise Stranraer–Larne / 27.7.1984 an Sea Containers, London / 31.5.1990 an Sealink Stena Line, Stranraer / 1991 umbenannt STENA GALLOWAY / 1994 BRZ 12 175 / 12.11.1995 erste Reise Stranraer–Belfast /

GARNATA siehe MONTE GRANADA

GARYOUNIS siehe MASHU

SALLY SKY ex GEDSER (Foto Andreas Wörteler, 1996)

STENA GALLOWAY ex GALLOWAY PRINCESS (Foto Frank Lose)

ms GEDSER

Gedser-Travemünde Ruten, Gedser
Schichau-Unterweser, Bremerhaven;
Baunr. 2269

4998 BRT / 4233 tdw / 118,01 m Länge ü.a. / 10,50 (19,89) m Breite / Zwei 9-Zyl.-Diesel; Stork-Werkspoor / 12 000 PSe / 2 Schrauben / 18,4 kn / Pass. 48 Pass. in Kabinen, 1200 Deckspass. / PKW

23.8.1976 Stapellauf / 18.12.1976 Ablieferung / 29.12.1976 Jungfernreise Gedser–Travemünde / 12.2.1986 an Sally Line verchartert, umbenannt VIKING 2. Umbau bei Vulkan-Rickmers, 5314 BRT, 1250 Pass., davon 12 in 3 Kabinen / 25.4.1986 erste Reise Ramsgate–Dünkirchen / 1988 SALLY SKY, Johnson Line, Nassau, bereedert von Sally Line / 19.1. bis 4.1990 bei Humber Shiprepair in Immingham verlängert. 14 300 BRZ, 4150 tdw, 143,84 m Länge ü.a., 300 PKW, 56 LKW / 1995 BRZ 14 558 /

VENUS ex GEDSER LINK (Foto Frank Heine)

10.10.1943 Stapellauf / 8.5.1944 Ablieferung / 23.6.1944 Jungfernreise San Franzisko–Milne Bay / 1946 an die US Army. 12 544 BRT / 1.3.1950 an US Navy / 10.7.1958 an US Maritime Commission. In Beaumont aufgelegt / 1962 bis 1963 bei Bethlehem in Baltimore zum Flugkörper-Ortungsschiff umgebaut / 18.7.1963 von der US Air Force als GEN. HOYT S. VANDENBERG in Dienst gestellt / 7.1964 an US Navy, später an Department of Transportation, Norfolk, aufgelegt /

ts GENERAL JOHN POPE
US Navy
Federal S. & D.D. Co, Kearny, NJ; Baunr. 268

17 833 BRT / 7598 tdw / 189,7 m Länge ü.a. / 23,02 m Breite / Zwei Satz Getriebeturbinen; De Laval / 18 700 PSw / 2 Schrauben / 20 kn / Pass.: 5200 Soldaten / Bes. 476

ms GEDSER LINK
GT-Link, Nassau
Helsingör Vaerft, Helsingör; Baunr. 408

14 540 BRZ / 144,02 m Länge ü.a. / 24,39 (22,99) m Breite / Zwei 18-Zyl.-Diesel mit Getriebe; B&W-Helsingör / 20 260 kW / 2 Schrauben / 22,5 kn / 50 Pass. in Kabinen, 550 Deckspass. / Trailer /

9.2.1975 Stapellauf als Frachtfähre DANA GLORIA / 1.7.1976 Ablieferung an DFDS, Esbjerg / 3.7.1976 Jungfernreise Esbjerg– Harwich. Charter-Reisen / 14.9.1976 DRACHENFELS, DDG Hansa-Charter / 7.11.1977 umbenannt DANA HAFNIA / 26.11.1985 an Mols Linien, Esbjerg / 21.3.1986 an GT-Linien, Gedser. Bei der Nobiskrug Werft Passagiereinrichtungen eingebaut, Daten s.o., umbenannt GEDSER / 28.5.1986 als GEDSER LINK in den Gedser–Travemünde-Dienst. Heimathafen Nassau / 1989 Heimathafen Gibraltar / 12.1989 VENUS, Ventouris Group Enterprises, Limassol. Umbau in Perama / 9.1990 erste Reise Patras–Korfu–Igoumenitsa–Bari /

GEN. EDWIN D. PATRICK
siehe ADMIRAL C.F. HUGHES

GEN. HOYT S. VANDENBERG
siehe GENERAL HARRY TAYLOR

GEN. SIMON B. BUCKER
siehe ADMIRAL E.W. EBERLE

GEN. NELSON M. WALKER
siehe ADMIRAL H.T. MAYO

GEN. ALEXANDER M. PATCH
siehe ADMIRAL R.E. COONTZ

GENERAL HOYT S. VANDENBERG ex GENERAL HARRY TAYLOR (Foto Rüdiger von Ancken, 1991)

ts GENERAL HARRY TAYLOR
US Navy
Kaiser Co, Richmond; Baunr. 8

10 654 BRT / 159,3 m Länge ü.a. / 21,7 m Breite / Ein Satz Getriebeturbinen; Westinghouse / 9900 PSw / 1 Schraube / 17 kn / Pass.: 3000 Soldaten / Bes. 256

21.3.1943 Stapellauf / 5.8.1943 Ablieferung / 5.9.1943 Jungfernreise Newport News–Greenock / 6.1946 an US Army / 9.1958 an US Maritime Administration. In Olympia / 8.1965 an US Navy, später an Department of Transportation, Norfolk, aufgelegt /

GENERAL JOHN POPE (US Navy)

GEORG OTS (Foto Marko Stampehl, 1995)

GENERAL MAURICE ROSE
siehe ADMIRAL HUGH RODMAN

ts GENERAL W.P. RICHARDSON
US Navy
Federal Sb. & D.D. Co, Kearny, NY; Baunr. 276

18 936 BRT / 189,77 m Länge ü.a. / 23,04 m Breite / Zwei Satz Getriebeturbinen; De Laval / 18 700 PSw / 2 Schrauben / 19 kn / Pass.: 5200 Soldaten / Bes. 476

6.8.1944 Stapellauf / Geplant als GENERAL R.M. BLATCHFORD / 31.10.1944 Ablieferung / 2.11.1944 Indienststellung. Kennung AP 118 / 10.12.1944 Jungfernreise als Truppentransporter Boston–Southampton / 14.2.1946 Der US Army übergeben / 10.3.1948 aufgelegt / 1948 An die American Export Lines verchartert. In Pascagoula für den Passagierdienst umgebaut. Umbenannt LA GUARDIA. Pass.: 157 I., 452 Touristenklasse / 27.5.1949 Erste Reise New York–Genua. Ab Oktober nach Haifa / 13.12.1951 An die US Maritime Commission übergeben. Im James River aufgelegt / 7.1955 an die Hawaiian S.S. Co, New York / 7.1956 nach Umbau bei der New York Sb. Corp. 18 298 BRT, 663 Pass., Bes. 297. Umbenannt LEILANI. Kalifornien–Hawaii-Dienst / 29.12.1958 aufgelegt / 6.1959 an Maritime Administration / 1960 An American President Lines, San Franzisko / 1.3.1961 Umbaubeginn zum Luxusliner bei der Puget Sound Bridge & D.D. Co in Seattle. Umbenannt PRESIDENT ROOSEVELT. 18 920 BRT, 456 Pass. I. Klasse in 186 Kabinen / 10.5.1962 Erste Reise San Franzisko–Yokohama / 3.1970 ATLANTIS, D.& A. Chandris, Piräus. In Perama für Kreuzfahrten umgebaut / 6.1971 Fertigstellung. 18 936 BRT, 1069 Pass. in 403 Kabinen. Kreuzfahrten von US-Häfen / 10.1972 EMERALD SEAS, Ares Shipping Corp., Panama / 1984 an Eastern Steamship Lines (Commodore Cruise Lines), Panama / 920 Pass. / 1987 18 927 BRT / 1990 Heimathafen Monrovia / 1992 umbenannt FUNTASTICA / 1992 umbenannt TERRIFICA / 1992 SAPPHIRE SEAS, Seafest Cruises, Monrovia / 8.10.1994 in Eleusis, ab 30.5.1996 in Piräus aufgelegt /

SAPPHIRE SEAS ex GENERAL W.P. RICHARDSON (Foto Frank Heine, 1994)

GEORG BÜCHNER
siehe CHARLESVILLE

ms GEORG OTS
Estonian Shipping Co, Tallinn
Stocznia Szczecinska im. A. Warskiego, Stettin; Baunr. B493/01

11 496 BRT / 1363 tdw / 125,00 m Länge ü.a. / 21,00 m Breite / Vier 6-Zyl.-Diesel mit Getriebe; Sulzer-Zgoda / 12 800 kW / 2 Schrauben / 19 kn / 216 Pass. in 120 Kabinen, 784 Deckspass. / 150 PKW / Bes. 186

11.1979 Stapellauf / 1980 Ablieferung / Tallinn–Helsinki-Dienst / 1993 Umbau. 134,00 m Länge ü.a., 258 Pass. in 120 Kabinen / BRZ 12 549 / 1996 an Tallink Finland, Tallinn /

TIEN IN ex GOLDEN OKINAWA (Foto Martin Lochte-Holtgreven)

CORSICA VICTORIA ex GOTLAND (Foto Frank Heine)

GÖTALAND (Foto Frank Lose, 1996)

ms GOLDEN OKINAWA

Ryukyu Kaiun, Naha
Onomichi Zosen, Onomichi; Baunr. 236

6871 BRT / 2623 tdw / 126,80 m Länge ü.a. / 22,05 m Breite / Zwei 14-Zyl.-Diesel; MAN-Mitsubishi / 15 200 PSe / 2 Schrauben / 18,5 (22,3) kn / 702 Deckspass. / 69 PKW, 4 LKW / Bes. 35

8.9.1972 Stapellauf / 15.12.1972 Ablieferung / 1991 TIEN IN, Tianjin-Inchon International Passenger & Cargo Shipping Co, Panama. 10 956 BRZ / 1995 NAGASAKI SHANGHAI, Nagasaki Ferry, Panama. BRZ 11 003 / 1996 an H.M.C. Corp., Panama /

GOLDEN PRINCESS

siehe ROYAL VIKING SKY

ms GÖTALAND

Svenska Statens Järnvager, Trelleborg
Nakskov Skibsvaerft, Nakskov; Baunr. 198

5160 BRT / 3040 tdw / 148,01 m Länge ü.a. / 22,13 (21,59) m Breite / Zwei 4- und zwei 6-Zyl.-Diesel mit Getriebe; Pielstick-Lindholmen / 12 600 PSe / 2 Schrauben / 17 (20) kn / 36 Pass. / 18 Trailer, 44 Waggons / Bes. 92

5.10.1972 Stapellauf / 18.4.1973 Ablieferung / 1.5.1973 Jungfernreise Trelleborg–Saßnitz / 1991 Saßnitz–Trelleborg-Dienst in TS-Line-Charter / 1.1.1992 an Swe Ferry, Trelleborg / 1992 bei Öresundsvarvet in Landskrona umgebaut; Passagier- und LKW-Kapazität durch neues Autodeck vergrößert. 5518 BRT, 400 Pass., 18 LKW zusätzlich / 11.1993 bis 2.1994 auf der Öresundsvarvet in Landskrona verlängert; 56 neue Kabinen. 18 060 BRZ, 5209 tdw, 183,09 m Länge ü.a. / 6.1994 Trelleborg–Rostock-Dienst /

ms GOTLAND

Rederi Gotland, Visby
Brodogradiliste »Jozo Lozovina-Mosor«, Trogir; Baunr. 164

6643 BRT / 1472 tdw / 123,9 m Länge ü.a. / 20,5 m Breite / Sechs 16-Zyl.-Diesel mit Getriebe; Polar-N&H / 14 400 PSe / 2 Schrauben / 19,5 kn / 379 Pass. in Kabinen, 1368 Deckspass. / 300 PKW /

12.2.1973 Stapellauf / 24.11.1973 Ablieferung / 12.1973 Jungfernreise Nynäshamn–Visby / 1974 kurze Zeit Travemünde–Trelleborg-Dienst in TT-Charter / 9.1.1988 letzte Reise für Rederi Gotland / 1988 Ebeltoft–Sjaellands Odde-Dienst in Mols Linien Charter / 19.5.1988 bis 11.9.1988 Caen–Portsmouth-Dienst in Brittany Ferries-Charter / 3.2.1989 CORSICA VICTORIA, Corsica Ferries, Panama / 1990 bei Industrie Navali Meccaniche Affini in La Spezia verlängert. 13 085 BRZ, 146,55 m Länge ü.a., 844 Pass. in Kabinen, 1016 Deckspass. / Genua–Bastia-Dienst /

GRAIP (Foto Peter Voß, 1987)

ms GOTLAND

Rederi Gotland, Visby
Dok & Pertakapan Kodja-Bahari: Baunr. 1005

25 996 BRZ / 8500 tdw / 168,15 m Länge ü.a. / 27,70 m Breite / Vier 6-Zyl.-Diesel mit Getriebe; Sulzer / 14 700 kW / 2 Schrauben / 21 kn / 200 Pass. in 94 Kabinen / PKW, LKW, Waggons / Bes. 43

19.4.1996 Ablieferung. Größtes bisher in Indonesien gebautes Schiff / 20.5.1996 Eintreffen in Dünkirchen, hier bis Juni Restarbeiten / 6.1996 in Kappelshamn aufgelegt /

ms GRAIP

Nordström & Thulin, Visby
Hyundai Shipbuilding & Heavy Industries, Ulsan; Baunr. 644
18 779 BRZ / 2468 tdw / 151,01 m Länge ü.a. / 21,67 (19,91) m Breite / Zwei 12-Zyl.-Diesel mit Getriebe; Pielstick-Nippon Kokan / 11 475 kW / 2 Schrauben / 17 kn / Pass.: 768 in 400 Kabinen, 832 Deckspass. / 420 PKW /

21.6.1977 Stapellauf als Frachtfähre NORSKY, 12 Pass. / 30.11.1977 Ablieferung an Stena Container Line, London / 20.1.1978 bis 15.12.1980 Europoort–Ipswich-Dienst in North Sea Ferries-Charter / 1980 umbenannt STENA SHIPPER / 1980 MERZARIO IONA, Mittelmeer–Rotes Meer-Dienst in Merzario-Charter / 1981 CONSTELLATION ENTERPRISE, Constellation Lines, Piräus. Mittelost–USA-Dienst / 1986 STENA SHIPPER, Stena Challenger, Nassau. Göteborg–Travemünde-Dienst / 1987 GRAIP, Nordström & Thulin, Visby / 4.9. bis 25.12.1987 bei Blohm + Voss in Hamburg zur Passagierfähre umgebaut, Daten s.o. / 1.1.1988 Erste Reise Visby–Nynäshamn, auch Visby–Oskarshamn-Dienst, bereedert von Johnson Baltic Traffic Management, Visby /

GOTLAND (Foto Andreas Wörteler, 1996)

GREIFSWALD (Foto Frank Heine)

ms GRAND PRINCESS*

P&O
Fincantieri
104 000 BRT / 2600 Pass. /
1998 Ablieferung /

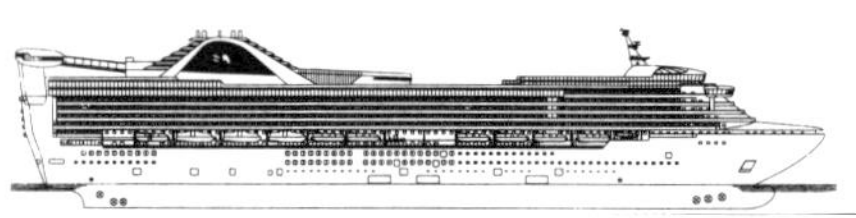

GRAND PRINCESS (Cruise & Ferry Info)

ms GREIFSWALD

Deutsche Seereederei, Rostock
Mathias-Thesen-Werft, Wismar;
Baunr. 324

24 084 BRZ / 12 020 tdw / 190,90 m Länge ü.a. / 28,00 (26,00) m Breite / Vier 6-Zyl.-Diesel mit Getriebe; Liebknecht / 10 600 kW / 2 Schrauben / 16 kn / 96 Pass. in 48 Kabinen / 54 Waggons, 48 LKW / Bes. 44

31.5.1988 Stapellauf / 25.11.1988 Ablieferung als Frachtfähre, 12 Pass., 193 Waggons / Mukran–Klaipeda-Dienst / 1993 bis 4.1994 Einbau von Passagiereinrichtungen bei Stocznia Remontowa Gryfia in Stettin. Daten s.o. / 12.4.1994 an Euroseabridge Eisenbahnfährschiffsges., Rostock, von F. Laeisz bereedert / 10.1.1997 Heimathafen Monrovia / 18.1.1997 erste Reise im Travemünde–Klaipeda-Dienst /

ms GRANDEUR OF THE SEAS*

Royal Caribbean Cruise Line, Monrovia
Kvaerner Masa Yards, Helsinki;
Baunr. 492

74 140 BRT / 279,1 m Länge ü. a. / 23,20 m Breite / Vier 12-Zyl.-Diesel mit elektrischer Kraftübertragung; MAN B&W / 50 400 kW / 2 Schrauben / 23,5 kn / 1950 (2440) Pass. in 975 Kabinen / Bes. 760

20.11.1996 Ablieferung / 13.12.1996 in Miami getauft / 14.12.1996 Jungfernkreuzfahrt Miami–Karibik /

ms GREEN ARROW

Hiroshima Green Ferry, Hiroshima Kanda Zosensho, Kure;
Baunr. 163

5953 BRT / 2129 tdw / 135,01 m Länge ü.a. / 22,03 m Breite / Zwei 16-Zyl.-Diesel mit Getriebe; MAN-Kawasaki / 17 800 PSe / 2 Schrauben / 21,25 kn / 98 Pass. in Kabinen, 838 Deckspass. / 87 PKW, 110 LKW / Bes. 49

3.12.1971 Stapellauf / 4.5.1972 Ablieferung / 1977 ARGO, Epirus Line, Limassol / 1978 KRITI, Anonymos Naftiliaki Eteria Kritis (ANEK), Chania. 6843 BRT. 427 Pass. in Kabinen, 1225 Deckspass. 500 PKW. Piräus–Chania-Dienst. 1994 Ancona–Bari-Dienst / 1996 umbenannt SUPER NAIAS, Heimathafen Piräus. 11 334 BRZ /

SUPER NAIAS ex GREEN ARROW (Foto Jan Vinther Christensen)

GRANDEUR OF THE SEAS (Foto Marko Stampehl, 1996)

ODESSA SKY ex GRUZIYA (Foto Frank Heine, 1996)

ms GRIPSHOLM

Svenska Amerika Linjen, Göteborg
Ansaldo, Sestri-Ponente, Genua; Baunr. 1500

23191 BRT/4900 tdw / 192,32 m Länge ü.a. / 24,95 m Breite / Zwei 9-Zyl.-Diesel; Götaverken / 16 200 PSe / 2 Schrauben / 18 kn / Pass.: 150 I., 692 Touristenklasse / Bes. 364

8.4.1956 Stapellauf / 3.4.1957 Fertigstellung / 14.5.1957 Jungfernreise Göteborg–New York / 1966 23 216 BRT / 1972 22 725 BRT. Jetzt überwiegend für Kreuzfahrten eingesetzt / 11.1975 NAVARINO, Michael A. Karageorgis, Piräus / 22.5.1976 erste Kreuzfahrt Venedig–Mittelmeer. 17 392 BRT. 650 Passagiere / 8.8.1981 Vor Patmos auf Grund gelaufen und schwer beschädigt / 24.10.1981 Sally Shipping, Bad Schwartau, für Einsatz bei Commodore Cruise Line / 29.10.1981 Auf der Reise von Piräus nach Skaramanga, wo das Schiff repariert werden soll, zerstört ein Brand Teile der Passagiereinrichtung / 26.11.1981 Mit Schwimmdock gekentert, zum Totalverlust erklärt / 13.5.1982 ausgedockt und aufgelegt / 6.1983 SAMANTHA, Multiship Italia, Rom. In La Spezia aufgelegt / 1984 REGENT SEA, Regency Cruise Line, Panama / 13.10.1984 bis 10.1985 in Piräus bei der Eleusis Werft und in Perama repariert. 15 294 BRT. 650 Pass. in 342 Kabinen / 11.1985 erste Kreuzfahrt ab Montego Bay / 1992 Heimathafen Nassau / 1994 BRZ 23 292 / 22.7.1995 Maschinenraumbrand auf einer Alaskakreuzfahrt / 2.11.1995 in Nassau arretiert / 3.1996 von New Yorker Finanzier ersteigert /

GRIPSHOLM

siehe SAGAFJORD

REGENT SEA ex GRIPSHOLM (Foto Rüdiger von Ancken)

COSTA RIVIERA ex GUGLIELMO MARCONI (Foto Steffen Weirauch, 1992)

ms GRUZIYA

Black Sea Shipping Co, Odessa
Wärtsilä, Turku; Baunr. 1213

16 331 BRT / 3004 tdw / 156,27 m Länge ü.a. / 22,05 (21,80) m Breite / Zwei 18-Zyl.-Diesel mit Getriebe; Pielstick–Wärtsilä / 18 000 PSe / 2 Schrauben / 21 kn / 504 Pass. in Kabinen, 505 Deckspass.; auf Kreuzfahrten 350 / 256 PKW, 23 LKW / Bes. 191

18.10.1974 Stapellauf / 30.6.1975 Ablieferung / Überwiegend für Kreuzfahrten eingesetzt / 1980 13251 BRT / 1984 Pass.: 650 in 276 Kabinen, 110 Deckspass. / 1994 BRZ 15 402 / 1995 ODESSA SKY, Blasco UK, Monrovia / 26.8.1995 in Montreal arretiert / 8.1996 Heimathafen Odessa / 11.9.1996 Ankunft zur Generalüberholung bei Turbo-Technik, Wilhelmshaven /

ms GUGLIELMO MARCONI

Lloyd Triestino, Genua
Cantieri Riuniti dell'Adriatico, Monfalcone; Baunr. 1863

27 905 BRT / 9642 tdw / 213,65 m Länge ü.a. / 28,71 m Breite / Zwei Satz Getriebeturbinen; De Laval-San Andrea / 44000 PSw / 2 Schrauben / 24 (26,4) kn / Pass.: 156 I., 1594 Touristenklasse / Bes. 443

24.9.1961 Stapellauf / 10.1963 Ablieferung / 18.11.1963 Jungfernreise Genua–Sydney / 1975 an Italia SAN, Genua / 1.1.1976 Erste Reise Neapel-La Plata / 7.6.1977 In Neapel aufgelegt / 1.1979 Kreuzfahrten von US-Häfen für Italia Crociere International, Genua / 23.1.1980 In Port Canaveral aufgelegt / 15.9.1980 In Genua aufgelegt / 11.1983 An Costa Crociere, Neapel. In Genua bei der Mariotti-Werft umgebaut. 984 Pass. / 24.11.1984 als COSTA RIVIERA in Dienst / 1987 BRZ 30325. 1260 Pass. in 502 Kabinen / 1993 umbenannt AMERICAN ADVENTURE. 30 340 BRZ / 1994 wieder COSTA RIVIERA / 1995 Heimathafen Monrovia, BRZ 30 361 /

NORRÖNA ex GUSTAV VASA (Foto Arnold Kludas, 1988)

ms GUSTAV VASA
Lion Ferry, Malmö
Werft Nobiskrug, Rendsburg; Baunr. 678

7457 BRT / 4211 tdw / 129,01 m Länge ü.a. / 21,04 (20,79) m Breite / Vier 6-Zyl.-Diesel mit Getriebe; Stork-Werkspoor / 11 770 kW / 2 Schrauben / 22 Kn / 594 Pass. in Kabinen. 250 Deckspass. / 250 PKW / Bes. 90

10.2.1973 Stapellauf / 12.5.1973 Ablieferung / Travemünde–Malmö-Dienst / 1980 an Bonship AB / 1983 an Smyril Line, Thorshavn / 5.1983 bei der Flensburger Schiffbau-Gesellschaft umgebaut, umbenannt NORRÖNA. 7838 BRT / 4.6.1983 erste Reise Hanstholm–Bergen–Thorshaven. Auf dieser Route fährt das Schiff nur drei Monate im Jahr, in der übrigen Zeit Charterreisen auf wechselnden Routen / 14.10.1983 erste Reise Kiel–Korsör, bis 5.1984 / 27.4. bis 2.6.1986 als Ersatz für NILS HOLGERSSON von TT-Linie eingesetzt / 1987 und 1988 im Frühjahr Kreuzfahrten für die Hamburger Thematik-Reisen / 9.4.1990 bricht auf einer Reise in B+I-Charter von Pembroke nach Rosslare offenbar durch Brandstiftung ein Feuer aus, bei dem ein Passagier ums Leben kommt / 15.9.1994 Wismar–Newcastle für North Sea Baltic Ferries; 2.11.1994 wegen Unrentabilität eingestellt / 1.1995 Stranraer–Larne-Dienst in Stena Sealink-Charter / 1996 BRZ 11 999 /

ms HABIB
Cie. Tunisienne de Navigation (COTUNAV), Tunis
Werft Nobiskrug, Rendsburg; Baunr. 690

11 179 BRT /3372 tdw/145,73 m Länge ü.a. / 23,51 m Breite / Vier 8-Zyl.-Diesel; Atlas-MaK / 17 900 kW / 2 Schrauben / 23 kn / Pass.: 658 in Kabinen, 200 Pullman, 288 Deckspass. / 350 PKW / Bes. 135

17.12.1977 Stapellauf / 19.5.1978 Ablieferung / 3.6.1978 Jungfernreise Tunis–Marseille; zweimal wöchentlich nach Marseille, einmal nach Genua. 1995 nur noch nach Marseille / 1996 BRZ 16 168 /

HAI HUA siehe FABIOLAVILLE

HAI XING siehe RANDFONTEIN

ms HAIYANGDAO
Dalian Marine Transport, Dairen
Van der Giessen-de Noord, Krimpen; Baunr. 966

15 560 BRZ / 3250 tdw / 134,80 m Länge ü.a. / 23,40 m Breite / Zwei 9-Zyl.-Diesel mit Getriebe; Stork-Wärtsilä / 10 940 kW / 2 Schrauben / 20 kn / 938 Pass. in 169 Kabinen / 226 PKW, 69 LKW / Bes. 89

16.9.1994 Stapellauf / 1995 Ablieferung /

HABIB (Foto Hans Jürgen Amberg, 1995)

HAIYANGDAO (Foto Andreas Wörteler, 1995)

MAXIM GORKIY ex HAMBURG (Foto Peter Voß, 1992)

ts HAMBURG

Deutsche Atlantik-Linie, Hamburg
Deutsche Werft, Hamburg; Baunr. 997

25 022 BRT / 5766 tdw / 194,72 m Länge ü.a. / 26,62 m Breite / Zwei Satz Getriebeturbinen; AEG / 22 660 PSw / 2 Schrauben / 22 kn / 652 Pass. / Bes. 403

21.2.1968 Stapellauf / 12. bis 15.2.1969 Probefahrt / 20.3.1969 Ablieferung durch Howaldtswerke-Deutsche Werft / 28.3.1969 Jungfernkreuzfahrt Cuxhaven–Südamerika / 1973 24 981 BRT / 25.9.1973 umbenannt HANSEATIC / 1.12.1973 in Hamburg aufgelegt / 25.1.1974 MAKSIM GORKIY, Black Sea Shipping Co, Odessa. 600, max. 788 Pass., Bes. 350. Kreuzfahrten / Charterer Phoenix-Reisen, Bonn / 19.6.1989 Auf einer Spitzbergen-Kreuzfahrt im Packeis leckgeschlagen. Die Passagiere werden vom sinkenden Schiff teilweise auf Eisschollen evakuiert. Nach Spitzbergen geschleppt, dort gelenzt, abgedichtet und schließlich bei der Lloydwerft in Bremerhaven repariert / 17.8.1989 wieder in Dienst / 12.1991 Heimathafen Nassau. Name MAXIM GORKIY in lateinischen Lettern angebracht. Von Unicorn Cyprus bereedert / 16.12.1992 an Belata Shipping, Limassol. 24 240 BRZ. Weiter von Unicorn bereedert / 1996 BRZ 24 220 /

HAMBURG

siehe KRONPRINS HARALD

ms HANS GUTZEIT

Finnlines, Kotka
Wärtsilä, Helsinki; Baunr. 1204

6299 BRT / 5454 tdw / 137,37 m Länge ü.a. / 24,62 (24,57) m Breite / Zwei 14-Zyl.-Diesel mit Getriebe; Pielstick-Wärtsilä / 14 000 PSe / 2 Schrauben / 19,25 kn / 48 Pass. in 16 Kabinen / 170 PKW, 105 Trailer /

27.4.1972 Stapellauf / 1972 Ablieferung / Helsinki–Lübeck-Dienst / 1982 umbenannt CAPELLA / 1986 CAPELLA AF STOCKHOLM, Anders Smith Red. (Finnlines), Stockholm / 1989 FINNMAID, Partrederi Finnmaid, Hargshamn. Hargshamn–Nystad-Dienst / 1991 an FG Shipping, Hargshamn / 1993 Heimathafen Helsinki / 1995 BRZ 13 730 /

FINNMAID ex HANS GUTZEIT (Foto Frank Heine, 1991)

HANSEATIC siehe Anhang 2

ms HELLAS
Hellas Ferries Co, Piräus
Hyundai Sb. and Heavy Industry, Ulsan;
Baunr. 643

6455 BRT / 8704 tdw / 25,28 m Breite / Zwei 12-Zyl.-Diesel mit Getriebe; Pielstick-Nippon / 11 475 kW / 2 Schrauben / 17 kn / 144 Pass. in Kabinen /

15.7.1977 Stapellauf als Frachtfähre STENA RUNNER. 12 Pass. / 4.11.1977 Ablieferung an Stena Line, London / 1978 umbenannt ALPHA PROGRESS / 1979 HELLAS, Hellas Ferries Co, Piräus. Bei der Hapag-Lloyd Werft in Bremerhaven zur Passagierfähre umgebaut. Daten s.o., Volos–Tartous-Dienst / 1981 bei der Hapag-Lloyd Werft verlängert. 8596 BRT, 184,61 m Länge ü.a. / 210 Pass. in Kabinen / 1981 Heimathafen Limassol / 1982 Felixstowe–Europoort-Dienst / 1984 an Capulet Navigation Co. (Stena), Limassol / 1986 DORIC FERRY, Townsend Thoresen, London / 1987 an P&O European Ferries, Felixstowe / 1.1992 umbenannt EUROPEAN TIDEWAY / 1994 BRZ 21 162 /

EUROPEAN TIDEWAY ex HELLAS (Foto Frank Heine, 1995)

HERCULES (Sammlung Hisashi Noma)

HENG LI siehe MARIPOSA

ms HER MAJESTY M
Searoyal Ferries (Marlines), Limassol
Cockatoo Dockyard, Sydney;

12 068 BRT / 157,10 m Länge ü.a. / 20,60 m Breite / Zwei 6-Zyl.-Diesel; Sulzer-Scott's / 10 590 kW / 2 Schrauben / 20 kn / Pass. /

7.10.1966 Stapellauf als STALWART / 9.2.1968 Indienststellung als Zerstörer-Begleitschiff der australischen Marine / 1990 HER MAJESTY M, Parangiotis Marangopoulos / 4.6.1990 Ankunft in Eleusis. Umbau zum Kreuzfahrtschiff geplant /

HER MAJESTY M (Foto L.W.C. Lamers)

HESTIA (Foto Bauwerft)

ms HERCULES

Higashi Nippon Ferry & Hayashi Marine Co, Iwanai
Mitsubishi Heavy Industries, Shimononoseki; Baunr. 954

13403 BRT / 6911 tdw / 192,00 m Länge ü.a./ 27,03 m Breite / Zwei 12-Zyl.-Diesel mit Getriebe; Pielstick-Nippon / 22260 kW / 2 Schrauben / 24 kn / 250 Pass. in 76 Kabinen, 550 Deckspass. / 77 PKW, 154 LKW / Bes. 49

22.11.1991 Stapellauf / 15.4.1992 Jungfernreise. Naoetsu–Muroran- bzw. -Iwanai-Dienst /

ms HERMES

Higashi Nippon Ferry Co & Eiyu Shoji, Iwanai
Mitsubishi Heavy Industries, Shimonoseki; Baunr. 937

13 384 BRT / 6987 tdw / 192,00 m Länge ü.a. / 29,00 (27,00) m Breite / Zwei 12-Zyl.-Diesel mit Getriebe; Pielstick-Nippon / 26 180 kW / 2 Schrauben / 24 (26,21) kn / 252 Pass. in 76 Kabinen, 548 Deckspass. / 77 PKW, 154 Trailer / Bes. 49 /

29.3.1990 Stapellauf / 11.7.1991 Ablieferung / Iwanai–Muroran–Naoetsu-Dienst /

ms HESTIA

Higashi Nippon Ferry Co & Hayashi Marine Co, Muroran
Mitsubishi H.I., Shimonoseki; Baunr. 979

13 539 BRT / 6805 tdw / 27,00 m Breite / Zwei Diesel; Pielstick-Nippon / 26 190 kW / 2 Schrauben / 24 kn / 703 Pass. / 100 PKW

8.7.1993 Stapellauf / 18.11.1993 Jungfernreise Muroran–Oarai /

HERMES (Sammlung Hisashi Noma)

HIKAWA MARU (Foto Yoshitatsu Fukawa)

ms HIKAWA MARU
Nippon Yusen Kaisha, Tokio
Yokohama Dock Co, Yokohama; Baunr. 177

11 622 BRT / 10 436 tdw / 163,3 m Länge ü.a. / 20,1 m Breite / Zwei 8-Zyl. Diesel B&W / 11 000 PSe / 2 Schrauben / 17,0 kn / Pass.: 76 I., 69 Touristen-, 186 III. Klasse / Bes. 133

30.9.1929 Stapellauf / 4.1930 Fertigstellung / 13.5.1930 Jungfernreise Kobe–Seattle / Hongkong–Seattle-Dienst / 1941 Lazarettschiff der japanischen Marine / 8.1945 US-Kriegsbeute, Truppentransporte Japan–USA / 1947 An Nippon Yusen Kaisha zurück / 1950 nach Überholung und Modernisierung wieder im Transpazifik-Dienst eingesetzt / 21.12.1960 außer Dienst / 1961 In Yokohama zur schwimmenden Jugendherberge eingerichtet. Eigentümer ist die Hikawamaru Kanka /

ms HOLIDAY
Carnival Cruise Lines, Panama
Aalborg Vaerft; Baunr. 246

46 052 BRZ / 7186 tdw / 221,57 m Länge ü.a. / 28,17 (28,01) m Breite / Zwei 7-Zyl.-Diesel; Sulzer / 23 519 kW / 2 Schrauben / 22 kn / 1794 Pass. in 726 Kabinen / Bes. 600

10.12.1983 Stapellauf / 1.1985 Erste Probefahrt / 3.6.1985 Ablieferung / 22.6.1985 Ab Aalborg nach Miami / 13.7.1985 erste Kreuzfahrt in der Karibik / 1991 Heimathafen Nassau /

ms HOMERIC
Home Lines, Panama
Jos. L. Meyer, Papenburg; Baunr. 610

42 092 BRZ / 5157 tdw / 204,0 m Länge ü.a. / 29,73 (29,00) m Breite / Zwei 10-Zyl.-Diesel mit Getriebe; B&W / 23 800 kW / 2 Schrauben / 19 kn / 1132 Pass. in 552 Kabinen / Bes. 468

WESTERDAM ex HOMERIC (Foto Steffen Weirauch, 1990)

28.9.1985 Stapellauf / 26.-30.12.1985 Erste Probefahrt / 6.5.1986 Ablieferung / Kreuzfahrten / 27.11.1988 WESTERDAM, Holland America Line, Seattle / 30.10.1989 bis 12.3.1990 bei Jos. L. Meyer in Papenburg verlängert. 53 872 BRZ, 5340 tdw, 243,20 m Länge ü.a., 1773 Pass. in 747 Kabinen, Bes. 642 / Karibik- und Alaskakreuzfahrten / 1996 Heimathafen Rotterdam /

HOLIDAY (Foto Ulrich Streich, 1993)

HORIZON (Foto Peter Voß, 1990)

ms HORIZON
Fantasy Cruises, Monrovia
Jos. L. Meyer, Papenburg; Baunr. 619

46 811 BRZ / 5550 tdw / 208,00 m Länge ü.a. / 29,32 (29,00) m Breite / Zwei 9-Zyl.- und zwei 6-Zyl.-Diesel mit Getriebe; MAN-B&W / 19 980 kW / 2 Schrauben / 22 kn / 1798 Pass. in 677 Kabinen / Bes. 642

19.11.1989 aufgeschwommen / 11.4.1990 Taufe / 30.4.1990 Ablieferung / Bermuda- und Karibik-Kreuzfahrten /

ROMANTICA ex HUASCARAN (Foto Jürgen Saupe, 1994)

mse HUASCARAN
Hamburg-Amerika Linie, Hamburg
Blohm & Voss, Hamburg; Baunr. 518

6951 BRT / 8960 tdw / 148,60 m Länge ü.a. / 18,39 m Breite / Zwei 8-Zyl.- und ein 6-Zyl.-Diesel, elektrische Kraftübertragung; MAN-B&V / 5850 PSe / 1 Schraube / 15 kn / Pass.: 32 I. Klasse / Bes. 58

15.12.1938 Stapellauf / 27.4.1939 Ablieferung / 29.4.1939 Erste Reise Hamburg–Genua, dann Hamburg–Südamerika–Westküsten-Dienst / 1940 Werkstattschiff der Kriegsmarine / 14.11.1945 an die kanadische Regierung, von der Park S.S. Co. bereedert / 2.9.1947 an Canadian Pacific, Montreal. In Sorel, Quebec, für 775 Pass. umgebaut. 9034 BRT / 7.2.1948 umbenannt BEAVERBRAE / 8.2.1948 erste Reise St. John–Bremerhaven / 1951 St. John–Bremen-Dienst / 1.11.1954 AURELIA, Cogedar Line, Genua. In Monfalcone umgebaut. 1124 Pass., 10 022 BRT / 13.5.1955 erste Reise Triest–Sydney / 15.11.1955 erste Reise Genua–Sydney / 1958 bis 1959 erneuter Umbau. Drei neue 7-Zyl.-MAN-Diesel, 8100 PSe. 10 480 BRT / 12.6.1959 erste Reise Bremerhaven–Sydney / 9.12.1964 erste Reise Rotterdam–Australien–Neuseeland / 1968 im Southampton–Madeira-Dienst eingesetzt. Kreuzfahrten. 470 Pass. / 9.1970 ROMANZA, Chandris, Piräus. Mittelmeer-Kreuzfahrten / 1977 Heimathafen Panama. 7538 BRT / 1977 bis 2.1978 Küstendienst in Brasilien in Charter des Lloyd Brasileiro / 1979 an Armadores Romanza, Panama / 1983 707 Pass. in 290 Kabinen / 1991 ROMANTICA, New Ambassador Leisure Cruises, Limassol / 17.11.1994 in der Bucht von Eleusis aufgelegt / 1996 an Amnesty Shipping Co, Limassol. 9511 BRZ. Weiter aufgelegt /

ms IBEX

Pandoro, Hamilton
Mitsui Eng. & Sb. Co, Tamano; Baunr. 1163

18 653 BRZ / 5024 tdw / 150,2 m Länge ü.a. / 21,77 (20,71) m Breite / Zwei 12-Zyl.-Diesel mit Getriebe; Mitsui / 13 240 kW / 2 Schrauben / 19,4 kn / 70 Pass. in 50 Kabinen / LKW, Trailer /

27.12.1978 Stapellauf / 15.5.1979 Ablieferung als RoRo-Frachtfähre. 6310 BRT, 12 Pass. / Fleetwood-Larne und Ipswich–Rotterdam-Dienst / 30.12.1980 bis 1995 an Northsea Ferries verchartert, in NORSEA, dann am 23.8.1986 in NORSKY umbenannt. Hull–Rotterdam-Dienst / 1995 umbenannt IBEX, BRZ 14 077. Liverpool–Dublin-Dienst / 1996 bei Cammell Laird in Birkenhead zur Passagierfähre umgebaut, Daten s.o. /

IBEX (P&O)

ms IKARUS*

Minoan Lines
Bruces Shipyard, Landskrona
Rumpf bei Fosen MV, Rissa, bestellt /

31 000 BRZ / 5150 tdw / 200,6 m Länge ü.a. / 25,8 m Breite / Vier Diesel / 44 480 kW / 2 Schrauben / 26,4 kn / 700 Pass. in 193 Kabinen, 800 Deckspass. / 975 PKW /

1998 Ablieferung vorgesehen / Patras–Ancona-Dienst /

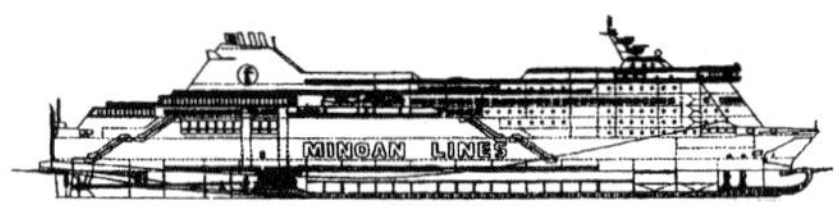

IKARUS (Cruise & Ferry Info)

ILE DE BEAUTE siehe CORSE

ILICH siehe BORE I

mse IMAGINATION

Carnival Cruise Lines, Panama
Kvaerner Masa Yards, Helsinki; Baunr. 488

70 367 BRZ / 7200 tdw / 260,80 m Länge ü.a. / 31,50 m Breite / Vier 12- und zwei 8-Zyl.-Diesel mit elektrischer Kraftübertragung; Wärtsilä / 30 800 kW / 2 Schrauben / 18 kn / 2624 Pass. in 1020 Kabinen / Bes. 900

8.6.1995 Ablieferung / 2.7.1995 Taufe in Miami, danach Jungfern-Kreuzfahrt ins Blaue. Karibik-Kreuzfahrten /

IMAGINATION (Foto ToYouToo)

INDEPENDENCE (Foto Clive Harvey, 1995)

ts INDEPENDENCE

American Export Lines, New York
Bethlehem Steel Co, Quincy, Mass.;
Baunr. 1618

23 719 BRT / 7250 tdw / 208,01 m Länge ü.a. / 27,18 m Breite / Zwei Satz Getriebeturbinen; Bauwerft / 55 000 PSw / 2 Schrauben / 22,5 (26,15) kn / Pass.: 295 I., 375 Kabinen-, 330 Touristenklasse / Bes. 578

3.6.1950 Stapellauf / 12.1950 Probefahrt / 22.1.1951 Ablieferung / 10.2.1951 Jungfernreise (Kreuzfahrt) New York–Mittelmeer / 12.4.1951 New York–Genua-, später New York–Neapel-Dienst / 2. bis 4.1959 Umbau in Newport News, I. Klasse jetzt 395 Betten, 23 754 BRT / 1967 20 251 BRT / 1968 Umbau zum Einklassenschiff. Kreuzfahrten in »Funship«-Bemalung / 13.3.1969 in Baltimore aufgelegt / 1.1974 OCEANIC INDEPENDENCE, Atlantic Far East Lines, Panama. 950 Pass., Kreuzfahrten / 19.1.1976 In Hongkong aufgelegt / 1979 an American Hawaii Cruise, Honolulu. Bis 6.1980 bei Kawasaki in Kobe und in Taiwan umgebaut. 20 220 BRT, 750 Pass. in 394 Kabinen / 1982 INDEPENDENCE, American Global Line, Honolulu. Hawaii-Kreuzfahrten / 1996 von American Hawaiian Cruises bereedert /

SEAWIND CROWN ex INFANTE DOM HENRIQUE (Foto Joachim Pein, 1996)

ts INFANTE DOM HENRIQUE

Cia. Colonial de Navegaço, Lissabon
Cockerill-Ougrée, Hoboken, Antwerpen;
Baunr. 814

23 306 BRT / 11 358 tdw / 195,59 m Länge ü.a. / 25,73 (24,50 m Breite / Vier Getriebeturbinen; Westinghouse-Bauwerft / 22 000 PSw / 2 Schrauben / 21 kn / Pass.: 156 I., 862 Touristenklasse / Bes. 320

29.4.1960 Stapellauf / 9.1961 Fertigstellung. Lissabon–Beira-Dienst / 1974 an Cia. Portuguesa de Transportes Maritimos, Lissabon / 3.1.1976 In Lissabon aufgelegt / 25.11.1977 An Gabinete da Area de Sines. Hotelschiff in Sines / 5.11.1986 an Star Sea, Panama, verkauft. Überholung und Umbau in Piräus / 11.1988 VASCO DA GAMA, Transworld Cruises, Panama, von Neckermann Seereisen gechartert. 16 063 BRT, 660 Pass. / 4.12.1988 in Lissabon Brand im Maschinenraum. Schleppreise zur Reparatur nach Bremerhaven / 5.6.1989 Kurz nach dem Auslaufen zu einer Nordlandkreuzfahrt muß das Schiff nach Bremerhaven zurückkehren, Kesselreparatur / 22.12.1988 in Genua mit dem Frachter ISLA BALTRA kollidiert. Nach all diesen zeitraubenden Pannen Kündigung des Chartervertrages / 1989 von der Arcalia Shipping Co. bereedert / 1991 für fünf Jahre an die griechische Seawind Cruise Line verchartert / 4.8.1991 erste Karibik-Kreuzfahrt / 1993 BRZ 23 145 / 8. bis 9.1994 Umbau in Curacao, 724 Pass. / 1995 SEAWIND CROWN, Cruise Corporation, Panama /

mse INSPIRATION
Carnival Cruise Lines, Panama
Kvaerner Masa Yards, Helsinki; Baunr. 489

70 367 BRZ / 7180 tdw / 260,80 m Länge ü.a. / 31,50 m Breite / Vier 12- und zwei 8-Zyl.-Diesel mit elektrischer Kraftübertragung; Sulzer-Wärtsilä / 42 240 kW / 2 Schrauben / 22 kn / 2634 Pass. in 1020 Kabinen /

22.2.1996 Ablieferung / 23.2.1996 Überführung nach Miami / 16.3.1996 in Miami getauft, anschließend Gästefahrt / 4.1996 Karibik-Kreuzfahrten ab San Juan /

INSPIRATION (Foto ToYouToo)

IONIAN GALAXY siehe ARKAS

IONIAN ISLAND siehe ALBIREO

IONIAN STAR siehe VIA LIGURE

ms ISABELLA
Viking Line, Mariehamn
Brodogradiliste, Split; Baunr. 357

34 384 BRZ / 2830 tdw / 169,40 m Länge ü.a. / 28,20 (27,60) m Breite / Vier 12-Zyl.-Diesel mit Getriebe; Wärtsilä-Pielstick / 17 480 kW / 2 Schrauben / 21,5 kn / 2112 Pass. in 564 Kabinen, 88 Deckspass. / 630 PKW, 53 LKW

13.8.1988 Stapellauf / 4.7.1989 Jungfernreise Stockholm–Naantali / 1993 BRZ 34 937 / 13.8.1990 erste Reise Helsinki–Tallinn / 7.10.1994 erste Reise Helsinki–Stockholm /

ISABELLA (Foto Dirk Jankowsky)

EROTOKRITOS ex ISHIKARI (Foto Frank Heine)

ms ISHIKARI
Taiheiyo Ferry (Pacific Ferry Co), Nagoya
Nakai Zosen, Setoda;
Baunr. 387

11 880 BRT / 3699 tdw / 175,6 m Länge ü.a. / 24,01 m Breite / Zwei 14-Zyl.-Diesel; MAN; Mitsubishi / 27 580 PSe / 2 Schrauben / 21,5 (26,1) kn / 905 Pass. / 105 PKW, 130 LKW / Bes. 70

19.9.1974 Stapellauf / 23.12.1974 Ablieferung / Nagoya–Ohita-Dienst / 1975 Nagoya–Sendai–Tomakomai-Dienst / 1980 auf 188,40 m verlängert, 12 853 BRT, 5422 tdw / 1989 12 888 BRT / 1991 EROTOKRITOS, Minoan Lines, Iraklion / 1992 Umbau in Perama. 11 650 BRT, 208 Pass. in 62 Kabinen, 523 Deckspass., 700 PKW / Patras–Ancona-Dienst /

ISKENDERUN (Foto Frank Heine, 1994)

ms ISHIKARI

Taiheiyo Ferry (Pacific Ferry Co), Nagoya
Mitsubishi Heavy Industries, Kobe; Baunr. 1183

14 257 BRZ / 6938 tdw / 192,50 m Länge ü.a. / 27,00 m Breite / Zwei 14-Zyl.-Diesel mit Getriebe; Mitsubishi-MAN / 18 460 kW / 2 Schrauben / 21,5 (23) kn / 260 Pass. in 71 Kabinen, 60 Pullman, 534 Deckspass. / 151 PKW, 88 Trailer / Bes. 54

8.11.1990 Stapellauf / 18.3.1991 Ablieferung / Nagoya–Sendai–Tomakomai-Dienst /

ISHIKARI (Foto Yoshitatsu Fukawa)

ms ISKENDERUN

Turkish Maritime Lines, Istanbul
Turkije Gemi Sanayii, Camialti, Istanbul; Baunr. 229

10583 BRZ / 1714 tdw / 127,50 m Länge ü.a. / 19,40 m Breite / Vier 6-Zyl.-Diesel; Zgoda-Sulzer / 12 540 kW / 2 Schrauben / 18 (19,5) kn / 463 Pass. in 123 Kabinen, 147 Deckspass. / 214 PKW

17.6.1987 Stapellauf / 1991 Ablieferung / Türkische Mittelmeerhäfen–Venedig-Dienst /

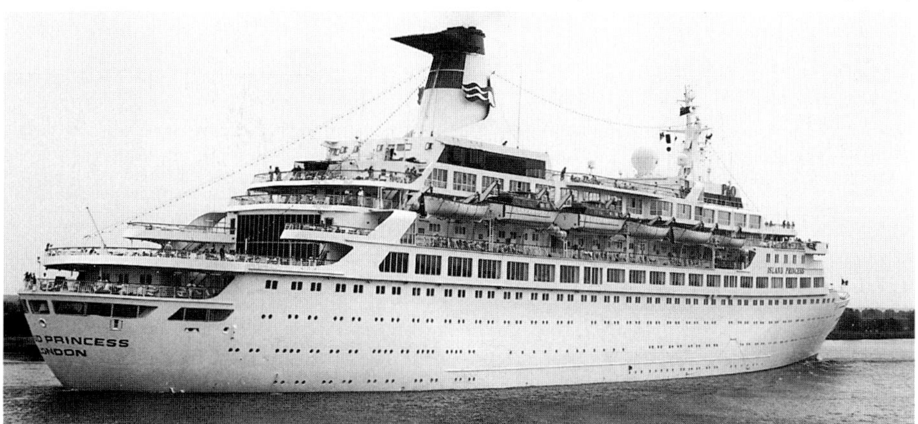

ISLAND PRINCESS (Foto Hans-Joachim Reinecke, 1996)

ms ISLAND VENTURE

Norwegian Cruiseships, Oslo
Rheinstahl Nordseewerke, Emden; Baunr. 414

19 907 BRT / 3390 tdw / 168,74 m Länge ü.a. / 24,64 m Breite / Vier 10-Zyl.-Diesel mit Getriebe; Fiat / 18 000 PSe / 2 Schrauben / 21,5 kn / 767 Pass. / Bes. 317

6.3.1971 Stapellauf / 14.12.1971 in Oslo getauft / 4.1.1972 Ablieferung / New York–Hamilton-Kreuzfahrten für Flagship Cruises / 14.12.1972 umbenannt ISLAND PRINCESS / 4.12.1974 an P&O Lines, sp. Princess Cruises, London. 600 Pass. in 324 Kabinen / 1994 BRZ 20 186 /

ISLANDBREEZE

siehe TRANSVAAL CASTLE

ISLE OF INNISFREE (Foto Frank Lose, 1995)

ms ISLE OF INISHMORE*

Irish Ferries, Dublin
Van der Giessen-De Noord, Krimpen;
Baunr. 968

33 000 BRZ / 5000 tdw / 182,5 m Länge ü.a. / 27,8 m Breite / Vier 8-Zyl.-Diesel mit Getriebe; Sulzer-Adria / 23 040 kW / 2 Schrauben / 21,5 kn / 196 Pass. in 49 Kabinen, 2050 Deckspass. / 855 PKW /

4.10.1996 Stapellauf / 1.1997 Ablieferung / Dublin–Holyhead-Dienst /

Foto siehe Farbteil auf Seite ...

SAPPHIRE ex ITALIA (Foto Jürgen Saupe, 1996)

ms ISLE OF INNISFREE

Irish Ferries, Dublin
Van der Giessen-De Noord, Krimpen;
Baunr. 963

22 365 BRZ / 5794 tdw / 181,60 m Länge ü.a. / 23,90 (23,40) m Breite / Vier 8-Zyl.-Diesel mit Getriebe; Sulzer-Adria / 2 Schrauben / 21 kn / 132 Pass. in 34 Kabinen, 1650 Deckspass. / 600 PKW /

27.1.1995 Stapellauf / 15.5.1995 Ablieferung. Größtes irisches Schiff / 23.5.1995 Jungfernreise Dublin–Holyhead /

IVAN FRANKO (Foto ToYouToo)

ms ITALIA

Sunsarda, Triest
Cant. Navale Felszegi, Triest; Baunr. 76

12 219 BRT / 2370 tdw / 149,00 m Länge ü.a. / 21,34 (20,73) m Breite / Zwei 9-Zyl.-Diesel; Sulzer-CNR / 14 800 PSe / 2 Schrauben / 19 kn / 452 Pass. /

28.4.1965 Stapellauf / 8.1967 Ablieferung. Kreuzfahrten / 1967 an Crociere d'Oltremare, Cagliari. Acapulco–Seattle-Dienst, Kreuzfahrten / 10.1974 an Costa Armatori, Cagliari / 1980 12 183 BRT / 1983 OCEAN PRINCESS, Ocean Cruise Lines, Panama / 24.9.1983 bis 5.1984 in Piräus umgebaut. 550 Pass. in 250 Kabinen, 12 218 BRT / 1987 7186 BRT / 1990 An Croisieres Paquet, Nassau / 1.3.1993 im Amazonas bei Belem mit Unterwasser-Hindernis kollidiert, auf Grund gesetzt, zwei Wohndecks unter Wasser / 20.3.1993 geborgen; zum Totalverlust erklärt / 1993 an Ellis Marine Co, Piräus / 15.5.1993 Ab Belem im Schlepp nach Piräus zur Reparatur / 1993 SEA PRINCE, Fleetwood Maritime, Kingston / 1995 umbenannt SEA PRINCE V, dann wieder SEA PRINCE / 6.1995 PRINCESA OCEANICA, Louis Cruise Lines, Limassol. Mittelmeer-Kreuzfahrten / 3.1996 Für den britischen Charterer Thompson in SAPPHIRE umbenannt / 4.1996

Auf der zweiten Kreuzfahrt fällt vor Rhodos die Maschinenanlage aus; die Passagiere müssen das Schiff verlassen, alle weiteren Reisen bis Ende Juni werden abgesagt / 20.6.1996 nach Reparatur in Griechenland wieder in Fahrt /

ITALIA PRIMA siehe STOCKHOLM

ms IVAN FRANKO

Black Sea Shipping Co, Odessa
Mathias-Thesen-Werft, Wismar; Baunr. 125

19 861 BRT / 6007 tdw / 176,1 m Länge ü.a. / 25,00 (23,53) m Breite / Zwei 7-Zyl.-Diesel; Sulzer-Werkspoor / 21 000 PSe / 2 Schrauben / 20,5 kn / 750 Pass. in 292 Kabinen / Bes. 220

15.6.1963 Stapellauf / 7.10.1964 Probefahrt / 14.11.1964 Ablieferung / Überwiegend für Kreuzfahrten eingesetzt / 1974 mit 20 064 BRT vermessen / 1996 BRZ 21 192 /

ts IVERNIA

Cunard Steamship Co, Liverpool
John Brown & Co, Clydebank; Baunr. 693

21 717 BRT / 8472 tdw / 185,40 m Länge ü.a. / 24,46 m Breite / Zwei Satz Getriebeturbinen; Brown / 24 500 PSw / 2 Schrauben / 20 kn / Pass.: 110 I., 833 Touristenklasse / Bes. 461

14.12.1954 Stapellauf / 6.1955 Fertigstellung / 1.7.1955 Jungfernreise Greenock–Montreal / 27.7.1955 erste Reise Liverpool–Montreal / 17.4.1957 erste Reise Southampton–Montreal / 10.1962 bis 6.1963 bei Brown in Clydebank umgebaut. Pass.: 119 I., 728 Touristenklasse. 22 637 BRT. Grüner Anstrich / 1.1.1963 umbenannt FRANCONIA / 7.1963 erste Reise Rotterdam–Montreal / 1967 weißer Anstrich / 1969 21 406 BRT / 1970 nur noch Kreuzfahrten / 10.1971 aufgelegt. / 8.1973 FEDOR SHALYAPIN, Black Sea Shipping Co, Odessa. 800 Pass. in 298 Kabinen / 20.11.1973 erste Reise Southampton–Sydney–Auckland. Dann Kreuzfahrten in australischen und europäischen Gewässern / 1992 an Odessa Cruise (Fedor Shalyapin) Co., Valletta / 1996 BRZ 22 296 /

ms J. J. SISTER

Cia. Trasmediterranea, Las Palmas
Union Naval de Levante, Valencia; Baunr. 127

9120 BRT / 2577 tdw / 140,82 m Länge ü.a. / 22,51 (22,01) m Breite / Vier 12-Zyl.-Diesel mit Getriebe; MAN-Bazan / 26 800 PSe /

FEDOR SHALYAPIN ex IVERNIA (Foto Peter Voß, 1994)

2 Schrauben / 22 kn / Pass.: 747 Pass. (davon 190 I. Klasse) in 238 Kabinen, 333 Deckspass. / 250 PKW /

18.5.1974 Stapellauf / 10.1975 Ablieferung / 1994 nach Portugal ausgeflaggt, Heimathafen Madeira. 12 888 BRZ / 1994 BALANGA SISTER, Agencia Schembri, Panama. Karlskrona–Gdynia-Dienst unter Corona Line-Bereederung / 3.1995 J.J. SISTER, Cia. Trasmediterranea / 1995 an Topas Maritime Lines, Panama. Bari–Cesme-Dienst /

ms JAN SNIADECKI

Polish Ocean Lines, Stettin
Götaverken Arendal, Göteborg; Baunr. 952

14 417 BRZ / 5583 tdw / 155,19 m Länge ü.a. / 21,60 m Breite / Vier 6-Zyl.-Diesel mit Getriebe; Zgoda-Sulzer / 11 840 kW / 2 Schrauben / 16 kn / 50 Pass. in 30 Kabinen, Deckspass. / 36 LKW, 52 Trailer, 54 Waggons /

21.2.1987 Stapellauf / 5.1988 Indienststellung / Swinemünde–Ystad-Dienst / 1996 Heimathafen Limassol /

J.J. SISTER als BALANGA SISTER (Foto Frank Heine, 1994)

JAN SNIADECKI (Foto Frank Lose, 1996)

MERMOZ ex JEAN MERMOZ (Foto Hans-Joachim Reinecke, 1996)

JENS KOFOED (Foto Peter Kiehlmann, 1991)

ms JEAN MERMOZ

Cie. de Nav. Fraissinet et Cyprien Fabre, Marseille Chantiers de l'Atlantique, St. Nazaire; Baunr. D17

12 460 BRT / 3459 tdw / 162,01 m Länge ü.a. / 19,82 m Breite / Zwei 7-Zyl.-Diesel; B&W-Bauwerft / 10 600 PSe / 2 Schrauben / 17 kn / Pass.: 144 I., 140 II., 110 III. Klasse, 460 Soldaten / Bes. 196

17.11.1956 Stapellauf / 5.1957 Fertigstellung / Marseille–Pointe-Noir-Dienst / 1965 An Nouvelle Cie. de Paquebots, Marseille / 1970 MERMOZ, Croisieres Paquet, Marseille. Bei der Mariotti-Werft in Genua für Kreuzfahrten umgebaut. 13 804 BRT, 757 Pass. in 278 Kabinen, Bes. 264 / 9.1970 erste Kreuzfahrt / 1984 Heimathafen Nassau /

ms JENS KOFOED

Bornholmstrafikken, Rönne
Aalborg Vaerft, Aalborg; Baunr. 222

8203 BRT / 2361 tdw / 121,19 m Länge ü.a. / 21,98 (21,51) m Breite / Vier 16-Zyl.-Diesel mit Getriebe; Alpha / 12 480 kW / 2 Schrauben / 20,5 kn / 354 Pass. in 163 Kabinen, 1146 Deckspass. / 270 PKW, 30 Trailer / Bes. 83

11.9.1978 Stapellauf / 1.4.1979 Ablieferung / Rönne–Ystad- bzw. –Kopenhagen-Dienst / 1995 BRZ 12 131 /

mse JOHN HAMILTON GRAY

Canadian National Railways, Charlottetown
Marine Industries, Sorel; Baunr. 349

11 260 BRT / 3087 tdw / 122,10 m Länge ü.a. / 21,09 (20,43) m Breite / Acht 12-Zyl.-Diesel, acht Generatoren, E-Motoren; Fairbanks / 16 000 PSe / je 2 Schrauben vorn und achtern / 18 kn / Pass.: 1000, davon 10 in Kabinen / 165 PKW, Waggons /

18.11.1967 Stapellauf / 12.10.1968 Fertigstellung / Cape Tormentine–Borden-Dienst / 1987 Für Marine Atlantic, Charlottetown, registriert / 1990 11 259 BRT / 20.12.1996 Beim Verlassen von Borden im Sturm gestrandet, am 22.12. freigeschleppt /

JOHN HAMILTON GRAY (Foto CN Marine)

ms JOSEPH AND CLARA SMALLWOOD

Marine Atlantic, St. John's
MIL-Davie, Lauzon; Baunr. 714

27 614 BRT / 4625 tdw / 179,00 m Länge ü.a. / 25,64 (24,96) m Breite / Vier 8-Zyl.-Diesel mit Getriebe; Krupp MaK / 18 170 kW / 2 Schrauben / 22 kn / 164 Pass. in 41 Kabinen, 1036 Deckspass. / 350 PKW

6.5.1989 Stapellauf / 28.11.1989 Ablieferung / North Sydney–Argentia-Dienst /

JOSEPH AND CLARA SMALLWOOD (Foto Arie Lagendijk)

JUAN J. SISTER (Foto Frank Heine, 1995)

ms JUAN J. SISTER

Cia. Trasmediterranea, Las Palmas
Kvaerner-Masa-Yards, Turku; Baunr. 1319

22 409 BRZ / 5567 tdw / 151,10 m Länge ü.a. / 26,00 m Breite / Vier 8-Zyl.-Diesel mit Getriebe; Wärtsilä / 10 800 kW / 2 Schrauben / 18 kn / 406 Pass. in 142 Kabinen, 150 Deckspass. / 150 PKW, 92 Trailer /

24.11.1992 Stapellauf / 12.5.1993 Ablieferung / Cadiz–Kanarische Inseln-Dienst /

OCEAN MAJESTY ex JUAN MARCH (Foto Hans-Joachim Reinecke, 1996)

ms JUAN MARCH

Cia. Trasmediterranea, Valencia
Union Naval de Levante, Valencia; Baunr. 93

9977 BRT / 1700 tdw / 130,64 m Länge ü.a. / 19,23 m Breite / Zwei 7-Zyl.-Diesel; B&W-MTM / 16 000 PSe / 2 Schrauben / 21 kn / Pass. 124 I., 376 Touristenklasse, 250 Pullman, 325 Deckspass. / 100 PKW, Seitentüren /

4.12.1965 Stapellauf / 21.7.1966 Ablieferung / 16.8.1966 Jungfernreise Valencia–Balearen; auch Barcelona–Kanarische Inseln / 31.1.1985 SOL CHRISTIANA, Sol Lines, Limassol. Piräus–Rhodos–Limassol–Alexandria-Dienst / 4.1986 KYPROS STAR, Opale Lines, Limassol. Limassol–Ägypten-Dienst / 1989 Brindisi–Patras-Dienst in Adriatica-Charter / 1989 OCEAN MAJESTY, Shipping & Commercial Corp., Piräus. Bis 1994 Umbau zum Kreuzfahrtschiff in Perama. 10 417 BRZ , 613 Pass. in 272 Kabinen. Zwei neue 16-Zyl.-Wärtsilä-Diesel, 12 000 kW, 20 kn / 1994 OLYMPIC, Chios Breeze Marine Co, Piräus / 4.1994 Epirotiki-Charter / 1995 umbenannt OCEAN MAJESTY / 1995 HOMERIC, Epirotiki-Charter / 1995 umbenannt OCEAN MAJESTY, u.a. in britischer Charter ab Harwich /

JUBILEE (Foto Gerhard Fiebiger)

ms JUBILEE

Carnival Cruise Lines, Monrovia
Kockums, Malmö; Baunr. 596

47 262 BRZ / 6065 tdw / 224,82 m Länge ü.a. / 28,20 (28,01) m Breite / Zwei 7-Zyl.-Diesel; Sulzer / 23 500 kW / 2 Schrauben / 19 (21,7) kn / 1800 Pass. in 716 Kabinen / Bes. 680

26.10.1985 aufgeschwommen / 6.1986 Ablieferung / 6.7.1986 Erste Kreuzfahrt ab Miami /

CHRYSO (Foto Steffen Weirauch, 1994)

ms KAHLEBERG

Deutsche Seereederei, Rostock
Mathias-Thesen-Werft, Wismar;
Baunr. 152

10 271 BRZ / 6704 tdw / 140,12 m Länge ü.a. / 21,00 (20,50) m Breite / Zwei 12-Zyl.-Diesel mit Getriebe; SKL / 10 600 kW / 2 Schrauben / 15 kn / 50 Pass. in 21 Kabinen, 25 Deckspass. / 45 LKW /

23.11.1982 Stapellauf / 31.10.1983 Ablieferung als RoRo-Frachter, 4692 BRT, 18 Pass. / 13.8.1991 zum Einbau der Passagiereinrichtungen an die Neptun-Warnow Werft in Warnemünde, Daten s.o. / 15.1.1992 Trelleborg– Rostock-Dienst für die TR-Line / 1.1.1994 an Euroseabridge Schiffahrts-Gesellschaft, Rostock, bereedert von F. Laeisz / 1.1.1996 gleicher Dienst in TT-Line-Charter /

KAHLEBERG (Foto Dirk Jankowsky)

KALLISTE (Foto Frank Heine)

ms KALLISTE
Cie. Meridionale de Nav., Bastia
Finnyards, Rauma; Baunr. 403

29 575 BRZ / 23 600 tdw / 165,00 m Länge ü.a. / 29,00 m Breite / Vier 12-Zyl.-Diesel mit Getriebe; Wärtsilä / 2 Schrauben / 19700 kW / 196 Pass. in 95 Kabinen, Deckspass. / 121 PKW /

24.1.1993 Stapellauf / 19.6.1993 Ablieferung / Marseille–Bastia-Dienst /

ms KALYPSO
Rederi AB Slite (Viking Line), Slite Masa Yards, Turku; Baunr. 1298

40 012 BRZ / 2800 tdw / 176,75 m Länge ü.a./ 29,61 m Breite / Vier 9-Zyl.-Diesel mit Getriebe; Sulzer-Wärtsilä / 23 750 kW / 2 Schrauben / 22 kn / 2165 Pass. in Kabinen / 490 PKW /

27.9.1989 Stapellauf / 1.5.1990 Jungfernreise Turku–Stockholm / 1994 STAR PISCES, Star Cruise Line, Panama. 40 053 BRZ. Kreuzfahrten ab Hongkong /

Foto siehe Schutzumschlag-Rückseite

ms KAMBUNA
P.T. Pelayaran Nasional Indonesia, Ujung Padang
Jos. L. Meyer, Papenburg;
Baunr. 609

13 944 BRT / 2700 tdw / 144,80 m Länge ü.a. / 23,70 (23,41) m Breite / Zwei 6-Zyl.-Diesel mit Getriebe; MaK / 10 900 kW / 2 Schrauben / 20 kn / 100 I., 200 II., 300 III., 496 IV. Klasse, 500 in Schlafsälen / Bes. 119

15.10.1983 Stapellauf / 18.2.1984 Ablieferung / Einsatz im indonesischen Inselverkehr / 1990 13 921 BRT /

ms KANANGA
Compagnie Maritime Zairoise, Matadi Cockerill, Hoboken; Baunr. 862

13 481 BRT / 15 489 tdw / 161,17 m Länge ü.a. / 23,11 m Breite / Ein 8-Zyl.-Diesel; B&W-Cockerill / 15 040 PSe / 1 Schraube / 19 kn / 71 Pass. in 28 Kabinen / Bes. 58

24.8.1972 Stapellauf / 29.1.1973 Probefahrt / 9.2.1973 Ablieferung / 15.2.1973 Jungfernreise Antwerpen–Matadi / 15.11.1975 Nach Kollision mit dem sowjetischen Trawler YUOZAS GARYALIS westlich der Ile de Sein Passagiere und einen Teil der Besatzung evakuiert. Am 16. November von dem deutschen Bergungsschlepper BALTIC nach Brest eingebracht / 1993 ANANG, Anglo Eastern Ship Management, Limassol. Als Frachter eingesetzt / 1994 CHRYSO, Shoreham Marine, Monrovia / 1995 NORBEL OMAN, Norbel Shipping, Monrovia /

KAMBUNA (Foto Steffen Weirauch, 1984)

24.10.1991 Stapellauf / 1992 Ablieferung / Frachtfährdienst Derindje–Triest /

ms KAPTAN BURHANETTIN ISIN
Turkish Cargo Lines, Istanbul
Fosen MV, Rissa; Baunr. 43
Rumpf bei Bruces Verkstads in Landskrona als Baunr. 19 gebaut

18 653 BRT / 5934 tdw / 158,00 m Länge ü.a. / 24,33 (24,00) m Breite / Zwei 6-Zyl.-Diesel mit Getriebe; Sulzer-Wärtsilä / 7920 kW / 2 Schrauben / 17,7 kn / 120 Pass. in 60 Kabinen / 313 Trailer, 120 LKW / Bes. 48

10.3.1990 Stapellauf / 1.1991 Ablieferung / Frachtfährdienst Derindje–Triest /

KAPITAN DRANITSIN (Foto Martin Lochte-Holtgreven)

ms KAPITAN DRANITSYN
Murmansk Shipping Co, Murmansk
Wärtsilä, Helsinki; Baunr. 429

10 471 BRT / 4200 tdw / 129,42 m Länge ü.a. / 26,70 (26,51) m Breite / Sechs 9-Zyl.-Diesel, sechs Generatoren, drei E-Fahrmotoren; Sulzer-Wärtsilä / 18 270 kW / 3 Schrauben / 18,75 kn / 112 Pass. in Kabinen /

1980 Ablieferung als Eisbrecher / 1995 außerhalb der Eisbrechsaison Kreuzfahrten / 9.1996 zwei Reisen für Hanseatic-Tours /

KAPTAN BURHANETTIN ISIN (Foto Peter Voß, 1991)

ms KAPITAN KHLEBNIKOV
Far Eastern Shg. Co, Wladiwostok
Wärtsilä, Helsinki; Baunr. 430

10 471 BRT / 4515 tdw / 129,42 m Länge ü.a. / 26,70 (26,51) m Breite / Sechs 9-Zyl.-Diesel, sechs Generatoren, drei E-Fahrmotoren; Sulzer-Wärtsilä / 18 270 kW / 3 Schrauben / 18,75 kn / 112 Pass. in Kabinen /

5.11.1980 Stapellauf / 1981 Ablieferung als Eisbrecher / 1992 bei Rickmers-Lloyd in Bremerhaven zum Passagierschiff umgerüstet, außerhalb der Eisbrechsaison Antarktis-Kreuzfahrten / 24.10.1992 erste Überführungsreise Southampton–Kapstadt /

KAPITAN KHLEBNIKOV (Foto Nigel Kirby)

ms KAPTAN ABIDIN DORAN
Turkish Cargo Lines, Istanbul
Fosen MV, Rissa; Baunr. 44. Rumpf von Bruces Verkstads, Landskrona; Baunr. 22

18 685 BRZ / 6934 tdw / 158,00 m Länge ü.a. / 24,33 (24,00) m Breite / Zwei 6-Zyl.-Diesel mit Getriebe; Sulzer-Wärtsilä / 7920 kW / 2 Schrauben / 17 kn / 120 Pass. in 60 Kabinen / 313 Trailer, 120 LKW / Bes. 48

KAPTAN ABIDIN DORAN (Foto Jürgen Saupe, 1995)

KARELIYA (Foto Jürgen Saupe, 1996)

ms KARELIYA
Black Sea Shipping Co, Odessa
Wärtsilä, Turku; Baunr. 1223

16 631 BRT/2402 tdw / 156,27 m Länge ü.a./ 22,05 (21,80) m Breite / Zwei 18-Zyl.-Diesel mit Getriebe; Pielstick-Wärtsilä / 18 000 PSe / 2 Schrauben / 21 kn / 504 Pass. in Kabinen, 505 Deckspass.; bei Kreuzfahrten 350 Pass. in Kabinen / 256 PKW / Bes. 91

14.4.1976 Stapellauf / 12.1976 Ablieferung / Überwiegend für Kreuzfahrten eingesetzt / 1980 mit 13 251 BRT vermessen / 1.6.1981 vor Arrecife auf Grund gelaufen, Fahrgäste evakuiert / 30.7.1981 Ankunft am Tyne, repariert und umgebaut; Aufbauten vergrößert. 650 Pass. in 237 Kabinen / 12.1982 umbenannt LEONID BREZHNEV/1984 13 252 BRT / 1989 umbenannt KARELIYA / 1992 15 065BRT / 1995 BRZ 15 791 / 1995 an Maddock Trading, Monrovia / 1996 Heimathafen Odessa /

KARL CARSTENS (Foto Dirk Jankowsky)

ms KARL CARSTENS
Deutsche Bundesbahn, Puttgarden
Howaldtswerke-Deutsche Werft, Kiel; Baunr. 211

12 829 BRZ / 2295 tdw / 164,62 m Länge ü.a. / 17,40 m Breite / Sechs 12-Zyl.-Diesel; MaK / Sechs Generatoren und zwei elektrische Fahrmotoren; Siemens / 14 400 kW / 2 Schrauben / 16 (20,2) kn / 1500 Deckspassagiere / 177 (bzw. 333) PKW, 14 Waggons / Bes. 120

17.1.1986 aufgeschwommen / 2.5.1986 Taufe und Ablieferung / 7.5.1986 Vorstellungsfahrt Kiel–Hamburg; weitere Werbefahrten in der Ostsee / 1.6.1986 Jungfernreise Puttgarden–Rödbyhavn / 1.7.1993 an Deutsche Fährgesellschaft Ostsee (DFO), Puttgarden / 1995 weißer Anstrich /

KAUNAS (Foto Jürgen Saupe, 1996)

ms KAUNAS
Lithuanian Shipping Co, Klaipeda
Mathias-Thesen-Werft, Wismar; Baunr. 325

25 606 BRZ / 12 020 tdw / 190,93 m Länge ü.a. / 28,00 (26,00) m Breite / Vier 6-Zyl.-Diesel mit Getriebe; SKL / 21 200 kW / 2 Schrauben / 16 kn / Pass.: 210 /

13.5.1989 Stapellauf / 20.10.1989 Ablieferung als Frachtfähre an USSR Sevryba, Murmansk / Mukran–Klaipeda-Dienst / 5.4. bis 6.1994 bei Blohm + Voss in Hamburg zum RoRo-Fährschiff umgebaut, Daten s.o. / Kiel–Klaipeda-Dienst /

UKRAINA ex KAZAKHSTAN (Foto Jürgen Saupe, 1995)

ms KAZAKHSTAN

Black Sea Shipping Co, Odessa
Wärtsilä, Turku; Baunr. 1222

16 631 BRT / 2402 tdw / 156,27 m Länge ü.a. / 22,05 (21,80) m Breite / Zwei 18-Zyl.-Diesel mit Getriebe; Pielstick-Wärtsilä / 18 000 PSe / 2 Schrauben / 20 kn / 504 Pass. in Kabinen, 505 Deckspass.; bei Kreuzfahrten 350 Pass. / 256 PKW, 23 LKW / Bes. 190

17.10.1975 Stapellauf / 6.1976 Ablieferung / Überwiegend für Kreuzfahrten eingesetzt / 1980 13 251 BRT / 8.2. bis 9.5.1984 Einbau von 79 neuen Kabinen ins Autodeck bei der Lloydwerft in Bremerhaven. 13 252 BRT, 650 Pass. in 163 Kabinen, 110 Deckspass., Bes. 250 / 12.1994 UKRAINA, Blasco UK, Monrovia. 15 409 BRZ / 1996 umbenannt ROYAL SEAS, für Kurz-Cruises ab Tampa an Royal Seas Cruise Line verchartert. Heimathafen Odessa /

KAZAKHSTAN II siehe BELORUSSIYA

ms KENYA CASTLE

Union-Castle Line, London
Harland & Wolff, Belfast; Baunr. 1432

17 041 BRT / 10 656 tdw / 175,72 m Länge ü.a. / 22,66 m Breite / Zwei Satz Getriebeturbinen; Parsons-H&W / 14 620 PSw / 2 Schrauben / 17,5 kn / Pass.: 526 Kabinenklasse /

21.6.1951 Stapellauf / 16.2.1952 Fertigstellung / 4.4.1952 Jungfernreise London–Rund-um-Afrika / 22.4.1967 Im River Blackwater aufgelegt / 8.1967 AMERIKANIS, Chandris Lines, Piräus. In Piräus umgebaut. 19 904 BRT, 911 Pass. in 320 Kabinen, Bes. 250 / 8.8.1968 erste Reise Piräus–New York. Kreuzfahrten / 1970 16 485 BRT / 1984 Heimathafen Panama. 12 795 BRT / 1994 BRZ 18 458 /

ms KERINCI

P.T. Pelayaran Nasional Indonesia, Padang
Jos. L. Meyer, Papenburg; Baunr. 608

13 954 BRT / 2750 tdw / 144,80 m Länge ü.a. / 23,70 (23,41) m Breite / Zwei 6-Zyl.-Diesel mit Getriebe; Krupp MaK / 10 880 kW / 2 Schrauben / 20 kn / Pass.: 100 I., 200 II., 300 III., 496 IV. Klasse; 500 in Schlafsälen / Bes. 119

7.5.1983 Stapellauf / 14.7.1983 Ablieferung / Dienst zwischen den Inseln Indonesiens /

KING OF SCANDINAVIA

siehe PRINSESSAN BIRGITTA, 1973

AMERIKANIS ex KENYA CASTLE (Foto Steffen Weirauch)

KERINCI (Foto Jürgen Saupe, 1996)

KISO (Foto Yoshitatsu Fukawa)

KITAKAMI (Foto M. Watanabe)

KONG HARALD (Foto Peter Voß, 1995)

ms KISO

Taiheiyo Ferry (Pacific Ferry Co), Nagoya
Mitsubishi Heavy Industries, Shimonoseki; Baunr. 902

13 608 BRT / 7150 tdw / 192,51 m Länge ü.a. / 27,28 (17,01) m Breite / Zwei 8-Zyl.-Diesel mit Getriebe; MAN-Mitsubishi / 17 210 kW / 2 Schrauben / 21,5 kn / 252 Pass. in Kabinen, 598 Deckspass. / 110 PKW, 165 LKW / Bes. 59

1.7.1987 Stapellauf / 20.10.1987 Ablieferung / 1991 13 691 BRT / 1993 13 730 BRT /

ms KITAKAMI

Taiheiyo Ferry Co (Pacific Ferry Co), Nagoya
Mitsubishi, Shimonoseki; Baunr. 926

13 818 BRT / 6748 tdw / 192,5 m Länge ü.a. / 27,0 m Breite / Zwei 8-Zyl.-Diesel mit Getriebe; MAN-Mitsubishi / 21 185 kW / 2 Schrauben / 21,5 (24,9) kn / Pass.: 242 in Kabinen, 600 Deckspass. / 147 PKW, 165 Trailer / Bes. 60

22.4.1989 Stapellauf / 12.10.1989 Ablieferung / Nagoya–Sendai –Tomakomai-Dienst / 1995 13 937 BRT /

ms KONG HARALD

Troms Fylkes DS, Tromsö
Volkswerft, Stralsund; Baunr. 101

11 204 BRZ / 902 tdw / 121,80 m Länge ü.a. / 23,40 (19,20) m Breite / Zwei 6-Zyl.-Diesel mit Getriebe; MaK / 9000 kW / 2 Schrauben / 18 kn / 490 Pass. in 230 Kabinen, 201 Deckspass. / 50 PKW / Bes. 59

28.11.1992 Stapellauf / 25.6.1993 Ablieferung / 6.7.1993 nach Vorstellungsbesuchen in norwegischen Häfen erste Linienfahrt im Hurtigruten-Dienst /

KONINGIN BEATRIX (Foto Hans-Joachim Reinecke)

RUSS ex KONSTANTIN CHERNENKO (Foto Jürgen Saupe,1996)

KONSTANTIN SIMONOV (Foto Jürgen Saupe, 1996)

ms KONINGIN BEATRIX

Stoomvaart Mij. Zeeland, Hoek van Holland Van der Giessen de Noord, Krimpen; Baunr. 935

31 189 BRZ / 3060 tdw / 161,80 m Länge ü.a. / 27,61 m Breite / Vier 8-Zyl.-Diesel mit Getriebe; MAN / 17 900 kW / 2 Schrauben / 21 kn / 557 Pass. in Kabinen, 1543 Deckspass. / 265 PKW / Bes. 139

9.11.1985 Stapellauf / 4.1986 Ablieferung / 22.4.1986 Jungfernreise Hoek van Holland–Harwich / 1.9.1989 an Stena Line, Hoek van Holland /

ms KONSTANTIN CHERNENKO

Far Eastern Shipping Co, Wladiwostok Stocznia Szczecinska, Stettin; Baunr. 492/06

12 798 BRZ / 1621 tdw / 139,55 m Länge ü.a. / 21,40 (21,02) m Breite / Vier 6-Zyl.-Diesel mit Getriebe; Sulzer-Zgoda / 12 800 kW / 2 Schrauben / 21 kn / 412 Pass. in Kabinen / Bes. 192

24.1.1986 Stapellauf / 12.1986 Ablieferung / 1.1987 Überführungsfahrt von Riga nach Wladiwostok / Einsatz in Ostasien / 1988 Umbenannt RUSS / 1990 376 Pass. in 120 Kabinen / 1995 Ende der Bereederung durch die australische Pacific Cruise Line / 1996 in die Ostsee verlegt /

ms KONSTANTIN SIMONOV

Black Sea Shipping Co, Odessa Stocznia Szczezinska im. Warskiego, Stettin; Baunr. 492/03

9885 BRT / 1646 tdw / 136,61 m Länge ü.a. / 21,01 m Breite / Vier 6-Zyl.-Diesel mit Getriebe; Sulter-Zgoda / 12 800 kW / 2 Schrauben / 20 Kn / 376 Pass. in 120 Kabinen / 150 PKW /

17.4.1981 Stapellauf / 12.2.1988 Ankunft bei der Lloyd Werft in Bremerhaven, neues Vorschiff / 1995 an Baltic Shipping Co, St. Petersburg. Von Baltic Express Line bereedert. St. Petersburg–Helsinki-Dienst und Kreuzfahrten / 30.3.1996 erste Reise St. Petersburg–Kiel / 28.5.1996 in Kiel arretiert / 1996 BRZ 12 688 / 7.11.1996 FRANCESCA, Pakartin Shipping Co, Limassol /

KRITI 1 siehe NEW SUZURAN

KRITI 2 siehe NEW YUKARI

HAMBURG ex KRONPRINS HARALD (Foto Arnold Kludas)

ms KRONPRINS FREDERIK

Danske Statsbaner, Korsör Nakskov Skibsvaerft; Baunr. 224

10 606 BRT / 4277 tdw / 148,06 m Länge ü.a. / 23,09 (22,81) m Breite / Sechs 16-Zyl.-Diesel mit Getriebe; B&W-Alpha / 17 200 kW / 2 Schrauben / 19 kn / 2280 Deckspassagiere / 420 PKW, 18 Waggons / Bes. 36

2.7.1980 Stapellauf / 2.4.1981 Ablieferung / 2.5.1981 Jungfernreise Nyborg–Korsör / 1994 BRZ 16 071 /

ms KRONPRINS HARALD

Jahre Line, Sandefjord Werft Nobiskrug, Rendsburg; Baunr. 685

12 752 BRT / 2999 tdw / 156,42 m Länge ü.a. / 23,98 (23,47) m Breite / Zwei 20-Zyl.-Diesel mit Getriebe; Stork-Werkspoor / 24 000 PSe / 2 Schrauben / 22 kn / Pass.: 261 I., 324 Touristenklasse, 274 in Schlafsälen, 150 Deckspass. / 404 PKW / Bes. 138

4.10.1975 Stapellauf / 30.3.1976 Ablieferung / 2.4.1976 Jungfernreise Oslo–Kiel / 1984 13 141 BRT / 3.1987 HAMBURG, DFDS, Nassau / 3.3. bis 4.1987 bei Blohm + Voss in Hamburg für den Englanddienst umgebaut. 1033 Pass. in 468 Kabinen, 40 Deckspass., Bes. 170 / 4.4.1987 erste Reise Hamburg–Harwich. 8.11.1989 vor Helgoland mit dem RoRo-Frachter NORDIC STREAM kollidiert. 3 Tote / 22.12.1989 nach Reparatur bei Blohm + Voss in Hamburg wieder in Fahrt / 1994 BRZ 18 888 /

KRONPRINS FREDERIK (Foto Frank Heine)

KRONPRINS HARALD (Foto Eckhard Biermann, 1991)

ms KRONPRINS HARALD

Jahre Line, Sandefjord
Wärtsilä Marine Industries, Turku; Baunr. 1292

31 122 BRZ / 5250 tdw / 166,30 m Länge ü.a. / 28,41 m Breite / Zwei 12-Zyl.- und zwei 6-Zyl.-Diesel mit Getriebe; Sulzer-Wärtsilä / 19 800 kW / 2 Schrauben / 22 kn / 1440 Passagiere / 583 PKW / Bes. 122

31.8.1986 aufgeschwommen / 2.2.1987 erste Probefahrt / 19.3.1987 Ablieferung / 23.3.1987 Taufe in Oslo / 26.3.1987 Jungfernreise Oslo–Kiel / 5.1989 Einbau eines Konferenzzentrums auf dem obersten Deck bei HDW in Kiel. 31 914 BRZ, 1481 Pass. in 468 Kabinen / 10.1990 an Color Line, Oslo /

STENA EUROPE ex KRONPRINSESSAN VICTORIA (Foto Andreas Wörteler, 1996)

ms KYDON

Anonymos Neftiliaki Eteria Kritis (ANEK), Chania
P. Smit Jr., Rotterdam; Baunr. 605

10 814 BRT / 3048 tdw / 154,06 m Länge ü.a. / 19,97 (19,82) m Breite / Ein 6-Zyl.-Diesel; B&W-Smit / 5530 PSe / 14,3 kn / 860 Pass. /

28.3.1953 Stapellauf als Tanker WIRAKEL für Phs. van Ommeren, Rotterdam / 6.1953 Fertigstellung für die Suomen Tankkilaiva, Helsinki. 9583, später 10 016 BRT / 1968 KYDON, An. Neftiliaki Eteria Kritis, Chania. Umbau zur Auto- u.Passagierfähre /1970 Piräus–Heraklion-Dienst/ 1972 Piräus–Chania-Dienst / 1985 10714 BRT / 1988 Thessaloniki–Heraklion-Dienst / 1989 CITY OF TARANTO, Tony Travel & Agency, Valletta. Taranto–Patras-Dienst / 1990 in Chalkis aufgelegt/

ms KRONPRINSESSAN VICTORIA

Göteborg-Frederikshavn Linjen, Göteborg
Götaverken Arendal, Göteborg; Baunr. 908

14 378 BRT / 3315 tdw / 149,05 m Länge ü.a. / 26,55 (26,01) m Breite / Vier 12-Zyl.-Diesel mit Getriebe; Wärtsilä / 20 600 PSe / 2 Schrauben / 21 kn / 616 Pass. in Kabinen, 1484 Deckspass./ 550 PKW

15.10.1980 Stapellauf für die Sessan Linjen, Göteborg / 1.3.1981 Probefahrt. / 10.4.1981 Ablieferung an Göteborg–Frederikshavn-Linjen / 13.4.1981 Jungfernreise Göteborg–Frederikshavn / 7.4.1982 erste Reise Göteborg–Kiel nach Umbau in Göteborg. 1734 Pass. in 623 Kabinen, 702 Deckspass. / 4.1988 STENA SAGA, Stena Line, Göteborg. 16.5.1988 erste Reise Oslo–Frederikshavn / 1990 17 423 BRT / 4.3.1993 umbenannt STENA EUROPE. Harwich–Hoek van Holland-Dienst / 2.1994 Demontage des Kabinencontainers vom Oberdeck /

VICTORIA ex KUNGSHOLM (Foto Peter Voß, 1996)

ms KUNGSHOLM

Svenska Amerika Linjen, Göteborg
John Brown & Co, Clydebank; Baunr. 728

26 678 BRT / 5182 tdw / 201,23 m Länge ü.a. / 26,57 m Breite / Zwei 9-Zyl.-Diesel; Götaverken / 25 200 PSe / 2 Schrauben / 21 kn / Pass.: 108 I., 605 Touristenklasse / Bes. 438

14.4.1965 Stapellauf / 17.3.1966 Ablieferung / 22.4.1966 Jungfernreise Göteborg–New York. Überwiegend für Kreuzfahrten eingesetzt, dabei 405 Pass. / 6.10.1975 an Flagship Cruises, Monrovia. 18 174 BRT / 9.1978 an P&O Cruises, London / 4.9.1978 bis 26.1.1979 beim Bremer Vulkan umgebaut. 27 670 BRT. 750 Pass. / 15.1.1979 umbenannt SEA PRINCESS / 16.2.1979 Erste Kreuzfahrt ab Hongkong nach Sydney / 1982 Bei Vosper in Southampton weitere Kabinen eingebaut, jetzt 840 Pass. / 1990 720 Pass. in 389 Kabinen / 4.1995 umbenannt VICTORIA. 28 891 BRZ /

KYDON (Foto Rudie Kleyn)

LAS PALMAS DE GRAN CANARIA (Sammlung U. Streich, 1995)

LA PALMA
siehe FERDINAND DE LESSEPS

LANGKAPURI STAR AQUARIUS
siehe ATHENA

ms LAS PALMAS DE GRAN CANARIA

Cia. Trasmediterranea, Santa Cruz de Tenerife
Union Naval de Levante, Valencia; Baunr. 216

10 473 BRZ / 2901 tdw / 116,79 m Länge ü.a. / 20,72 m Breite / Zwei 12-Zyl.-Diesel mit Getriebe; MAN-Bazan / 5280 kW / 2 Schrauben / 16 kn / 78 Pass. in 31 Kabinen, 300 Deckspass. / 280 PKW / Bes. 39

5.1993 Ablieferung / Las Palmas–Santa Cruz-Dienst / 1996 Vergrößerung der Einr. auf 800 Deckspass. /

LATO siehe DAISETSU

ms LAURANA

Adriatica di Navigazione, Venedig
Fincantieri-Cant. Nav. Italiani, Palermo; Baunr. 5908

10 900 BRT / 2523 tdw / 122,00 m Länge ü.a. / 19,40 m Breite / Zwei 6-Zyl.-Diesel mit Getriebe; GMT-Fincantieri / 7060 kW / 2 Schrauben / 17 kn / 348 Pass. in 138 Kabinen, 752 Deckspass. / 276 PKW / Bes. 55

15.2.1992 Stapellauf / 26.9.1992 Ablieferung / Brindisi–Patras-Dienst / 1993 10 977 BRZ /

LAURANA (Foto Frank Heine)

ms LAZIO

Tirrenia di Navigazione, Palermo
Fincantieri-Cant. Nav. Italiani, Palermo; Baunr. 5923

14 400 BRZ / 5535 tdw / 150,37 m Länge ü.a. / 23,40 m Breite / Zwei 8-Zyl.-Diesel mit Getriebe; Sulzer-Grandi Motori / 10 360 kW / 2 Schrauben / 19,1 kn / 50 Pass. in 25 Kab. / 141 Trailer / Bes. 18

6.11.1993 Stapellauf / 1994 Ablieferung / Neapel–Imerese-Dienst / 1995 Heimathafen Neapel /

LAZIO (Foto Arnold Kludas, 1996)

LEEWARD siehe SALLY ALBATROSS

ms LEGEND OF THE SEAS

Royal Caribbean Cruise Line, Monrovia
Chantiers de l'Atlantique, St. Nazaire;
Baunr. A31

69 130 BRZ / 6000 tdw / 262,70 m Länge ü.a. / 32,00 m Breite / Fünf 12-Zyl.-Diesel mit elektrischer Kraftübertragung; Wärtsilä / 57 500 kW / 2 Schrauben / 24 kn / 2064 Pass. in 902 Kabinen / Bes. 735

28.4.1995 Ablieferung / 16.5.1995 Jungfernreise Miami–Los Angeles. Alaska-Kreuzfahrten /

Foto siehe Farbteil auf Seite 113

COUNTESS M (Foto Frank Heine)

LEISURE WORLD siehe SKYWARD

LEONID SOBINOV siehe SAXONIA

ms LEOPARD

S.A. de Gerance et d'Armement (SAGA), Nantes
At. & Ch. de Bretagne, Nantes; Baunr. 16/109

6013 BRT / 2439 tdw / 134,63 m Länge ü.a. / 21,87 (21,24) m Breite / Zwei 12-Zyl.-Diesel; Pielstick-Bretagne / 9500 PSe / 2 Schrauben / 16 Kn / 366 Pass. in 133 Kabinen, 484 Deckspass. / 250 PKW /

3.11.1967 Stapellauf, zur Ausrüstung und Verlängerung nach Dubigeon-Normandie, Nantes / 20.4.1968 Ablieferung / 19.5.1968 Jungfernreise Le Havre–Southampton / 1.6.1968 bis 11.10.1970 einmal wöchentlich Le Havre–Rosslare / 24.11.1968 erste Winterreise Southampton–Lissabon–Casablanca / 1976 von P&O Normandy Ferries bereedert / 31.12.1979 an P&O Normandy Ferries, Nantes / 3.12.1984 erste Reise Le Havre–Portsmouth / 4.1.1985 an European Ferries / 7.1986 COUNTESS M, Marlines, Limassol. 400 PKW / Griechenland–Italien–Türkei-Dienst / 1996 BRZ 10 093 / 1996 an Oscar Express Ferries, Limassol /

SANTA CATHERINE ex LEOPARDI (Foto ToYouToo, 1996)

ms LEOPARDI

Tirrenia di Navigazione, Cagliari
Italcantieri, Castellamare di Stabia;
Baunr. 4239

6900 BRT / 1971 tdw / 131,07 m Länge ü.a. / 20,05 m Breite / Zwei 9-Zyl.-Diesel; Fiat-Adriatico / 18 180 PSe / 2 Schrauben / 22 Kn / Pass.: 158 I. in 66 Kabinen, 348 II. Klasse in 95 Kabinen, 500 Deckspass. / 250 PKW

14.3.1970 Stapellauf / 1.1971 Ablieferung / 23.1.1971 Jungfernreise Genua–Sardegna; Westküste Italiens / 1985 7069 BRT / 1994 SANTA CATHARINE, El Salam Shipping & Trading, Panama. 5715 BRT / 1995 BRZ 11 050 /

LEV TOLSTOY (Foto Dr. Achim Borchert)

ms LEV TOLSTOY

Black Sea Shipping Co., Odessa
Stocznia Szczecinska im. A. Warskiego, Stettin;
Baunr. 492/02

9878 BRT / 1642 tdw / 133,51 m Länge ü.a. / 21,01 m Breite / Vier 6-Zyl.-Diesel mit Getriebe; Sulzer-Zgoda / 12 800 kW / 2 Schrauben / 20 Kn / 376 Pass. in 120 Kabinen /

6.2.1981 Stapellauf / 10.1981 Ablieferung / Kreuzfahrten / 1992 unter die Flagge der Ukraine / 1995 an Blasco UK, Monrovia / 1996 wieder an Black Sea Shipping Co, Odessa. 12 602 BRZ /

MARKO POLO ex ALEKSANDER PUSKIN (Foto Jürgen Saupe, 1995)

LEGEND OF THE SEAS (Foto Joachim Pein, 1996)

ISLE OF INNISHMORE (Foto Andreas Wörteler, 1996)

SCIROCCO ex ST. EDMUND (Foto Frank Heine)

LION QUEEN ex PATRICIA (Foto Frank Heine)

N. KAZANTZAKIS ex SHIRETOKU MARU (Foto Frank Heine)

PATRIOT STATE (Foto Steffen Weirauch)

NILS HOLGERSSON ex ROBIN HOOD (Foto Hans Jürgen Amberg, 1993)

NAPOLEON BONAPARTE (Foto Mike Louagie, 1996)

SALLY STAR ex TRAVEMÜNDE (Foto Frank Heine)

LATO ex DAISETSU (Foto Frank Heine)

PRIDE OF BRUGES ex PRIDE OF FREE ENTERPRISE (Foto Mike Louagie)

SILJA EUROPA (Foto Marko Stampehl, 1996)

STENA EMPEREUR ex STENA JUTLANDICA (Foto Andreas Wörteler, 1996)

ORIANA (Foto Arnold Kludas, 1996)

SEABREEZE I ex FEDERICO C (Foto Hans Jürgen Amberg)

BRITANIS ex MONTEREY
(Foto Hans Jürgen Amberg)

PALLAS ATHENA ex FLANDRE
(Foto Jürgen Saupe, 1994)

AMERICAN STAR
(Foto Ulrich Streich, 1996)

LIBERTE (Foto Frank Heine)

LINDA (Foto Frank Heine)

LODBROG (Foto Frank Heine)

ms LIBERTE
Soc. Nationale Maritime Corse Mediterranée (S.N.C.M.), Marseille
Dubigeon-Normandie, Nantes; Baunr. 161

12 000 BRT / 2700 tdw / 141,5 m Länge ü.a. / 21,91 m Breite / Zwei 18-Zyl.-Diesel mit Getriebe; Pielstick-Atlantique / 17 460 kW / 2 Schrauben / 21,5 kn / Pass.: 454 Kabinenklasse, 638 III. Klasse / PKW /

5.12.1979 Stapellauf / 19.6.1980 Taufe / 22.6.1980 Ablieferung / Marseille–Korsika u.a. Dienste, auch nach Nordafrika. Mini-Cruises / 1984 10 766 BRT. 956 Pass. in zwei Klassen, 738 Deckspass. / 5.11.1990 bis 6.1991 in Marseille bei der Cie. Marseillaise de Reparations verlängert. 18 913 BRZ, 164,40 m Länge ü.a.; 1044 Pass. in 322 Kabinen, 570 Deckspass., 520 PKW /

ms LINDA
Levantina Trasporti, Bari
Cant. Nav. Visentini, Donada; Baunr. 164

16 017 BRZ / 11 164 tdw / 174,50 m Länge ü.a. / 24,44 m Breite / Ein 9-Zyl.-Diesel mit Getriebe; Wärtsilä / 8145 kW / 1 Schraube / 19,5 kn / 36 Pass. in Kabinen, 25 Deckspass. / LKW /

16.7.1994 Stapellauf / 1995 Ablieferung/ Tunis–Genua-Dienst in Cotunav-Charter /

ms LINDAROSA *
Levantina Trasporti, Bari
Cant. Nav. Visentini, Donada; Baunr. 170

17 950 BRZ / 13 364 tdw / 183,10 m Länge ü.a. / Ein 8-Zyl.-Diesel; MAN B&W / 11 400 kW / 1 Schraube / 100 Pass. /

3.1996 Ablieferung /

LION KING siehe NIELS KLIM

LION KING siehe TURELLA

LION QUEEN siehe PATRICIA

LISSOS siehe FERRY HAMANASU

ms LODBROG
Per Henriksen, Kopenhagen
Frederikshavn Vaerf, Frederikshavn; Baunr. 401

4472 BRT / 7230 tdw / 131,71 m Länge ü.a. / 19,41 m Breite / Ein 12-Zyl.-Diesel mit Getriebe; MaK / 3600 kW / 16 Kn / 600 Deckspass. / 400 PKW / Bes. 24

30.4.1982 Stapellauf als Frachtfähre MERCANDIAN PRESIDENT / 1982 Ablieferung an Henriksen / 1984 umbenannt PRESIDENT / 1986 wieder MERCANDIAN PRESIDENT / 1988 Einbau der Passagiereinrichtung in Frederikshavn, Daten s.o.; umbenannt LODBROG, an Danske Statsbaner verchartert. Halskov–Knudshoved-Dienst / 29.5.1989 erste Reise Rödby–Puttgarden / 1994 BRZ 10 404 / 9.1996 zum Verkauf gestellt /

ms LU XUN

Shanghai Ferry, Panama
Shin Kurushima Dockyard Co, Onishi;
Baunr. 2721

14 410 BRZ / 3721 tdw / 154,73 m Länge ü.a. / 22,00 m Breite / Zwei 7-Zyl.-Diesel mit Getriebe; Mitsubishi / 10 504 kW / 2 Schrauben / 21 kn / 322 Pass. /

13.4.1992 Ablieferung / 1.10.1992 erste Reise Yokohama–Shanghai / 1993 SU ZHOU, dann SU ZHOU HAO, Shanghai International Ferry Co, Shanghai /

SU ZHOU HAO ex LU XUN (Foto Yoshiaki Yokoi, 1995)

ms LÜBECK LINK

Rederi A/B Nordö-Link, Malmö
Oskarshamns Varf, Oskarshamn;
Baunr. 428

33 163 BRZ / 18 541 tdw / 192,59 m Länge ü.a. / 27,03 m Breite / Zwei 6-Zyl.-Diesel; Sulzer-Cegielski / 15 900 kW / 2 Schrauben / 19 kn / 214 Pass. in 102 Kabinen, 26 Deckspass. / 800 PKW, Waggons /

1980 Ablieferung als RoRo-Frachter FINNROSE an Merivienti, Helsinki. Europa–Nordamerika-Dienst / 1990 LÜBECK LINK, Rederi A/B Nordö-Link, Malmö. Umbau zum Passagierschiff, Daten s.o., Malmö–Travemünde-Dienst /

LÜBECK LINK (Foto Dirk Jankowsky)

ms LUCKY RIDER

Castello Hellas Shipping Co, Piräus
Nuovi Cantieri Apuania, Marina di Carrara;
Baunr. 2120

5088 BRT / 6235 tdw / 150,81 m Länge ü.a. / 20,25 m Breite / Zwei 12-Zyl.-Diesel mit Getriebe; MWM / 8830 kW / 2 Schrauben / 19 kn / 32 Pass. in Kabinen / Bes. 17

16.1.1981 Stapellauf / 30.12.1981 Fertigstellung / 3.1982 Ablieferung / 1982 an Navyglad Hellas Shipping Co, Piräus / 6.10.1982 Malmö–Travemünde-Dienst in Nordö-Charter / 1984 STENA DRIVER, Stena, Nassau. Göteborg–Travemünde-Dienst / 1985 SEAFREIGHT FREEWAY, Sealink UK, Nassau. Dover–Zeebrügge-Dienst / 23.5.1988 auf der Reise Dover–Zeebrügge Brand im Maschinenraum, ein Mann getötet / 1988 SERDICA, Navigation Maritime Bulgare, Bourgas. Mittelmeer-Dienst / 1990 NORDIC HUNTER, Hornet Shipping Co, London / 1991 ASK, Blaesbjerg Marine, Aarhus / In Danzig zur Passagier- und Autofähre umgebaut; 4222 tdw, 600 Passagiere, davon 52 in 13 Kabinen / 5.1991 Aarhus–Kalundborg-Dienst in Charter der Danske Statsbaner / 11.1993 Einbau von zwei neuen 12-Zyl.-Dieseln mit Getriebe; Wärtsilä. 9870 kW, 18,5 kn / 1994 BRZ 11160 /

ASK ex LUCKY RIDER (Foto Frank Heine)

MAASDAM (Foto Jürgen Saupe, 1995)

STEFAN ex MAASDAM (Foto Frank Heine)

MAJESTIC (Foto Frank Heine)

ts MAASDAM

Holland-Amerika Lijn, Rotterdam
Wilton Fijenoord, Schiedam; Baunr. 733

15 024 BRT / 7057 tdw / 153,42 m Länge ü.a. / 21,09 m Breite / Zwei Getriebeturbinen; General Electric / 8500 PSw / 1 Schraube / 16,5 kn / 39 I. Klasse, 842 Touristenklasse / Bes. 300

1949 Als Kombifrachter DIEMERDIJK geplant / 5.4.1952 Stapellauf als MAASDAM / 15.7.1952 Fertigstellung / 11.8.1952 Jungfernreise Rotterdam–New York / 15.2.1963 Auf der ersten Reise New York–Bremerhaven in der Wesermündung auf die Wracks des britischen Frachters HARBOROUGH und des sowjetischen Frachters KHOLMOGORY gelaufen. Die 500 Passagiere werden ausgebootet. 16.4.1963 Nach Reparatur bei der Werft des Norddeutschen Lloyd erste Reise Bremerhaven–New York / 1966 Rotterdam–Montreal-Dienst / 1968 STEFAN BATORY, Polish Ocean Lines, Gdynia. Umbau in Gdynia. 779 Pass. in 325 Kabinen, 15 044 BRT / 11.4.1969 erste Reise Gdynia–Montreal. Auch Kreuzfahrten / 7.10.1987 letzte Reise Montreal–Gdynia / 26.3.1988 in Gdynia aufgelegt / 5.1988 An Hellenic Polish Shipping & Trading Enterprises, Panama / 26.6.1988 in Vlissingen aufgelegt / 13.11.1988 Ankunft in Piräus. An Erne Cia. Marittima, Panama / 1989 STEFAN, City Shipping International, Nassau, Stena-Management / 1.2.1990 Ankunft in Göteborg als Wohnschiff für Asylbewerber. 11 693 BRT / 17.12.1991 in Piräus aufgelegt / 1992 an Tony Travel & Agency, Nassau / 7.1992 vor Chalkis aufgelegt, Umbau zum Kreuzfahrtschiff geplant /

mse MAASDAM

Holland-Amerika, Nassau
Fincantieri, Monfalcone; Baunr. 5882

55 451 BRZ / 7406 tdw / 219,30 m Länge ü.a. / 30,83 m Breite / Zwei 12-Zyl.- und drei 8-Zyl.-Diesel, fünf Generatoren, fünf E-Fahrmotoren; Sulzer-Grandi Motori / 34 560 kW / 2 Schrauben / 20 kn / 1629 Pass. in 633 Kabinen / Bes. 618

1.1993 Stapellauf / 10.1993 Ablieferung / 3.12.1993 in Port Everglades in Dienst / 17.12.1993 erste Kreuzfahrt nach St. Thomas / 1996 Heimathafen Rotterdam /

ms MAJESTIC

Grandi Navi Veloci (Grannavi), Palermo
Nuovi Cant. Apuania, Marina di Carrara; Baunr. 1159

32 746 BRZ / 6875 tdw / 188,22 m Länge ü.a. / 27,60 (26,80) m Breite / Vier 8-Zyl.-Diesel mit Getriebe; Sulzer France / 23 040 kW / 2 Schrauben / 23 kn / 1205 Pass. in 339 Kabinen, 236 Pullman / 760 PKW / Bes. 169

8.12.1992 Stapellauf / 11.5.1993 Ablieferung / Genua–Palermo-Dienst / Erstes Schiff mit sog. Skandinavien-Standard im Mittelmeer / 3. bis 5.1997 Umbau wie SPLENDID geplant /

MAJESTY OF THE SEAS (Foto Ulrich Streich)

ms MAJESTY OF THE SEAS

Royal Caribbean Cruises, Oslo
Chantiers de l'Atlantique, St. Nazaire; Baunr. B30

73 937 BRZ / 8600 tdw / 268,32 m Länge ü.a. / 36,00 (32,20) m Breite / Vier 9-Zyl.-Diesel mit Getriebe; Pielstick-Atlantique / 21 840 kW / 2 Schrauben / 20 kn / 2766 Pass. in 1177 Kabinen /

29.8.1991 Stapellauf / 27.3.1992 Ablieferung / 26.4.1992 Taufe in Miami / Karibik-Kreuzfahrten /

ms MALMÖ LINK

Rederi Nordö-Link, Malmö
Oskarshamns Varf, Oskarshamm; Baunr. 429

33 163 BRZ / 18 718 tdw / 192,59 m Länge ü.a. / 27,03 m Breite / Zwei 6-Zyl.-Diesel; Sulzer-Cegielski / 15 900 kW / 19 kn / 214 Pass. in 102 Kabinen, 26 Deckspass. / 800 PKW, Waggons /

1980 Ablieferung als RoRo-Frachter FINNHAWK / 1990 umbenannt MALMÖ LINK. Einbau der Passagiereinrichtungen. Daten s.o. / Malmö–Travemünde-Dienst /

ms MANGALIA

Cia. de Navigatie Romline, Constanta
Intreprind. Constr. Navale Constanta, Constanta; Baunr. 459

20 621 BRT / 12 000 tdw / 184,90 m Länge ü.a. / 26,00 m Breite / Zwei 8-Zyl.-Diesel mit Getriebe; MAN-Resita / 10 570 kW / 2 Schrauben / 14 kn / 100 Pass. / Waggons

1988 Ablieferung / Constanta–Samsun-Dienst /

MANGALIA (Foto Oliver Sesemann, 1996)

MALMÖ LINK (Foto Dirk Jankowsky)

ms MANUEL SOTO

Cia Trasmediterranea, Santa Cruz de Tenerife
Union Naval de Levante, Valencia;
Baunr. 128

9120 BRT / 2582 tdw / 140,82 m Länge ü.a. / 22,51 (22,00) m Breite / Vier 12-Zyl.-Diesel mit Getriebe; MAN-Bazan / 26 800 Pse / 2 Schrauben / 23,5 kn / 743 Pass. in 238 Kabinen, 333 Deckspass. / 250 PKW /

15.2.1975 Stapellauf / 4.1976 Ablieferung / Dienst Barcelona–Kanarische Inseln / 4.1991 MOBY FANTASY, Navarma, Genua / 5. bis 8. 1992 Hotel für die Columbus-Feiern in Genua / 7.9.1992 Umbaubeginn in Livorno / 25.2.1993 wieder in Fahrt / Bastia-Dienst von Genua bzw. von Livorno / 1994 an Moby Lines, Neapel / 1996 BRZ 13 284 /

MOBY FANTASY ex MANUEL SOTO (Foto Frank Heine, 1996)

ms MANZONI

Tirrenia di Navigazione, Neapel
Italcantieri, Castellammare di Stabia;
Baunr. 4240

6900 BRT / 1981 tdw / 131,02 m Länge ü.a. / 20,05 m Breite / Zwei 9-Zyl.-Diesel; Fiat-Adriatico / 16 560 PSe / 2 Schrauben / 22 kn / Pass.: 158 I. in 66 Kabinen, 348 II. Klasse in 95 Kabinen, 500 Deckspass. / 250 PKW / Bes. 105

19.2.1971 Stapellauf / 29.10.1971 Ablieferung / Neapel–Sardinien-Dienst / 1985 zusätzliche Kabinen, 7086 BRT / 1992 bei INMA in La Spezia umgebaut; drei zusätzliche Decks und seitliche Stabilisierungswulste; jetzt 11 779 BRZ, 23,6 m Breite über Wulste, 971 Pass. in Kabinen, 425 Deckspass., Bes. 96, 370 PKW /

MANZONI (Foto Steffen Weirauch, 1994)

MARCO POLO

siehe ALEKSANDR PUSHKIN

MARE BALTICUM

siehe DIANA II

ms MAREN MOLS

Mols-Linien, Odden
Orskov Christensens Staalskibsvaerft, Frederikshavn;
Baunr. 191

14 221 BRZ / 3790 tdw / 136,40 m Länge ü.a. / 24,00 (24,60) m Breite / Zwei 9-Zyl.-Diesel; MAN B&W / 11 200 kW / 2 Schrauben / 18 kn / 616 Deckspass. / 344 PKW, LKW / Bes. 20

10.1995 Stapellauf / 19.4.1996 Ablieferung / 1.5.1996 Jungfernreise Ebeltoft–Sjaellands Odde /

MAREN MOLS (Foto Dirk Jankowsky, 1996)

MARIELLA (Foto Marko Stampehl, 1996)

SARDINIA VERA ex MARINE ATLANTICA (Foto Frank Heine)

JIN JIANG ex MARIPOSA (Foto Gerhard Fiebiger)

ms MAREN MOLS
Mols-Linien, Odden
Helsingör Vaerft, Helsingör; Baunr. 406

4998 BRZ / 1560 tdw / 115,35 m Länge ü.a. / 20,60 m Breite / Vier 6-Zyl.-Diesel mit Getriebe; B&W-Helsingör / 12 070 kW / 2 Schrauben / 19 kn / 64 Pass. in 20 Kabinen, 1436 Deckspass. / 420 PKW /

19.12.1974 Stapellauf / 11.7.1975 Ablieferung / Odden–Ebeltoft-Dienst / 1985 mit 5170 BRT vermessen / 1996 BRZ 11 668 /3.1996 umbenannt MAREN MO / 19.4.1996 aufgelegt / 9.1996 VOLCAN DE TAMASITE, Antonio Armas Curbelo, Las Palmas /

Foto siehe Nachtrag im Anhang Seite 231

MARGARITA L.
siehe WINDSOR CASTLE

MARIANNA VI siehe AUREOL

MARIANNA 9
siehe PRINCIPE PERFEITO

ms MARIELLA
Viking Line, Mariehamn
Wärtsilä, Turku; Baunr. 1286

37 799 BRZ / 2500 tdw / 175,70 m Länge ü.a. / 29,00 (28,40) m Breite / Vier 12-Zyl.-Diesel mit Getriebe; Pielstick-Wärtsilä/23 000 kW / 2 Schrauben / 22 kn / 2447 Pass. in 841 Kabinen, 53 Deckspass. / 580 PKW

28.9.1984 Stapellauf / 17.5.1985 Ablieferung / 18.5.1985 Jungfernreise Helsinki–Stockholm / 4.8.1990 Explosion im Maschinenraum, nach Helsinki geschleppt / 9.1990 nach Reparatur wieder in Fahrt /

ms MARINE ATLANTICA
Stena Line, Göteborg
Rickmers Werft, Bremerhaven; Baunr. 381

5441 BRT / 2840 tdw / 120,00 m Länge ü.a. / 19,51 (19,00) m Breite / Zwei 12-Zyl.-Diesel; Atlas-MaK / 14 080 PSe / 2 Schrauben / 20,25 kn / 116 Pass. in Kabinen, 1084 Deckspass. / PKW /

1974 Kiellegung als STENA ATLANTICA / 18.12.1974 Stapellauf / 30.5.1975 Ablieferung / North Sydney–Port aux Basques-Dienst / 1979 an Roylease, Ottawa / 1983 Heimathafen Nassau / 1986 CORSICA VERA, Corsica Ferries, Olbia / 1987 SARDINIA VERA, Sardinia Ferries, Olbia. Livorno–Olbia-Dienst / 1994 Seitenwulste montiert / 1994 BRZ 11 637 / 1996 Civitavecchia–Golfo Aranci-Dienst /

MARINE STAR siehe AQUARAMA

ts MARIPOSA
Matson Navigation Co, San Franzisko
Bethlehem Steel Co, Shipyard Div., Quincy Mass.; Baunr. 1624

14 812 BRT/ 6622 tdw / 171,80 m Länge ü.a. / 23,27 m Breite / Zwei Getriebeturbinen; Bethlehem / 19 250 PSw / 1 Schraube / 20 kn / 365 Pass. / Bes. 274

7.11.1952 Stapellauf als C4-Frachter PINE TREE MARINER für die US Maritime Commission / 3.4.1953 Ablieferung. 9217 BRT / 28.7.1955 an Matson Navigation Co, San Franzisko. Bis 16.10.1956 bei der Willamette Iron & Steel Corp. in Portland, Oregon, zum Passagierschiff MARIPOSA umgebaut / 27.10.1956 Jungfernreise San Franzisko–Honolulu–Auckland–Sydney / 21.1.1971 an Pacific Far East Line, San Franzisko. Kreuzfahrten / 7.4.1978 in San Franzisko aufgelegt / 10.4.1979 an President World Airways, San Franzisko / 7.11.1980 Im Schlepp der holländischen ZWARTE ZEE nach Mihari / 6.1.1981 in Mihari aufgelegt / 1981 an Pacific Far East Line zurück / 12.1983 JIN JIANG, China Ocean Shipping Co, Shanghai. Zwei neue 16-Zyl.-Diesel, Pielstick-Ishikawajima, 10 600 kW, 17 kn / 1984 erste Reise Shanghai–Hongkong / 1991 an Shanghai Jin Jiang Shipping Corp., Shanghai / 1992 QUEEN OF JING JIANG, Golden Chance, Monrovia / 1993 HENG LI, Faster Shipping, Kingstown / 1996 an Neter Navigation, Kingstown /

MARRAKECH (Foto Frank Heine, 1995)

GARYOUNIS als MASHU (Foto Hisashi Noma)

REGAL VOYAGER ex MASSALIA (Foto Steffen Weirauch,

MARKO POLO siehe PETER WESSEL

ms MARRAKECH

Cie. Marocaine de Navigation (Comanav), Casablanca
Chantiers de l'Atlantique, St.Nazaire; Baunr. N28

11 515 BRZ / 1770 tdw / 126,78 m Länge ü.a. / 20,35 (20,01) m Breite / Zwei 9-Zyl.-Diesel; B&W-Atlantique / 9000 kW / 2 Schrauben / 19,5 kn / 634 Pass. in 185 Kabinen / 224 PKW, 24 LKW, 28 Trailer / Bes. 123

23.11.1985 Stapellauf / 2.5.1986 Ablieferung / Tanger–Casablanca–Sete-Dienst /

ms MASHU

Kinkai Yusen Kaisha, Tokio
Nakai SB & Eng. Co, Setoda; Baunr. 254

8783 BRT / 166,53 m Länge ü.a. / 24,36 (24,01) m Breite / Zwei 16-Zyl.-Diesel mit Getriebe; Sulzer-Hitachi / 18 800 PSe / 2 Schrauben / 20,5 Kn / 152 Pass. in Kabinen, 300 Deckspass. / 452 Pass. / 250 PKW / Bes. 54

3.4.1973 Stapellauf / 30.6.1973 Ablieferung / Tokio–Kushiro-Dienst / 9.1977 GARYOUNIS, General National Maritime Transport Co, Benghasi. Nach Umbau bei Nakai in Setoda 9623 BRT, neue 16-Zyl.-Diesel mit Getriebe; Pielstick-Nippon, 20 800 PSe, 679 Pass. / Im Winter Pilger-Dienst Libyen–Djeddah, sonst Küstenfährdienst / 1993 mit 6316 BRT angegeben / 1996 BRZ 15 505 /

ms MASSALIA

Nouvelle Cie. de Paquebots, Marseille
Dubigeon-Normandie, Nantes; Baunr. 124

10 513 BRT / 2100 tdw / 142,14 m Länge ü.a. / 22,20 (21,9) m Breite / Zwei 16-Zyl.-Diesel mit Getriebe; Pielstick-Atlantique / 15 780 PSe / 2 Schrauben / 20 kn / Pass.: 494 I., 316 Touristenklasse / 260 PKW, 36 LKW / Bes. 84 /

19.1.1971 Stapellauf / 5.7.1971 Fertigstellung. Dienst Marseille–Casablanca–Kanarische Inseln / 1.1984 STENA BALTICA, Stena Cargo Line, Stockholm / 11.1984 umbenannt ISLAND FIESTA. Tageskreuzfahrten ab Tampa. In Nassau registiert / 12.1984 SCANDINAVIAN STAR, Scandinavian World Cruises, Nassau, sp. Sea Escape / 1987 810 Pass. in 263 Kabinen / 16.3.1988 nach Maschinenraumbrand vor der mexikanischen Ostküste nach Miami eingeschleppt / 1990 an Scandinavian Star, Nassau/ 3.1990 An die dänische Da-No Line für den Dienst Frederikshavn–Oslo verchartert / 7.4.1990 Auf der Reise von Oslo nach Frederikshavn in Brand geraten, 190 Tote. Als Ursache des Feuers wird Brandstiftung angenommen / 8.4.1990 nach Lysekil eingeschleppt / 20.4.1990 nach Kopenhagen geschleppt / 11.8.1990 Ankunft in Hull / Umbenannt CANDI / 10.9.1990 in Southampton aufgelegt / 2.1994 REGAL VOYAGER, International Shipping Partners, Nassau / 27.8.1994 im Schlepp nach La Spezia, dort bei INMA repariert und umgebaut. 385 Pass. in 115 Kabinen, 70 Deckspass., 250 PKW, Bes. 86 / 5.1995 für St. Thomas Cruises, Nassau, in Fahrt / 7.6.1995 erste Reise Tanger–Port Vendres in Comarit-Charter /

MECKLENBURG-VORPOMMERN (Foto Peter Voß, 1996)

MAXIM GORKIY siehe HAMBURG

MAYAN EMPRESS
siehe WINSTON CHURCHILL

ms MECKLENBURG-VORPOMMERN*
DFO Deutsche Fährgesellschaft Ostsee, Rostock
Schichau Seebeckwerft, Bremerhaven; Baunr. 1092

35 000 BRZ / 7800 tdw / 200 m Länge ü.a. / 28,8 (28,2) m Breite / Vier 6-Zyl.-Diesel mit Getriebe; MAN B&W / 25 200 kW / 2 Schrauben / 21 kn / 400 Pass. in 150 Kabinen, 100 Deckspass., davon 200 Pullman / 50 Waggons, 50 LKW, 90 PKW /

26.7.1996 Stapellauf / 13.12.1996 Ablieferung / Größtes Eisenbahnfährschiff der Welt / 14.12.1996 Taufe / 16.12.1996 Jungfernreise Rostock–Trelleborg /

MEDITERRANEAN SEA
siehe CITY OF EXETER

MEDITERRANEAN SKY
siehe CITY OF YORK

MERCURI 1
siehe SOVIETSKAYA GRUZIYA

MERCURI 2
siehe SOVIETSKIY TADZHIKISTAN

ms MERCURY*
Celebrity Cruises,
Jos. L. Meyer, Papenburg; Baunr.

73 000 BRZ / 1866 Pass. in Kabinen /

1997 Ablieferung /

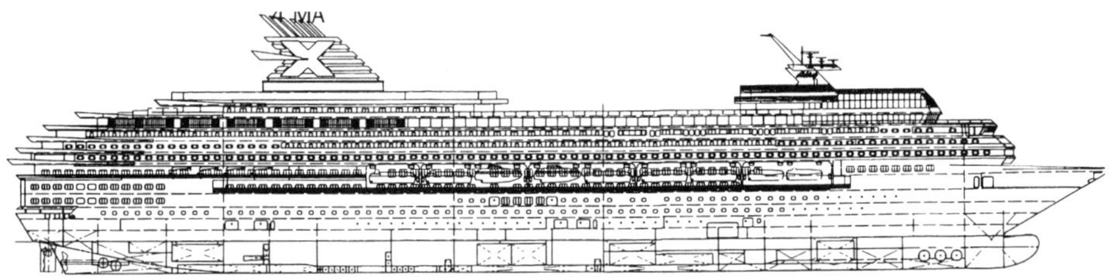

MERCURY (Cruise & Ferry Info)

MERIDIAN siehe GALILEO GALILEI

MERMOZ siehe JEAN MERMOZ

ms METTE MOLS
Mols-Linien, Ebeltoft
Helsingör Vaerft, Helsingör; Baunr. 405

4948 BRT / 1560 tdw / 115,35 m Länge ü.a. / 20,60 m Breite / Vier 6-Zyl.-Diesel mit Getriebe; B&W-Helsingör / 16 400 PSe / 2 Schrauben / 19 Kn / 68 Pass. in 20 Kabinen, 1500 Deckspass. / 420 PKW /

26.7.1974 Stapellauf / 26.2.1975 Ablieferung / Odden–Ebeltoft-Dienst / 1985 mit 5179 BRT vermessen / 1996 BRZ 11 668 / 3.1996 umbenannt METTE MO / 6.1996 in Grena aufgelegt / 1996 BANASSA, Cie. Maritime Maroco Norvegiénne (Comarit), F. Olsen /

METTE MO ex METTE MOLS (Foto Dirk Jankowsky)

METTE MOLS (Foto Dirk Jakowsky, 1996)

ms MIKHAIL SHOLOKHOV

Far Eastern Shipping Co, Wladiwostok Stocnia Szczecinska im. A. Warskiego, Stettin; Baunr. 492/05

12 798 BRZ / 1621 tdw / 139,55 m Länge ü.a. / 21,40 m Breite / Vier 6-Zyl.-Diesel mit Getriebe; Sulzer-Sgoda / 12 800 kW / 2 Schrauben / 20 kn / 376 Pass. in 120 Kabinen / 147 PKW, 18 Trailer / 5.6.1985 Stapellauf / 7.1986 Ablieferung / 7.1986 Nord-/Ostsee-Kreuzfahrten /

1995 Ende der Bereederung durch die australische Pacific Cruise Line / Ostasien-Fahrten /

MIKHAIL SHOLOKHOW (Foto Nigel Kirby, 1995)

MINERVA (Foto Dr. Achim Borchert, 1996)

ms MINERVA

Swan Hellenic (V-Ships), Nassau
Okean Shipyard, Nikolaiew, Baunr. 1

12 331 BRZ / 1500 tdw / 120,0 m reg. Länge / 20,0 m Breite / Zwei Diesel mit Getriebe; Pielstick-Eriksbergs / 2 Schrauben / 16 (17,5) kn / 428 Pass.

1989 Stapellauf als sowjetisches Forschungsschiff, lt. Lloyd's als OKEAN / 1990 unfertig aufgelegt / 1.1995 Ankunft in Genua zum Fertigbau als Passagierschiff bei der T. Mariotti Werft unter Baunr. 595 / 1995 an Swan Hellenic / 29.4.1996 Jungfernkreuzfahrt Genua–Mittelmeer / 8.1996 Taufe in London / Kreuzfahrten in europäischen Gewässern /

ms METTE MOLS

Mols-Linien, Odden
Orskov Christensens Staalskibsvaerft, Frederikshavn; Baunr. 192

14 221 BRZ / 3790 tdw / 136,40 m Länge ü.a. / 24,00 (24,60) m Breite / Zwei 9-Zyl.-Diesel; MAN B&W / 11 200 kW / 2 Schrauben / 18 kn / 616 Deckspass. / 344 PKW, LKW / Bes. 20

28.6.1996 Ablieferung / 1.7.1996 Jungfernreise Ebeltoft–Sjaellands Odde /

MING HUA siehe ANCERVILLE

MOBY FANTASY siehe MANUEL SOTO

MOBY KING siehe SKANE

MOBY VINCENT
siehe STENA NORMANDICA

MONARCH OF THE SEAS (Foto Jürgen Saupe, 1992)

ms MONARCH OF THE SEAS

Royal Caribbean Cruise Line, Oslo
Chantiers de l'Atlantique, St. Nazaire; Baunr. A30

73 937 BRZ / 8600 tdw / 268,32 m Länge ü.a. / 32,20 m Breite / Vier 9-Zyl.-Diesel mit Getriebe; Pielstick-Alsthom / 21 860 kW / 2 Schrauben / 21,25 kn / 2766 Passagiere in 1177 Kabinen /

21.9.1990 Stapellauf / 3.12.1990 Ein durch Schweißarbeiten verursachter Großbrand verzögert die Ablieferung um ein halbes Jahr / 10.1991 Fertigstellung / Karibik-Kreuzfahrten /

ms MONTE CINTO

Soc. Nationale Maritime Corse Mediterranée (S.N.C.M.), Marseille
Soc. Nouv. At. & Ch. du Havre, Le Havre; Baunr. 263

13 977 BRZ / 3400 tdw / 136,02 m Länge ü.a. / 22,51 m Breite / Zwei 8-Zyl.-Diesel mit Getriebe; Pielstick-Atlantique / 11 550 kW / 2 Schrauben / 18 kn / 36 Pass. in Kabinen / 109 Trailer

11.6.1983 Stapellauf / 1984 Ablieferung / Marseille–Korsika-Dienst / 1994 14 798 BRZ /

MONTE CINTO (Foto Frank Heine)

ms MONTE D'ORO

Société Nationale Maritime Corse Méditerranée (SNCM), Bastia
Soc. Nouvelle des Ateliers & Chantiers du Havre; Baunr. 280

22 070 BRZ / 4155 tdw / 145,00 m Länge ü.a. / 25,70 m Breite / Vier 12-Zyl.-Diesel mit Getriebe; Wärtsilä-Duvant Crepelle / 14 800 kW / 2 Schrauben / 19 kn / 514 Passagiere in 203 Kabinen /

21.8.1990 Stapellauf / 5.1991 Ablieferung / Marseille–Korsika-Dienst, im Sommer auch Livorno–Bastia /

ms MONTE GRANADA

Naviera Aznar, Bilbao
Union Naval de Levante, Valencia; Baunr. 130

10 829 BRT / 3671 tdw / 151,5 m Länge ü.a. / 20,7 m Breite / Zwei 16-Zyl.-Diesel mit Getriebe; MAN-Bazan / 17 800 PSe / 2 Schrauben / 21 kn / 798 Pass. in 285 Kabinen; bei Kreuzfahrten 388 Pass. / 300 PKW / Bes. 130–160

9.2.1974 Stapellauf / 7.10.1975 Jungfernreise Liverpool–Kanarische Inseln / Im Sommer Amsterdam–Southampton–Santander-Dienst, im Winter Kreuzfahrten / 1977 GARNATA, General

GARNATA ex MONTE GRANADA (Foto Gerhard Fiebiger)

MONTE D'ORO (Foto Frank Heine)

PALANGA ex MONTE STELLO (Foto Ulrich Streich, 1996)

National Maritime Transport Co, Bengasi. 6626 BRT. 762 Pass. in 270 Kabinen, 241 Deckspass. Mittelmeer-Fährdienste nach Libyen / 1994 BRZ 13 868 /

ms MONTE STELLO

S.N.C.M., Marseille
Soc. Nouv. des At. & Ch. du Havre, Le Havre; Baunr. 249

4788 BRT / 3000 tdw / 126,52 m Länge ü.a. / 21,01 m Breite / Zwei 12-Zyl.-Diesel mit Getriebe; Pielstick-Atlantique / 11 030 kW / 2 Schrauben / 19 kn / 36 Pass. in Kabinen, Deckspass. / 70 Trailer / Bes. 25

29.12.1978 Stapellauf / 1979 Ablieferung / Marseille–Korsika–Sardinien-Dienst / 1.1.1994 auf der Reise Marseille–Porto Vecchio vor Barettini, Sardinien, im Sturm auf Grund gelaufen. 59 Passagiere und 25 Besatzungsmitglieder werden mit Hubschraubern abgeborgen / 1994 an Rutelaget Asköy-Bergen, Reparatur bei der Tronderverftet. 102 Pass. in Kabinen / 1996 an Marigold Shipping Co, Valletta. 11 630 BRZ / 1996 PALANGA, Lithuanian Shipping Co, Klaipeda / 21.4.1996 erste Reise Klaipeda–Kiel /

TOLETELA ex MONTE TOLEDO (Foto Luis Miguel Correia)

ms MONTE TOLEDO

Naviera Aznar, Bilbao
Union Naval de Levante, Valencia; Baunr. 129

10 851 BRT / 3713 tdw / 151,47 m Länge ü.a. / 21,09 (20,71) m Breite / Zwei 16-Zyl.-Diesel mit Getriebe; MAN-Bazan / 17 800 PSe / 2 Schrauben / 21, max. über 23 kn / 798 Pass. in 285 Kabinen, bei Kreuzfahrten 388 / 300 PKW / Bes. 160

10.3.1973 Stapellauf / 14.2.1974 Probefahrt / 3.1974 Jungfernreise Valencia–London, dann Santander–Southampton-Dienst / Im Winter Kreuzfahrten / 1977 TOLETELA, General National Maritime Transport Co, Bengasi. 6634 BRT. 762 Pass. in 270 Kabinen, 241 Deckspass. / Mittelmeer-Dienste ab Libyen / 1994 BRZ 13 868 /

ts MONTEREY

Matson Navigation Co, San Francisco
Bethlehem Steel Co, Quincy Mass.;
Baunr. 1441

18 017 BRT / 11 476 tdw / 192,49 m Länge ü.a. / 24,19 m Breite / Zwei Satz Getriebeturbinen; Bauwerft / 25 000 PSw / 2 Schrauben / 21,5 kn / Pass.: 472 I., 229 Kabinenklasse / Bes. 360

10.10.1931 Stapellauf / 20.4.1932 Ablieferung / 12.5.1932 Überführungsreise New York–San Franzisko / 3.6.1932 Jungfernreise San Franzisko–Honolulu–Sydney / 12.1941 Truppentransporter der US-Army / 26.12.1946 An Matson zurück / Umbau in Alameda 1947 gestoppt / 6.8.1952 An die US-Regierung, in der Suisun Bay aufgelegt / 3.2.1956 die Matson Line kauft das Schiff zurück / 4.1956 bis 17.5.1957 in Newport News umgebaut und modernisiert, umbenannt MATSONIA. 18 655 BRT, 761 Pass. I. Klasse / 22.5.1957 erste Reise New York–Los Angeles, dann San Franzisko–Los Angeles–Honolulu / 6.12.1963 umbenannt LURLINE / 30.6.1970 BRITANIS, Chandris-Lines, Piräus. In Piräus umgebaut. 18 254 BRT, 1632 Pass., Bes. 350 / 21.2.1971 erste Reise Southampton–Sydney–Southampton / 1975 nur noch Kreuzfahrten. 1200 Pass., Bes. 475 / 5.1982 an Fantasy Cruises, Panama. New York–Bermuda-Kreuzfahrten / 1986 15 412 BRT / 1993 24 346 BRZ / 1994 für 6 Monate an US Military Sealift Command verchartert. Wohnschiff für Kuba-Flüchtlinge in Guantamano / 8.12.1994 in Guantanamo teilweise ausgebrannt / 25.10.1995 in Tampa aufgelegt /

Foto siehe Farbteil auf Seite 120

ts MONTEREY

Matson Navigation Co, San Franzisko
Bethlehem Steel Co., Shipyard Div., Quincy, Mass., Baunr. 4507

14 799 BRT / 6558 tdw / 171,81 m Länge ü.a. / 23,27 m Breite / Zwei Getriebeturbinen; Bethlehem / 19 250 PSw / 1 Schraube / 20 kn / 365 Pass. / Bes. 274

29.5.1952 Stapellauf als C4-Frachter FREE STATE MARINER für die US Maritime Commission / 8.12.1952 Ablieferung. 9209 BRT /

MONTEREY (Foto Christof Podloucky, 1996)

PETERSBURG ex MUKRAN (Foto Hans-Joachim Reinecke,

NAPOLEON (Foto Jürgen Saupe, 1994)

28.7.1955 an Matson Navigation Co, San Franzisko. Bei der Willamette Iron & Steel Corp. in Portland, Oregon, zum Passagierschiff umgebaut / 31.12.1956 Ablieferung als MONTEREY / 9.1.1957 Erste Reise San Franzisko–Honolulu–Auckland–Sydney / 15.2.1971 an Pacific Far East Line, San Franzisko; Kreuzfahrten / 19.1.1978 in San Franzisko aufgelegt / 10.4.1979 an President World Airways, San Franzisko / 2.11.1979 an Royal Hawaiian Cruises, San Franzisko / 4.11.1980 an American Maritime Holdings, San Franzisko. Weiter aufgelegt / 24.6.1986 zur Überholung nach Portland, Oregon / 1987 An Aloha Pacific Cruises, Alexandria, Washington D.C. / 1987 Umbau bei Tacoma Boatbuilding Co. und ab 12.1987 bis 21.7.1988 bei Wärtsilä in Turku. 661 Pass. in 299 Kabinen, Bes. 277 / 9.1988 Pazifik-Kreuzfahrten ab San Franzisko / 13.5.1989 in Honolulu aufgelegt / 16.3.1990 an Star Lauro, Panama / 1994 BRZ 20 046 / 1.10.1995 an Mediterranean Shipping Cruises, Panama /

ms MUKRAN

Deutsche Seereederei, Rostock
Mathias-Thesen-Werft, Wismar; Baunr. 321

25 353 BRZ / 12 019 tdw / 190,80 m Länge ü.a. / 28,00 (26,00) m Breite / Vier 6-Zyl.-Diesel mit Getriebe; SKL / 10 600 kW / 2 Schrauben / 16 kn / 140 Pass. in Kabinen / 308 PKW oder 97 LKW oder 103 Waggons / Bes. 44

27.8.1985 Stapellauf als Frachtfähre MUKRAN / 2.10.1986 Ablieferung an VEB Deutfracht / Seereederei, Rostock. Erste Reise Mukran–Klaipeda. 21 890 BRZ, 12 Pass. / 18.6.1990 an Deutsche Seereederei Rostock / 1.1.1994 an Euroseabridge Eisenbahnfährschiffsges., Rostock, bereedert von F. Laeisz / 30.1.1995 bis 7.9.1995 bei Gdansk Shiprepair Yard Rementowa zum Passagierschiff umgebaut, Daten s.o. Umbenannt PETERSBURG / 8.9.1995 erste Reise Travemünde–St. Petersburg / 1. bis 3.1996 Drei Truppentransport-Reisen Emden–Kroatien / 19.3.1996 erste Reise Travemünde–Klaipeda / 10.8.1996 Kiel–St. Petersburg-Dienst / 4.11.1996 letzte Abfahrt ab Kiel / 11.1996 Travemünde–Klaipeda-Dienst / 1997 Mukran–Klaipeda-Dienst /

NAGASAKI SHANGHAI

siehe Golden Okinawa

N. KATZANTZAKIS

siehe SHIRETOKO MARU

NAKHICHYVAN

siehe SOVIETSKIY NAGHICHEVAN

ms NANCOWRY

The Shipping Corporation of India, Bombay
Stocznia Szczecinska, Stettin; Baunr. 561/02

14 176 BRZ / 5014 tdw / 157,00 m Länge ü.a. / 21,01 m Breite / Zwei 6-Zyl.-Diesel; B&W-Cegielski / 5215 kW / 2 Schrauben / 15,5 kn / 300 Pass. in 63 Kabinen, 900 Pullman / Bes. 110

3.1992 Stapellauf / 4.1992 Ablieferung / Passagierdienst in indischen Gewässern sowie Pilgerfahrten nach Djeddah /

Foto siehe Schwesterschiff NICOBAR

ms NAPOLEON

Soc. Nationale Maritime Corse Méditerranée (SNCM), Marseille
Dubigeon-Normandie, Nantes; Baunr. 146

14 918 BRT / 3030 tdw / 155,02 m Länge ü.a. / 27,59 (24,01) m Breite / Zwei 18-Zyl.-Diesel mit Getriebe; Pielstick-Atlantique / 17 100 PSe / 2 Schrauben / 23,5 kn / Pass.: 618 I., 830 II. Klasse, 488 Deckspass. / 684 PKW

4.11.1975 Stapellauf / 4.6.1976 Ablieferung / 21.6.1976 Jungfernreise Marseille–Ajaccio–Toulon. Auch nach Sardinien und Tunesien / 1990 1356 Pass. in 427 Kabinen, 488 Deckspass. /

ms NAPOLEON BONAPARTE

SNCM Ferryterranée,
Chantiers de l'Atlantique, St. Nazaire;
Baunr. D31

44 307 BRZ / 3538 tdw / 172,0 m Länge ü.a. / 36,86 (30,40) m Breite / Vier 18-Zyl.-Diesel mit Getriebe; Pielstick-Alsthom / 45 360 kW / 2 Schrauben / 23,8 kn / 1987 Pass. in 555 Kabinen, 242 Pullman / 716 PKW / Bes. 162

16.9.1995 Stapellauf / 4.1996 Ablieferung / Marseille- bzw. Nizza–Korsika-Dienst; in der Nebensaison Mittelmeer-Kreuzfahrten /

Foto siehe Farbteil auf Seite 116

NAUTICAN siehe CROWN MONARCH

NEW ACACIA siehe NEW AKASHIA

ms NEW AKASHI

Hankyu Ferry, Kobe
Kanda Zosensho, Kawajri; Baunr. 333

14 988 BRZ / 5156 tdw / 185,50 m Länge ü.a. / 26,80 m Breite / Zwei 9-Zyl.-Diesel mit Getriebe; Pielstick-United / 11 915 kW / 2 Schrauben / 22,9 (25,45) kn / 368 Pass. in 109 Kabinen, 698 in Schlafsälen / 110 PKW, 180 LKW / Bes. 39

16.1.1991 Stapellauf / 15.3.1991 Ablieferung / Shinmoji–Kobe-Dienst /

NEW AKASHI (Foto Yoshiaki Yokoi, 1994)

NEW AKASHIA (Sammlung K. Brogren)

NEW HAMANASU (Ships of the World)

ms NEW AKASHIA

Shin Nipponkai Ferry Co, Otaru
Ishikawajima Harima Heavy Industries, Kure; Baunr. 2972

19 796 BRT / 7622 tdw / 192,90 m Länge ü.a. / 29,40 m Breite / Zwei 8-Zyl.-Diesel mit Getriebe; Pielstick-Ishikawajima / 19420 kW / 2 Schrauben / 22 kn / 220 Pass. in Kabinen, 580 Deckspass. / 80 PKW, 186 LKW / Bes. 59

27.4.1988 Stapellauf / 8.7.1988 Ablieferung / Fährdienst Otaru–Niigata–Tsuruga–Maizuru / 1990 NEW ACACIA transliteriert /

NEW MIYAKO (Foto Y. Ikeda)

ms NEW HAMANASU

Shin-Nipponkai Ferry Co, Otaru
Ishikawajima Harima Heavy Industries Co, Aioi; Baunr. 2947

17 261 BRT / 6965 tdw / 184,51 m Länge ü.a. / 26,51 m Breite / Zwei 9-Zyl.-Diesel mit Getriebe; Pielstick-Bauwerft / 21 850 kW / 2 Schrauben / 22,5 kn / 46 Pass. in Kabinen, 920 Deckspass. / 103 PKW, 150 LKW / Bes. 58

11.11.1986 Stapellauf / 20.3.1987 Fertigstellung / Niigata–Otaru-Dienst / 17 304 BRT /

NEW NAGATO (Sammlung Hisashi Noma)

ms NEW HARIMA

Hankyu Ferry, Kobe
Kanda Zosensho, Kawajiri; Baunr. 305

12 589 BRT / 4981 tdw / 174,50 m Länge ü.a. / 26,83 m Breite / Zwei 8-Zyl.-Diesel mit Getriebe; MAN-Mitsubishi / 21 180 kW / 2 Schrauben / 160 Pass. in Kabinen, 840 Deckspass. / 75 PKW, 166 LKW / Bes. 39

7.12.1987 Stapellauf / 14.3.1988 Ablieferung / Fährdienst Osaka–Kobe–Kokura /

NEW HARIMA (Sammlung K. Brogren)

ms NEW MIYAKO

Hankyu Ferry, Kobe
Kanda Zosensho, Kawajiri; Baunr. 278

11 914 BRT / 5022 tdw / 173,01 m Länge ü.a. / 26,81 m Breite / Zwei 12-Zyl.-Diesel mit Getriebe; MAN-Mitsubishi / 17 650 kW / 2 Schrauben / 21 kn / 436 Pass. in Kabinen, 375 Deckspass. / 136 LKW, 75 PKW / Bes. 39

26.10.1983 Stapellauf für Hankyu Ferry, Shimonoseki / 26.1.1984 Ablieferung / Kokura–Izumioso-Dienst / 1996 SUPER FERRY 12, Sulpicio Lines, Cebu City /

ms NEW NAGATO

Hankyu Ferry, Kobe
Kanda Zosensho, Kawajiri; Baunr. 332

14 988 BRT / 5155 tdw / 185,50 m Länge ü.a. / 26,80 m Breite / Zwei 9-Zyl.-Diesel mit Getriebe; Pielstick-Diesel United / 20 260 kW / 2 Schrauben / 22,9 kn / 368 Pass. in Kabinen, 698 Deckspass. / 110 PKW, 180 Trailer / Bes. 39

16.1.1991 Ablieferung / Shinmoji-Kobe-Dienst /

NEW SETO (Sammlung Hisashi Noma)

NEW UTOPIA
siehe DIAMOND OKINAWA

ms NEW YAMATO
Hankyu Ferry, Shimonoseki
Kanda Zosensho, Kawajiri; Baunr. 277

11 919 BRT / 4999 tdw / 173,01 m Länge ü.a. / 26,83 m Breite / Zwei 12-Zyl.-Diesel mit Getriebe; MAN-Mitsubishi / 17 650 kW / 2 Schrauben / 21 (24,25) kn / 436 Pass. in Kabinen, 375 Deckspass. / 133 PKW, 136 LKW / Bes. 39

20.11.1982 Stapellauf / 11.10.1983 Jungfernreise Kokura–Izumioso / 1987 11 919 BRZ / 1990 Heimathafen Kobe / 1996 an Sulpicio Lines, Cebu City /

ms NEW SETO
Hankyu Ferry, Kobe
Kanda Zosensho, Kawajiri; Baunr. 306

12 589 BRT / 4926 tdw / 174,50 m Länge ü.a. / 26,83 m Breite / Zwei 8-Zyl.-Diesel mit Getriebe; MAN-Mitsubishi / 21 180 kW / 2 Schrauben / 23 kn / 432 Pass. in Kabinen, 768 Deckspass. / 75 PKW, 166 LKW / Bes. 39

2.4.1988 Stapellauf / 23.6.1988 Ablieferung / Osaka–Kobe–Kokura-Dienst /

NEW SHIRAYURI (Foto M. Watanabe)

ms NEW SHIRAYURI
Shin-Nipponkai Ferry Co, Otaru
Ishikawajima Harima Heavy Industries, Aioi; Baunr. 2948

17 261 BRT / 6965 tdw / 184,51 m Länge ü.a. / 26,52 m Breite / Zwei 9-Zyl.-Diesel mit Getriebe; Pielstick-Ishikawajima / 19 645 kW / 2 Schrauben / 22,5 kn / 152 Pass. in Kabinen, 758 Deckspass. / 103 PKW, 150 LKW / Bes. 58

5.2.1987 Stapellauf / 20.4.1987 Ablieferung / Otaru–Niigata–Tsuruga–Maizuru-Dienst /

ms NEW SUZURAN
Shin-Nipponkai Ferry, Otaru
Koyo Dockyard Co, Mihara; Baunr. 828

16 239 BRT / 5561 tdw / 191,80 m Länge ü.a. / 29,44 m Breite / Zwei 16-Zyl.-Diesel mit Getriebe; MAN-Mitsubishi / 23 870 kW / 2 Schrauben / 22,5 (25,6) kn / 870 Deckspass. / 85 PKW, 189 LKW / Bes. 64

22.2.1979 Stapellauf / 19.5.1979 Ablieferung und Jungfernreise Tsuruga–Otaru / 1981 14 624 BRT / 1985 14 586 BRT / 1987 14 306 BRT / 1992 14 385 BRT / 1996 KRITI I, ANEK, Piräus /

ms NEW YUKARI
Shin Nipponkai Ferry, Otaru
Koyo Dockyard Co, Mihara; Baunr. 830

16 250 BRT / 5631 tdw / 191,80 m Länge ü.a. / 29,44 m Breite / Zwei 16-Zyl.-Diesel mit Getriebe; MAN; Mitsubishi / 23 870 kW / 2 Schrauben / 25 kn / 870 Pass. / 46 PKW, 163 LKW / Bes. 64

30.3.1979 Stapellauf / 26.7.1979 Fertigstellung / Tsuruga–Otaru-Dienst / 1981 14 618 BRT / 1985 14 582 BRT / 1989 14 299 BRT / 1992 14 374 BRT, 85 PKW, 189 LKW / 1996 KRITI II, ANEK, Piräus /

KRITI 1 ex NEW SUZURAN und KRITI 2 ex NEW YUKARI (Foto ToYouToo, 1996)

ms NICOBAR
The Shipping Corporation of India, Bombay
Stocznia Szczecinska im. A. Warskiego, Stettin; Baunr.: B561/01

14 195 BRZ / 4963 tdw / 157,00 m Länge ü.a. / 21,00 (20,10) m Breite / Zwei 6-Zyl.-Diesel; B&W-Cegielski / 5220 kW / 2 Schrauben / 15,5 kn / 300 Pass. in 63 Kabinen, 900 Deckspass. /

12.4.1990 Stapellauf / 6.1991 Ablieferung und

NICOBAR (Foto Eckhard Biermann, 1991)

NEW YAMATO (Kanda Zosen)

STENA NAUTICA ex NIELS KLIM (Foto Mike Louagie, 1996)

Antritt der Überführungsfahrt nach Indien / 27.9.1991 Ankunft in Madras / Zwischen dem indischen Festland und dem Golf von Bengalen eingesetzt /

ms NIELS KLIM

Danske Statsbaner, Aarhus
Nakskov Skibsvaerft, Nakskov; Baunr. 234

19 763 BRZ / 2400 tdw / 134,02 m Länge ü.a. / 24,62 (24,01) m Breite / Zwei 8-Zyl.-Diesel; B&W / 10 600 kW / 2 Schrauben / 19,4 kn / 148 Pass. in 74 Kabinen, 1852 Deckspass. / 330 PKW /

14.5.1985 Taufe / 29.5.1985 Stapellauf / 21.4.1986 Ablieferung. Aarhus–Kalundborg-Dienst / 5.1991 in Svendborg aufgelegt / 1991 STENA NAUTICA, Stena Nautica Line, Hamilton / 26.1. bis 6.3.1992 Aarhus–Kalundborg-Dienst in DSB-Charter / 1992 ISLE OF INNISFREE, Dreijahrescharter für Irish Ferries; 11 602 BRZ, 152 PKW, 30 Trailer / 31.3.1992 erste Reise Rosslare–Pembroke / 3.5.1993 erste Reise Dun–Laoghaire–Holyhead / 20.2. bis 14.3.1995 Rosslare–Pembroke-Dienst / 8.5.1995 erste Reise Grena–Halmstad als LION KING in Lion Ferry-Charter / 30.4.1996 umbenannt LION KING II / 5.1996 in Landskrona aufgelegt. Heimathafen Landskrona / 5.1996 umbenannt STENA NAUTICA. 24.6. bis 9.1996 Tanger–Algeciras-Dienst in Trasmed-Charter / 9.1996 in Dünkirchen aufgelegt /

NIEUW AMSTERDAM (Holland America Cruises)

ms NIEUW AMSTERDAM

Holland America Cruises, Willemstad
Chantiers de l'Atlantique, St. Nazaire; Baunr. V27

33 930 BRZ / 4217 tdw / 214,66 m Länge ü.a. / 27,26 m Breite / Zwei 7-Zyl.-Diesel; Sulzer / 21 600 kW / 2 Schrauben / 21 kn / 1374 Pass. in 605 Kabinen / Bes. 559

20.8.1982 Stapellauf / 7.1983 Ablieferung / 10.7.1983 Jungfernreise (Überführung) Le Havre–New York. US-Kreuzfahrten / 1984 Heimathafen St. Maarten / 1996 Heimathafen Rotterdam /

PETER PAN ex NILS DACKE (Foto Frank Lose, 1996)

ms NILS DACKE

Scandinavian Ferry Lines, Trelleborg
Seebeckwerft, Bremerhaven; Baunr. 1063

24 745 BRZ / 8900 tdw / 177,20 m Länge ü.a. / 26,50 m Breite / Zwei 6-Zyl.- und zwei 8-Zyl.-Diesel mit Getriebe; MAN-B&W / 14 810 kW / 2 Schrauben / 20 kn / 284 Pass. in 122 Kabinen / 160 LKW, Waggons / Bes. 41

9.4.1988 Stapellauf / 16.8.1988 Kurzschluß in der Elektronik während der Probefahrt. Ablieferung um acht Wochen verzögert / 28.10.1988 Ablieferung / 31.10.1988 Jungfernreise Travemünde–Trelleborg / 1.1.1992 an Rederi AB Gotland, Trelleborg / 1.1.1993 an TT Line, Nassau / 17.5. bis 27.7.1993 in Turku bei Kvaerner Masa Werft umgebaut. 30 825 BRZ, 8900 tdw, 1020 Pass. in 307 Kabinen, 24 Deckspass., 80 LKW / 1.9.1993 als PETER PAN wieder in Fahrt /

NILS DACKE (Foto Hans-Joachim Reinecke, 1996)

mse NILS DACKE

TT Linie, Nassau
Finnyards, Rauma; Baunr. 411

26 790 BRZ / 6538 tdw / 179,59 m Länge ü.a. / 27,53 (27,20) m Breite / Vier 6-Zyl.-Diesel, elektrische Kraftübertragung; MaK / 18 000 kW / 2 Schrauben / 19,5 kn / 308 Pass. in 154 Kabinen / Bes. 35

19.5.1995 aufgeschwommen / 29.10.1995 Ablieferung / 4.12.1995 erste Reise Travemünde–Trelleborg /

ms NILS HOLGERSSON

Travemünde–Trelleborg-Linie, Lübeck

Werft Nobiskrug, Rendsburg; Baunr. 682

12 515 BRT / 2700 tdw / 148,88 m Länge ü.a. / 23,98 m Breite / Zwei 16-Zyl.-Diesel mit Getriebe; Pielstick-Blohm+Voss / 20 800 PSe / 2 Schrauben / 22 kn / 712 Pass. in Kabinen,

THEOFILOS ex NILS HOLGERSSON (Foto Bernd Crause)

nitsa–Bari / 1995 THEOFILOS, Maritime Co. of Levsos, Mytilene. Piräus–Lesvos–Chios–Thessaloniki-Dienst /

ms NILS HOLGERSSON

Scandinavian Ferry Lines, Trelleborg
Seebeckwerft, Bremerhaven; Baunr. 1059

31 395 BRZ / 4110 tdw / 161,45 m Länge ü.a. / 32,01 (27,60) m Breite / Vier 8-Zyl.-Diesel mit Getriebe; Krupp-MaK / 19 598 kW / 2 Schrauben / 20 kn / 1320 Pass. in 489 Kabinen, 425 Deckspass. / 550 PKW / Bes. 200

16.8.1986 Stapellauf / 20.2.1987 Ablieferung / 26.2.1987 Jungfernreise Travemünde–Trelleborg / 13.1.1993 VAL DE LOIRE, Brittany Ferries, Morlaix / Bis 5.1993 bei INMA in La Spezia umgebaut. 1683 Pass. in 543 Kabinen,

VAL DE LOIRE ex NILS HOLGERSSON (Foto Frank Lose, 1995)

888 Deckspass. / 470 PKW / Bes. 125

26.10.1974 Stapellauf / 8.4.1975 Ablieferung / Jungfernkreuzfahrt Travemünde–Göteborg–Oslo; dann Travemünde–Trelleborg-Dienst. Bis 1976 im Winter Kreuzfahrten / 1.1981 an TT-Saga-Line, Lübeck / 20.9.1984 an TT-Line (Tasman Transport), Devonport. Umbau bei Nobiskrugwerft, Rendsburg. 19 212 BRT. 1800 Pass. in 298 Kabinen, 710 Deckspass., 440 PKW / 22.4.1985 Ablieferung als ABEL TASMAN / 29.6.1985 erste Reise Melbourne–Devonport / 29.11.1993 in Devonport aufgelegt / 1994 POLLUX, Ventouris Group Enterprises, Piräus / 21.7.1994 erste Reise Igoumenitsa–Bari / ...

450 Deckspass., 570 PKW / 9.6.1993 erste Reise Plymouth–Santander, zwischen November und März Caen–Portsmouth-Dienst /

NILS HOLGERRSON

siehe ROBIN HOOD, 1989

NIPPON MARU (Foto Yoshitatsu Fukawa, 1990)

ms NIPPON MARU

Mitsui O.S.K. Lines, Tokio
Mitsubishi Heavy Industries, Kobe;
Baunr. 1188

21 903 BRZ / 4840 tdw / 166,65 m Länge ü.a. / 28,00 (24,00) m Breite / Zwei 8-Zyl.-Diesel; Mitsubishi / 15 370 kW / 2 Schrauben / 18 (21,6) kn / 607 Pass. in 202 Kabinen / Bes. 160

8.3.1990 Stapellauf / 22.9.1990 Ablieferung / Kreuzfahrten in Ostasien /

NOMENTANA (Foto Frank Heine, 1992)

ms NOMENTANA

Tirrenia di Navigazione, Cagliari
Italcantieri, Castellammare di Stabia;
Baunr. 4350

9485 BRT / 3250 tdw / 136,0 m Länge ü.a. / 23,04 m Breite / Zwei 16-Zyl.-Diesel mit Getriebe; GMT / 14 123 kW / 2 Schrauben / 22 kn / 568 Pass. in Kabinen, 160 Deckspass. / 470 PKW / Bes. 105

8.3.1979 Stapellauf / 26.6.1980 Ablieferung / Neapel–Palermo- und Genua–Porto Torres-Dienst / 1987–1988 Umbau. 12 750 BRT, 3250 tdw, 147,99 m Länge ü.a., max. 2000 Pass., davon 568 in Kabinen. 11 030 kW, 20,5 kn / 1992 Einbau von zwei neuen Decks mit 133 neuen Kabinen in La Spezia. 14 834 BRT, 2280 Pass., davon 1434 in Kabinen / 5.1992 wieder in Dienst, meist ab Civitavecchia nach Sardinien, Korsika und Sizilien /

NOORDAM (Foto Gerhard Fiebiger)

NORBANK (Foto Andreas Wörteler, 1995)

ms NORD PAS-DE-CALAIS
Soc. Nationale des Chemins de Fer Francais, Dünkirchen
Chant. du Nord et de la Mediterranée, Dünkirchen; Baunr. 325

13 727 BRZ / 4284 tdw / 160,08 m Länge ü.a. / 23,02 (22,41) m Breite / Zwei 16-Zyl.-Diesel mit Getriebe; Sulzer / 18 020 kW / 2 Schrauben / 21,5 kn / 80 Passagiere / 90 LKW, 45 Waggons / Bes. 35

15.4.1987 Stapellauf / 15.12.1987 Ablieferung / 1.1988 Jungfernreise Calais–Dover / 9.5.1988 erste Reise Dover–Dünkirchen / 1994 an S.N.A.T. Sealink, Dünkirchen / 7.1.1996 umbenannt SEAFRANCE NORD-PAS-DE-CALAIS. Dover–Calais-Dienst / 3.7.1996 in Dünkirchen aufgelegt / 29.11.1996 wegen des Kanaltunnel-Brandes reaktiviert /

ms NOORDAM
Holland America Cruises, St. Maarten
Chantiers de l'Atlantique, St. Nazaire; Baunr. X27

33 930 BRZ / 4243 tdw / 214,66 m Länge ü.a. / 27,26 m Breite / Zwei 7-Zyl.-Diesel; Sulzer / 21 600 kW / 2 Schrauben / 21 kn / 1340 Pass. in 605 Kabinen / Bes. 550

21.5.1983 Stapellauf / 8.4.1984 Überführungsreise von Le Havre nach Tampa / US-Kreuzfahrten / 1996 Heimathafen Rotterdam. 33 933 BRZ /

ms NORBANK
North Sea Ferries, Rotterdam
Van der Giessen de Noord, Krimpen; Baunr. 961

17 464 BRZ / 6790 tdw / 166,77 m Länge ü.a. / 23,90 (23,40) m Breite / Zwei 9- und zwei 8-Zyl.-Diesel mit Getriebe; Sulzer-Zgoda / 24 480 kW / 2 Schrauben / 23 kn / 114 Pass. in 57 Kabinen / 156 Trailer /

5.6.1993 Stapellauf / 29.10.1993 Ablieferung / 31.10.1993 Jungfernreise Rotterdam–Hull /

NORBAY
North Sea Ferries, Hull
Van der Giessen de Noord, Krimpen; Baunr. 962

17 464 BRZ / 5600 tdw / 166,75 m Länge ü.a. / 23,90 (23,40) m Breite / Zwei 9- und zwei 8-Zyl.-Diesel mit Getriebe; Sulzer-Zgoda / 24 320 kW / 2 Schrauben / 23 kn / 114 Pass. in 57 Kabinen / 156 Trailer /

13.11.1993 Stapellauf / 2.1994 Ablieferung / 20.2.1994 Hull–Rotterdam-Dienst /

NORBEL OMAN siehe KANANGA

NORD GOTLANDIA
siehe OLAU HOLLANDIA. 1981

NORBAY (Foto Andreas Wörteler, 1996)

SEAFRANCE NORD-PAS-DE-CALAIS (Foto Andreas Wörteler, 1996)

ms NORDIC EMPRESS
Royal Caribbean Cruises, Monrovia
Ateliers & Chantiers de l'Atlantique, St. Nazaire; Baunr. G29

48 563 BRZ / 5344 tdw / 210,81 m Länge ü.a. / 34,40 (30,70) m Breite / Zwei 8-Zyl.-Diesel mit Getriebe; Wärtsilä-Duvant Crepelle / 16 200 kW / 2 Schrauben / 19,5 kn / 2284 Pass. in 805 Kabinen / Bes. 640

1987 Von Admiral Cruises als FUTURE SEAS bestellt / 25.8.1989 Stapellauf / 31.5.1990 Ablieferung / 25.6.1990 erste Kreuzfahrt ab Miami nach den Bahamas /

NORDIC EMPRESS (Foto Ulrich Streich)

ms NORDIC FERRY
European Ferries, London
Hyundai Heavy Industries Co, Ulsan; Baunr. 651

6455 BRT / 6115 tdw / 151,0 m Länge ü.a. / 19,9 m Breite / Zwei 12-Zyl.-Diesel mit Getriebe; Pielstick-Nippon Kokan / 11 475 kW / 2 Schrauben / 17 kn / 140 Pass. /

20.3.1978 Stapellauf als RoRo-Frachter MERZARIO ESPANIA / 31.7.1979 Ablieferung an Stena Line, London / 1978 umbenannt MERZARIO HISPANIA / 1979 an European Ferries, Dover, verchartert, umbenannt NORDIC FERRY. Felixstowe–Rotterdam-Dienst / 1981 Umbau zur Passagierfähre bei der Lloydwerft in Bremerhaven; Daten s.o. / 3.5.1982 Truppentransporter im Falkland-Krieg / 25.8.1982 wieder Fährdienst ab Felixstowe / 12.1984 an Townsend-Thoresen, London / 1986 umgebaut. 18 732 BRT, 8704 tdw, 258 Pass. in Kabinen, 424 Deckspass., 207 PKW / 6.1986 Felixstowe–Zeebrügge-Dienst / 19.1.1987 an P&O Ferries, London / 4.2.1987 im Nebel vor Harwich mit dem spanischen Motorschiff SAN SALVADOR kollidiert, welches untergeht / 2.1992 umbenannt PRIDE OF FLANDERS / 23.10.1995 Felixstowe–Europoort-Dienst / 11.1995 bei Harland & Wolff zur Frachtfähre für 110 Trailer umgebaut. 16 776 BRZ /

PRIDE OF FLANDERS ex NORDIC FERRY (Foto Frank Heine, 1996)

CAROUSEL ex NORDIC PRINCE (Foto Jürgen Saupe, 1996)

NORDIC HUNTER siehe LUCKY RIDER

ms NORDIC PRINCE
Royal Caribbean Cruises, Oslo
Wärtsilä, Helsinki; Baunr. 393

18 436 BRT / 2439 tdw / 168,3 m Länge ü.a. / 24,03 m Breite / Vier 9-Zyl.-Diesel mit Getriebe; Sulzer-Wärtsilä / 18 000 PSe / 2 Schrauben / 21 kn / 714 Pass. / Bes. 320

9.7.1970 Stapellauf / 8.7.1971 Ablieferung / 31.7.1971 Jungfernkreuzfahrt ab Miami / 1980 bei Wärtsilä um 26 m verlängert. 23 200 BRT, 3700 tdw, 194,32 m Länge ü.a., 1194 Pass. in 531 Kabinen, Bes. 400 / 17.6.1980 wieder in Dienst / 1994 BRZ 23 149 / 15.3.1995 CAROUSEL, Airtours Southampton (V-Ships), Nassau. Sky-Bar am Schornstein ausgebaut. Kreuzfahrten für den britischen Markt /

ms NORDKAPP
Ofoten og Vesteraalens DS, Narvik
Kvaerner-Kleven Verft, Ulsteinvik; Baunr. 265

11 386 BRZ / 850 tdw / 123,30 m Länge ü.a. / 19,50 m Breite / Zwei 6-Zyl.-Diesel mit Getriebe; MaK / 9000 kW / 2 Schrauben / 15 kn / 490 Pass. in 245 Kabinen, 393 Deckspass. / 50 PKW / Bes. 60

18.8.1995 Stapellauf / 23.3.1995 Taufe / 2.4.1996 Jungfernreise Bergen–Kirkenes /

NORDKAPP (Foto ToYouToo, 1996)

NORLAND (Foto Andreas Wörteler, 1996)

NORDLYS (Foto Jürgen Saupe, 1994)

NORDNORGE (Foto Wilhelm Langes, 1996)

ms NORDLYS

Troms Fylkes D/S, Tromsö
Volkswerft, Stralsund; Baunr. 102

11 204 BRZ / 860 tdw / 121,66 m Länge ü.a. / 23,78 (19,20) m Breite / Zwei 6-Zyl.-Diesel mit Getriebe; MaK / 9000 kW / 2 Schrauben / 15 kn / 482 Pass. in 226 Kabinen, 209 Deckspass. / 50 PKW / Bes. 59

13.8.1993 Stapellauf / 3.1994 Ablieferung / Bergen–Kirkenes-Dienst /

ms NORDNORGE*

Ofoten og Vesteraalens DS, Narvik
Kvaerner-Kleven Verft, Ulsteinvik; Baunr. 266

11 350 BRZ / 750 Pass. / 50 PKW / Bes. 60

1997 Ablieferung geplant / Bergen–Kirkenes-Dienst /

ms NORLAND

North Sea Ferries Noordzee Veerdiensten, Hull
AG Weser, Werk Seebeck, Bremerhaven; Baunr. 972

12 988 BRT / 4036 tdw / 153,0 m Länge ü.a. / 25,20 (24,71) m Breite / Zwei 16-Zyl.-Diesel mit Getriebe; Stork-Werkspoor / 18 000 PSe / 2 Schrauben / 19 kn / Pass.: 1243 / Bes. 98 /

13.10.1973 Stapellauf / 7.6.1974 Ablieferung / 10.6.1974 Jungfernreise Rotterdam–Hull / 31.3.1975 von P&O Ferries bereedert / 17.4.1982 bis 1.1983 Transporter im Falkland-Konflikt / 1.4.1983 nach Überholung wieder im Hull–Rotterdam-Dienst / 9.5. bis 28.6.1987 bei der Seebeckwerft in Bremerhaven verlängert. 26 290 BRZ, 5560 tdw, 173,29 m Länge ü.a., 942 Pass. in 342 Kabinen, 100 Deckspass., 519 PKW, Bes. 104 / 1.7.1987 erste Reise Zeebrügge–Hull /

NORSTAR (Foto Frank Heine)

ms NORMANDIE
Brittany Ferries, Caen
Kvaener Masa-Yards, Turku;
Baunr. 1315

27 541 BRZ / 5229 tdw / 161,40 m Länge ü.a. / 26,00 m Breite / Vier 12-Zyl.-Diesel mit Getriebe; Wärtsilä / 17 750 kW / 2 Schrauben / 21 kn / 776 Pass. in 217 Kabinen, 1384 Deckspass. / 680 PKW / Bes. 141

5.10.1991 Stapellauf / 5.5.1992 Ablieferung / 18.5.1992 Jungfernreise Caen–Portsmouth /

NORMANDIE (Foto Philippe Holthof, 1992)

NORRÖNA siehe GUSTAV VASA

NORSE LAGAN
siehe FREDERIK CARTER

NORSE MERSEY siehe FINNCARRIER

ms NORSEA
North Sea Ferries, Hull
Govan Shipbuilders, Glasgow;
Baunr. 265

31 785 BRZ / 6545 tdw / 178,70 m Länge ü.a. / 25,40 (25,09) m Breite / Zwei 9-Zyl.- und zwei 6-Zyl.-Diesel mit Getriebe; Sulzer-Wärtsilä / 19 200 kW / 2 Schrauben / 18,5 kn / 746 Pass. in 446 Kabinen, 504 Deckspass. / 850 PKW, 180 Trailer / Bes. 107

9.9.1986 Stapellauf / 2.5.1987 Ablieferung / 8.5.1987 Jungfernreise Hull–Rotterdam /

NORSEA (Foto Andreas Wörteler, 1996)

SUNFLOWER OARAI ex OARAI (Sammlung Hisashi Noma)

ms NORSTAR

North Sea Ferries Noordzee Veerdiensten, Rotterdam
AG Weser, Werk Seebeck, Bremerhaven; Baunr. 973

12 502 BRT / 4578 tdw / 153,0 m Länge ü.a. / 24,7 m Breite / Zwei 16-Zyl.-Diesel mit Getriebe; Stork-Werkspoor / 18 000 PSe / 2 Schrauben / 18,5 kn / 1070 Pass., 173 Deckspass. / 520 PKW / Bes. 98

5.7.1974 Stapellauf / 14.12.1974 Ablieferung / 19.12.1974 Jungfernreise Rotterdam–Hull / 13.5. bis 2.7.1987 in Bremerhaven bei der Seebeckwerft verlängert. 26 919 BRZ, 5560 tdw, 173,29 m Länge ü.a., 942 Pass. in 342 Kabinen, 100 Deckspass., Bes. 97, 519 PKW / 6.7.1987 erste Reise Zeebrügge–Hull /

NORSUN (Foto Frank Heine, 1989)

ms NORSUN

North Sea Ferries Noordzee Veerdiensten, Rotterdam
Nippon Kokan, Tsurumi Shipyard, Yokohama; Baunr. 1033

31 598 BRZ / 6403 tdw / 179,35 m Länge ü.a. / 25,35 (25,09) m Breite / Zwei 9- und zwei 6-Zyl.-Diesel mit Getriebe; Sulzer-Wärtsilä / 19 200 kW / 2 Schrauben / 18,5 kn / 746 Pass. in 446 Kabinen, 504 Deckspass. / 850 PKW, 180 Trailer /

29.8.1986 Stapellauf / 31.3.1987 Ablieferung / 2.4.1987 Überführungsreise nach Rotterdam mit 800 Exportautos / 12.5.1987 Indienststellung. Rotterdam–Hull-Dienst /

NORWAY siehe FRANCE

NORWEGIAN CROWN

siehe CROWN ODYSSEY

ms OARAI MARU

Nippon Enkai Ferry, Tokio
Hayashikane Sb. & Eng. Co, Shimonoseki; Baunr. 1299

15 139 BRT / 5990 tdw / 178,01 m Länge ü.a. / (24,81) m Breite / Zwei 8-Zyl.-Diesel mit Getriebe; MAN-Mitsubishi / 18 000 kW / 2 Schrauben / 23 kn / 426 Pass. in Kabinen, 230 Deckspass. / 105 PKW, 148 LKW / Bes. 50

16.2.1987 Stapellauf / 9.6.1987 Ablieferung / Der Name wird auch als OHARAI MARU transliteriert / 23.6.1987 Jungfernreise Oarai–Tomakomai / 1.11.1990 an Blue Highway Line, Tokio / 1991 umbenannt SUN FLOWER OARAI /

STARSHIP OCEANIC ex OCEANIC (Foto Hans Jürgen Amberg)

ms OCEAN EAST
Ocean Tokyu Ferry, Kitikyushu
Saiki Jukogyo, Saiki; Baunr. 1013

11 523 BRT / 4036 tdw / 166,00 m Länge ü.a. / 25,00 m Breite / Zwei 8-Zyl-Diesel mit Getriebe; Pielstick-United / 21 200 kW / 2 Schrauben / 21,5 (25,5) kn / 112 Pass. in 28 Kabinen, 350 Deckspass. / 75 PKW, 101 Trailer / Bes. 38

16.2.1991 Stapellauf / 30.5.1991 Ablieferung / 10.6.1991 Jungfernreise Tokio–Tokushima–Kokura /

OCEAN MAJESTY
siehe JUAN MARCH

ms OCEAN SOUTH*
Ocean Tokyu Ferry, Kitikyushu
Onomichi Zosen, Onomichi; Baunr. 405

11 200 BRZ / 4700 tdw / 166,00 m Länge ü.a. / 25,0 m Breite / Zwei 8-Zyl.-Diesel; Pielstick-Diesel United / 10 600 kW / 2 Schrauben / Pass. in Kabinen / PKW /

1996 Ablieferung /

ms OCEAN WEST
Ocean Tokyu Ferry, Kitikyushu
Saiki Jukogyo, Saiki; Baunr. 1015

11 522 BRT / 4036 tdw / 166,00 m Länge ü.a. / 25,00 m Breite / Zwei 8-Zyl.-Diesel mit Getriebe; Pielstick-United / 21 200 kW / 2 Schrauben / 21,5 (25,5) kn / 112 Pass. in 28 Kabinen, 350 Deckspass. / 75 PKW, 101 Trailer / Bes. 38

14.9.1991 Ablieferung. / 22.9.1991 Jungfernreise Tokio–Tokushima–Kokura /

OCEANBREEZE
siehe SOUTHERN CROSS

ts OCEANIC
Home Lines, Panama
Cantieri Riuniti dell'Adriatico, Monfalcone; Baunr. 1876

27 645 BRT / 8738 tdw / 238,44 m Länge ü.a. / 29,44 m Breite / Zwei Satz Getriebeturbinen; De Laval-Bauwerft / 60 500 PSw / 2 Schrauben / 26,5 kn / Pass.: 230 I., 1370 Touristenklasse. Auf Kreuzfahrten 1200, eine Klasse / Bes. 560

15.1.1963 Stapellauf / 31.3.1965 Jungfernreise Genua–New York / 24.4.1965 Erste Kreuzfahrt New York–Bahamas / 1985 STARSHIP OCEANIC, Premier Cruise Lines, Nassau. 19 500 BRT, 1562 Pass. in 554 Kabinen, Dienstgeschwindigkeit 20 kn / 1990 Heimathafen Nassau /

OCEAN EAST (Foto Kazuo Tachibana)

OCEAN WEST (Foto ToYouToo, 1993)

ODESSA siehe COPENHAGEN

ODESSA SKY siehe GRUZIYA

ms OKESA MARU
Sado Kisen, Ryotsu
Kanda Zosensho, Kawajiri; Baunr. 350

12 419 BRT / 1956 tdw / 134,70 m Länge ü.a. / 22,60 (21,00) m Breite / Zwei 12-Zyl.-Diesel mit Getriebe; Pielstick-Niigata / 12 500 kW / 2 Schrauben / 20,3 (23,43) kn / 1520 Pass. / 290 PKW / Bes. 45

11.11.1992 Stapellauf / 4.1993 Ablieferung / Niigata–Ryotsu-Dienst /

OKESA MARU (Foto R. Takayama)

ms OLAU BRITANNIA
Olau Line (UK), Hamburg
AG Weser, Werk Seebeck, Bremerhaven; Baunr. 1031

14 985 BRT / 2880 tdw / 153,40 m Länge ü.a. / 24,24 m Breite / Vier 8-Zyl.-Diesel mit Getriebe; Pielstick-B+V / 15 300 kW / 2 Schrauben / 21,0 kn / 846 Pass. in Kabinen, 662 Deckspass. / 550 PKW / Bes. 157

5.12.1981 Stapellauf / 5.5.1982 Ablieferung / 7.5.1982 Taufe in Sheerness / Vlissingen–Sheerness-Dienst / 1984 14 983 BRT, 754 Pass. / 25.8.1984 Auf der Reise von Vlissingen nach Sheerness vor Ostende mit dem französischen RoRo-Schiff MONT LOUIS kollidiert, das in flachem Wasser sinkt / 8.1988 an Nordström & Thulin, Stockholm m. Rückcharter durch Olau / 1990 BAYARD, Fred. Olsen & Co, Hirtshals / 22.5. bis 6.1990 bei Blohm + Voss in Hamburg umgebaut / 21.6.1990 erste Reise Kristiansand–Hirtshals / 15.12.1990 an Color Line, Oslo / 1991 umbenannt CHRISTIAN IV / 3.1991 Fährdienst Oslo–Hirtshals und Kristiansand–Hirtshals / 1994 Heimathafen Kristiansand. 21 699 BRZ /

CHRISTIAN IV ex OLAU BRITANNIA (Foto Dr. Achim Borchert)

ms OLAU BRITANNIA
Olau-Line, Hamburg
Schichau Seebeckwerft, Bremerhaven, Baunr. 1068

33 336 BRT / 5120 tdw / 161,00 m Länge ü.a. / 29,60 (29,00) m Breite / Vier 8-Zyl.-Diesel mit Getriebe; Sulzer / 19 600 kW / 2 Schrauben / 21,3 kn / 1720 Pass. in 435 Kabinen / 575 PKW, LKW / Bes. 188 /

28.10.1989 Stapellauf / 16.5.1990 Ablieferung / 18.5.1990 Taufe in Sheerness / 21.5.1990 Jungfernreise Sheerness–Vlissingen / 5.1.1993 in Luxemburg registriert / 5.2.1993 wieder unter deutscher Flagge / 31.5.1994 PRIDE OF PORTSMOUTH, P&O European Ferries, Portsmouth / 22.6.1994 erste Reise Portsmouth–Le Havre /

PRIDE OF PORTSMOUTH ex OLAU BRITANNIA (Foto Frank Lose, 1995)

NORD GOTLANDIA ex OLAU HOLLANDIA (Foto Frank Heine)

PRIDE OF LE HAVRE ex OLAU HOLLANDIA (Foto Frank Lose, 1995)

ms OLAU HOLLANDIA

Olau Line (UK), Hamburg
AG Weser, Werk Seebeck, Bremerhaven; Baunr. 1028

15 200 BRT / 2875 tdw / 153,40 m Länge ü.a. / 28,20 (24,20) m Breite / Vier 8-Zyl.-Diesel mit Getriebe; Pielstick-Blohm + Voss / 15 520 kW / 2 Schrauben / 21,0 kn / 938 Pass. in 350 Kabinen, 662 Deckspass. / 550 PKW / Bes. 157

22.11.1980 Stapellauf / 21.3.1981 Ablieferung / 25.3.1981 Jungfernreise Vlissingen–Sheerness / 1984 14 981 BRT / 1985 930 Pass. in 350 Kabinen, 670 Deckspass. / 5.1988 an Nordström & Thulin, Visby / 6.10. bis 14.12.1988 Umbau bei Schichau Seebeck in Bremerhaven. Umbenannt NORD GOTLANDIA. 14 981 BRT. 55 PKW, 65 LKW / 1.1.1990 erste Reise Visby–Nynäshamn bzw. Oskarshamn / 1994 BRZ 21 473 /

ms OLAU HOLLANDIA

Olau-Line (U.K.), Hamburg
Schichau Seebeckwerft, Bremerhaven, Baunr. 1067

33 336 BRT / 5083 tdw / 165,00 m Länge ü.a. / 29,00 m Breite / Vier 8-Zyl.-Diesel mit Getriebe; Sulzer-Zgoda / 19 600 kW / 2 Schrauben / 21,3 kn / 1642 Pass. in 435 Kabinen / 590 PKW / Bes. 188

25.2.1989 Stapellauf / 2.10.1989 Taufe und Ablieferung / 4.10.1989 Jungfernreise Vlissingen–Sheerness / 5.1.1993 in Luxemburg registriert / 5.2.1993 wieder unter deutscher Flagge / 3.6.1994 PRIDE OF LE HAVRE, P&O European Ferries, Portsmouth. Portsmouth–Cherbourg-Dienst / 22.6.1994 erste Reise Portsmouth–Le Havre /

ts OLYMPIA

Greek Line, Monrovia
A. Stephen & Sons, Glasgow; Baunr. 636

22 979 BRT / 8242 tdw / 186,11 m Länge ü.a. / 24,13 m Breite / Zwei Satz Getriebeturbinen; Pametrada-Bauwerft / 26 000 PSw / 2 Schrauben / 21 kn / Pass.: 138 I., 1169 Touristenklasse /

16.4.1953 Stapellauf / 12.10.1953 Taufe und Ablieferung / 15.10.1953 Jungfernreise Glasgow–New York; vorher eine Gästefahrt nach Dublin / 17.11.1953 erste Reise Bremerhaven–New York / 26.3.1955 erste Reise New York–Piräus. 17 362 BRT / 1961 Ausdehnung des Dienstes auf Haifa / 1968 Heimathafen Andros. 17 434 BRT / 1970 fast nur noch Kreuzfahrten, 1030 Pass. / 24.3.1974 in Piräus aufgelegt / 1981 an die Sally Shipping, Bad Schwartau. Unter deutscher Flagge weiter in Piräus aufgelegt / 1982 umbenannt CARIBE. Umbaubeginn in Perama / 11.3. bis 29.6.1983 in Hamburg bei HDW umgebaut. Austausch der Parsons-Turbinen gegen vier 12-Zyl.-Diesel

REGAL EMPRESS ex OLYMPIA (Foto Clive Harvey, 1994)

PRIDE OF BILBAO ex OLYMPIA (Foto J.F. van Puyvelde, 1993)

mit Getriebe von K.H.D., 14 400 kW, 18 kn, 1160 Pass. in 439 Kabinen / 29.6.1983 CARIBE II, Commodore Cruise Lines, Panama / 1985 an Olympia Caribbean Shipping Co, Panama.

14 533 BRT / 14.5.1988 Ankunft zu Umbauten in Norfolk, u.a. neuer Schornstein / 1993 REGAL EMPRESS, Regal Cruises, Nassau / 1995 BRZ 21 909 /

ms OLYMPIA

Viking Line, Slite
Wärtsilä, Turku; Baunr. 1290

37 799 BRZ / 3420 tdw / 176,82 m Länge ü.a. / 28,41 m Breite / Vier 12-Zyl.-Diesel mit Getriebe; Pielstick-Wärtsilä / 23 010 kW / 2 Schrauben / 22 kn / 2333 Pass. in 832 Kabinen, 128 Deckspass. / 600 PKW / Bes. 212

31.8.1985 Stapellauf / 26.4.1986 Ablieferung / 29.4.1986 erste Reise Stockholm–Helsinki / 1989 BRZ 37 583 / 28.4.1993 erste Reise als PRIDE OF BILBAO, Portsmouth–Bilbao-Dienst in P&O European Ferries-Charter / 1.11.1993 an Irish Continental Group, Nassau, weiter P&O-Charter / 1994 Heimathafen Portsmouth /

OLYMPIC siehe EMPRESS OF BRITAIN

ts ORIANA

Orient Steam Navigation Co, London
Vickers-Armstrongs, Barrow; Baunr. 1061

41 915 BRT / 13 483 tdw / 245,06 m Länge ü.a. / 29,62 m Breite / Zwei Satz Getriebeturbinen; Pametrada-Vickers / 80 000 PSw / 2 Schrauben / 27,5 kn / Pass.: 638 I., 1496 Touristenklasse / Bes. 903

3.11.1959 Stapellauf / 15.11.1960 Ablieferung an P&O-Orient Lines / 3.12.1960 Jungfernreise Southampton–Sydney–Auckland–US-Westküste–Panamakanal–Southampton. Auch Kreuzfahrten / 1965 an P&O Steam Navigation Co, London / 1973 nur noch Kreuzfahrten / 1980 41 920 BRT / 1986 an Daiwa House Group / 1987 Die ORIANA wird Touristik-Zentrum in der Beppu Bay auf den Kyushu-Inseln / 17.7.1995 nach China überführt. Hotelschiff in Quing Huang Tao /

ORIANA (Foto Yoshitatsu Fukawa)

ORIENT VENUS (Foto Kazuo Tachibana)

ms ORIANA
P&O Cruises, London
Jos. L. Meyer, Papenburg; Baunr. 636

69 153 BRZ / 6715 tdw / 260,00 m Länge ü.a. / 32,24 m Breite / Zwei 9- und zwei 6-Zyl.-Diesel mit Getriebe; MAN-B&W / 39 750 kW / 2 Schrauben / 24 kn / Pass.: 1975 (2108) in 914 Kabinen / Bes. 760

30.6.1994 aufgeschwommen / 2.4.1995 Ablieferung / 6.4.1995 Taufe durch Königin Elizabeth II. in Southampton / 9.4.1995 Jungfernkreuzfahrt Southampton–Kanarische Inseln /

Foto siehe Farbteil auf Seite 119

ORIENT PRINCESS siehe YAO HUA

ms ORIENT VENUS
Nippon Cruise Line, Osaka
Ishikawajima-Harima Heavy Industries, Tokio; Baunr. 2987

21 906 BRZ / 4277 tdw / 174,00 m Länge ü.a. / 24,00 m Breite / Zwei 12-Zyl.-Diesel mit Getriebe; Pielstick-United / 12 600 kW / 2 Schrauben / 21, max. 22,56 kn / 626 Pass. in 194 Kabinen / Bes. 120

26.1.1990 Stapellauf / 8.7.1990 Ablieferung / Kreuzfahrten im Pazifik / 1992 21 884 BRT / 1994 an Shin Nipponkai Ferry Co, Osaka /

ms ORION
Taiyo Ferry, Kanda
Hayashikane Zosen, Shimonoseki; Baunr. 1167

7173 BRT / 2923 tdw / 149,87 m Länge ü.a. / 22,43 m Breite / Zwei 18-Zyl.-Diesel; MAN-Mitsubishi / 20000 PSe / 2 Schrauben / 21,5 kn / 794 Deckspass. / 72 PKW, 94 LKW / Bes. 56

1972 Stapellauf / 28.2.1973 Ablieferung / 1980 als FERRY NISHIKI MARU an Kansai Kisen Co. verchartert / 3.12.1980 erste Reise Osaka–Kobe–Beppu / 1983 an Kurushima Dockyard / 1984 wieder ORION, Taiyo Ferry, Kanda / 1989 VIEW OF NAGASAKI, Glory Shipping, Honduras / 1989 DAEDALUS, Minoan Lines, Iraklion. Umbau in Perama. 10 417 BRT, 802 Pass. in 254 Kabinen, 612 Deckspass. Ancona–Patras-Dienst / 1995 Venedig–Patras-Dienst /

ms OSADO MARU
Sado Kisen Kaisha, Ryotsu
Kanda Zosensho, Kawajiri; Baunr. 308

10 811 BRT / 1506 tdw / 131,91 m Länge ü.a. / 21,04 m Breite / Zwei 9-Zyl.-Diesel mit Getriebe; Pielstick-Niigata / 9930 kW / 2 Schrauben / 20 kn / 1525 Deckspass. / 190 PKW / Bes. 45

9.9.1987 Stapellauf / 27.1.1988 Ablieferung / Ryotsu–Niigata-Dienst / 1996 11 085 BRT /

ts OXFORDSHIRE
Bibby Line, Liverpool
Fairfield Sb. & Eng. Co, Glasgow; Baunr. 775

20 586 BRT / 8500 tdw / 185,76 m Länge ü.a. / 23,86 m Breite / Zwei Satz Getriebeturbinen; Pametrada-Brown / 18 000 PSw / 2 Schrauben / 20 kn / Pass.: 220 I., 100 II., 180 III. Klasse, 1000 Mann Truppen / Bes. 409

15.12.1955 Stapellauf / 13.2.1957 Ablieferung / Truppentransporte / 1962 außer Dienst / 1963 Für sechs Jahre an die Sitmar Line, Monrovia, verchartert / 19.5.1963 bis 3.1964 bei Wilton Fijenoord in Schiedam für den Australien-Dienst umgebaut / 3.1964 umbenannt FAIRSTAR. Bis 5.1964 Restarbeiten durch Harland & Wolff in Southampton. 21 619 BRT, 1863 Pass. in 500 Kabinen / 19.5.1964 erste Reise Southampton–Brisbane / 20.8.1973 erste Kreuzfahrt ab Sydney, nur noch Kreuzfahrten. 1300 Pass. in 488 Kabinen / 1.9.1988 an P&O Line,

DAEDALUS ex ORION (Foto Frank Heine, 1992)

OSADO MARU (Sammlung Klas Brogren)

PACIFIC EXPRESS (Foto Bauwerft)

Monrovia / 1994 BRZ 23 180 / 1997 Außerdienststellung; zum Verkauf gestellt /

ms PACIFIC EXPRESS

Marine Express Co, Tokio
Mitsubishi Heavy Industries, Shimonoseki; Baunr. 962

11 580 BRT / 5809 tdw / 170,00 m Länge ü.a. / 25,02 m Breite / Zwei 14-Zyl.-Diesel; Pielstick-Nippon / 33 980 kW / 2 Schrauben / 26,25 (27,7) kn / 61 Pass. in Kabinen, 660 Deckspass. / 90 PKW, 100 Trailer / Bes. 50

16.6.1992 Stapellauf / 12.11.1992 Ablieferung / 20.11.1992 Jungfernreise Kawasaki–Hyuga /

PACIFIC PRINCESS siehe SEA VENTURE

FAIRSTAR ex OXFORDSHIRE (Foto ToYouToo, 1993)

ms PAGLIA ORBA

SNMC Mediterranée, Bastia
Ateliers et Chantiers du Havre, Le Havre; Baunr. 290

29 718 BRZ / 9795 tdw / 165,80 m Länge ü.a. / 29,02 m Breite / Vier 16-Zyl.-Diesel mit Getriebe; Wärtsilä / 19720 kW / 2 Schrauben / 19 kn / 196 Pass. in 95 Kabinen / 120 PKW

3.6.1993 Stapellauf / 12.5.1994 Ablieferung / Marseille–Bastia-Dienst; auch Bastia–Genua und Sardinien /

PAGLIA ORBA (Foto Frank Heine)

PALANGA siehe MONTE STELLO

ms PALLADIO

Adriatica di Navigazione, Venedig
Fincantieri, Cant. Nav. Italiani, Ancona; Baunr. 5864

10 977 BRZ / 2501 tdw / 122,88 m Länge ü.a. / 19,43 m Breite / Zwei 6-Zyl.-Diesel mit Getriebe; GMT-Fincantieri / 6180 kW / 2 Schrauben / 17 kn / 348 Pass. in 174 Kabinen, 752 Deckspass. / 275 PKW, 33 Trailer / Bes. 55

20.10.1988 Stapellauf / 18.3.1989 Ablieferung / Bari–Durres-Dienst /

PALLADIO (Foto Antonio Scrimali)

mse PARADISE*

Carnival Cruise Lines, Panama
Kvaerner Masa Yards, Helsinki; Baunr. 494

70 367 BRZ / 7000 tdw / 260,80 m Länge ü.a. / 31,50 m Breite / Vier 12- und zwei 8-Zyl.-Diesel mit elektr. Kraftübertragung; Sulzer-Wärtsilä / 42 240 kW / 2 Schrauben / 18 kn / 2624 Pass. in 1020 Kabinen /

11.1998 Ablieferung geplant / Kreuzfahrten /

ms PASIPHAE*

Minonan Lines
Bruces Shipyard, Landskrona; Baunr.

31 000 BRZ / 5150 tdw / 200,6 m Länge ü.a. / 25,8 m Breite / Vier Diesel / 44 480 kW / 2 Schrauben / 26,4 kn / 700 Pass. in 193 Kabinen, 800 Deckspass. / 975 PKW /

6.1998 Ablieferung vorgesehen / Patras–Ancona-Dienst /

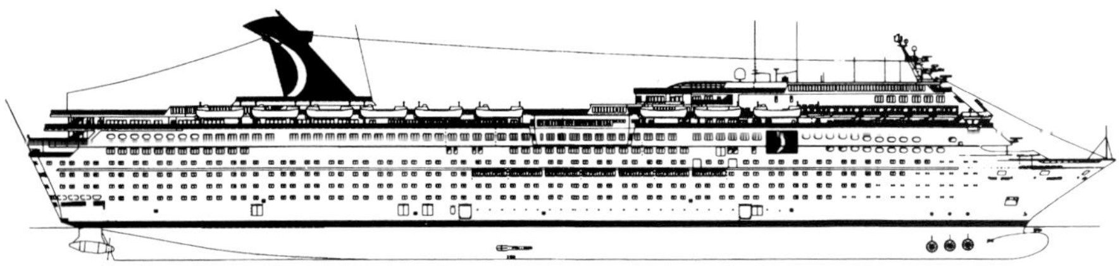

PARADISE (Cruise & Ferry Info)

PASCOLI (Foto Steffen Weirauch)

ms PASCOLI

Tirrenia di Navigazione, Palermo
Cant. Nav. del Tirreno e Riuniti, Palermo; Baunr. 249

6909 BRT / 1874 tdw / 139,97 m Länge ü.a. / 20,05 m Breite / Zwei 9-Zyl.-Diesel; Fiat-Tirreno / 16 560 PSe / 2 Schrauben / 20 kn / Pass.: 158 I. in 66 Kabinen, 348 II. Klasse in 95 Kabinen, 500 Deckspass. / 250 PKW / Bes. 105

11.1.1970 Stapellauf / 1.1971 Ablieferung / Neapel–Tunis–Tripolis–Palermo-Dienst / 1985 zusätzliche Kabinen, 7095 BRT / 1991 bei INMA in La Spezia umgebaut; drei zusätzliche Decks und seitliche Stabilisierungswulste; 11 779 BRZ, 23,6 m Breite über Wulste, 971 Pass. in 288 Kabinen, 479 Deckspass., Bes. 96, 370 PKW /

ms PATRICIA

Rederi Svenska Lloyd, Göteborg
Lindholmens Varf, Göteborg; Baunr. 1095

8897 BRT / 2591 tdw / 141,20 m Länge ü.a. / 20,96 (20,73) m Breite / Vier 6-Zyl.-Diesel mit Getriebe; Pielstick-Lindholmens / 10 080 PSe / 2 Schrauben / 18 kn / 748 Pass. / 200 PKW /

29.9.1966 Stapellauf / 15.3.1967 Fertigstellung / 5.4.1967 Jungfernreise Southampton– Bilbao / 1.9.1977 In Göteborg aufgelegt / 8.1978 STENA OCEANICA, Stena Line, Göteborg / 31.10.1978 bis 1979 bei der Middle Docks & Engineering Co in Newcastle um ein Deck erhöht, 10 034 BRT, 22,61 m Breite, 830 Pass. in Kabinen, 370 Deckspass. / 4.1979 umbenannt STENA SAGA / 5.1979 erste Reise Frederikshavn–Oslo / 5.1988 LION QUEEN, Lion Ferries, Göteborg / 18.5. bis 6.1988 Umbau bei Nobiskrug in Rendsburg / 9.6.1988 Grenaa–Helsingborg- bzw. Halmstad-Dienst / 23.11.1989 bis 3.1990 Umbau bei HDW-Nobiskrug in Rendsburg / 3.1990 CROWN PRINCESS VICTORIA, British Columbia Stena Line, Victoria / 14.4.1990 erste Reise Victoria–Seattle / 11.1990 CROWN PRINCESS, Stena Crown Princess, Nassau / 1991 PACIFIC STAR, von Starlite Cruises bereedert. Tageskreuzfahrten ab San Diego / 1993 SUN FIESTA, von Sun Fiesta Cruises bereedert. Tageskreuzfahrten ab Port Everglades / 10.3.1994 LION QUEEN, Lion Ferries, Göteborg. 14 139 BRZ. Grenaa–Halmstad-Dienst / 19.5.1995 erste Reise Karlskrona–Gdynia. Heimathafen Gdynia / 1996 BRZ 12 764 /

Foto siehe Farbteil auf Seite 115

PATRIOT STATE

siehe SANTA MERCEDES

STENA INVICTA ex PEDER PAARS (Foto Peter Voß, 1996)

FEDRA ex PETER PAN (Foto Frank Heine)

ms PAUL GAUGUIN*

Service et Transport, Le Havre
Chantiers de L'Atlantique, St. Nazaire; Baunr. G31
15 800 BRZ / 380 Pass. /
Kiellegung als TAHITI NUI / 5.1996 Stapellauf / 1997 Ablieferung vorgesehen /

ms PEDER PAARS

Danske Statsbaner, Aarhus
Nakskov Skibsvaerft; Baunr. 233

19 763 BRZ / 2813 tdw / 134,02 m Länge ü.a. / 24,62 (24,01) m Breite / Zwei 8-Zyl.-Diesel; MAN-B&W / 10 600 kW / 2 Schrauben / 17 kn / 148 Pass. in 74 Kabinen, 1852 Deckspass. / 331 PKW /

21.11.1984 Stapellauf / 14.5.1985 Taufe / 18.10.1985 Ablieferung / 19.11.1985 Aarhus–Kalundborg-Dienst / 5.1991 STENA INVICTA, Sealink Stena Line, Dover / 20.5. bis 7.1991 auf der Lloydwerft in Bremerhaven umgebaut. 152 PKW, 30 Trailer / 7.7.1991 erste Reise Dover–Calais /

ms PETER PAN

Travemünde Trelleborg-Linie, Lübeck
Werft Nobiskrug, Rendsburg; Baunr. 681

12 527 BRT / 2700 tdw / 148,93 m Länge ü.a. / 23,98 (23,53) m Breite / Zwei 16-Zyl.-Diesel mit Getriebe; Pielstick-B+V / 20 800 PSe / 2 Schrauben / 22 kn / 712 Pass. in Kabinen, 888 Deckspass. / 470 PKW / Bes. 125

2.2.1974 Stapellauf / 22.5.1974 Ablieferung. Jungfernkreuzfahrt Travemünde–Göteborg–Oslo / 25.5.1974 Jungfernreise Travemünde–Trelleborg. In den ersten Jahren im Winter für Kreuzfahrten eingesetzt / 1.1981 Gemeinsamer Einsatz mit Saga-Linjen unter der Bezeichnung TT-Saga-Line / 1984 12 519 BRT / 1985 12 527 BRT / 1.1986 umbenannt ROBIN HOOD / 22.3.1987 FEDRA, Minoan Lines, Iraklion. Ancona–Igoumenitsa–Korfu–Patras-Dienst / 22.12.1992 bis 3.4.1993 Travemünde–Trelleborg-Dienst in TT-Line-Charter. 19 212 BRZ / 1995 Venedig–Korfu–Igoumenitsa–Patras-Dienst /

SPIRIT OF TASMANIA ex PETER PAN (Foto Peter Voß, 1993)

ms PETER PAN

TT-Line, Hamburg
Seebeckwerft, Bremerhaven; Baunr. 1058

31 356 BRZ / 5180 tdw / 161,53 m Länge ü.a. / 28,20 (27,6) m Breite / Vier 8-Zyl.-Diesel mit Getriebe; MaK / 19 600 kW / 2 Schrauben / 21,5 kn / 1320 Pass. in 489 Kabinen, 425 Deckspass. (143 Pullman) / 550 PKW / Bes. 200

30.11.1985 Stapellauf / 30.5.1986 Ablieferung / 2.6.1986 Jungfernreise Travemünde–Trelleborg / 1.9.1993 SPIRIT OF TASMANIA, Transport Tasmania, Hobart / 1.10.1993 Probefahrt nach Umrüstung bei der Lloyd Werft in Bremerhaven / 29.11.1993 erste Reise Melbourne–Devonport /

PETER PAN siehe NILS DACKE

ms PETER WESSEL
Larvik-Frederikshavnferjen, Oslo
Ateliers et Chantiers du Havre, Le Havre; Baunr. 212

6801 BRT / 1200 tdw / 128,12 m Länge ü.a. / 19,99 (19,61) / Vier 8-Zyl.-Diesel mit Getriebe; Werkspoor-Dujardin / 20 400 PSe / 2 Schrauben / 21,5 kn / 492 Pass. in 137 Kabinen, 1008 Deckspass. / 270 PKW /

23.10.1972 Stapellauf / 20.7.1973 Ablieferung / 19.8.1973 Jungfernreise Larvik–Frederikshavn / 30.3.1984 ZEELAND, Admiral Shipping, Nassau; für 23 Monate an S.M. Zeeland verchartert / 2.4.1984 erste Reise Hoek van Holland–Harwich / 1.4.1986 STENA NORDICA, Stena Line, Göteborg / 4.5.1986 erste Reise Göteborg–Frederikshavn–Moss / 11.1988 MARKO POLO, Jadrolinija, Rijeka. Dienst zwischen Jugoslawien, Italien und Griechenland / 14.10.1989 bis 1990 Wohnschiff für Asylbewerber in Hamburg / 1990 kroatische Flagge / 10.1. bis 23.10.1992 Rostock–Trelleborg-(Rönne)-Dienst in Charter der TT-Line / 1993 bis 1.1994 Patras–Bari-Dienst in Charter der New Olympic Ferries / 5. bis 9.1994 Comanav-Charter / 1995 an Jadrolinija Cruises, Rijeka. Kroatien–Italien-Dienst / 1995 BRZ 10 154 /

PETER WESSEL
siehe WASA STAR

PETERSBURG
siehe MUKRAN

PETRARCA (Foto Frank Heine)

ms PETRARCA
Tirrenia di Navigazione, Palermo
Cant. Nav. del Tirreno e Riunite, Palermo; Baunr. 250

6900 BRT / 1875 tdw / 130,97 m Länge ü.a. / 20,02 m Breite / Zwei 9-Zyl.-Diesel; Fiat-Tirreno / 16 560 PSe / 2 Schrauben / 22 kn / Pass.: 158 I. in 66 Kabinen, 348 II. Klasse in 95 Kabinen, 500 Deckspass. / 250 PKW / Bes. 105

12.1970 Stapellauf / 6.1971 Ablieferung / Neapel–Tunis–Tripolis–Palermo-Dienst / 1985 zusätzliche Kabinen, 7095 BRT / 1991 Umbau in Genua, drei zusätzliche Decks. 11 779 BRZ, 917 Pass. in 288 Kabinen, 479 Deckspass., Bes. 96 / 370 PKW / Fährdienste an der Westküste Italiens einschließlich Inseln /

ms PHOENIX EXPRESS
Marine Express Co, Tokio
Mitsubishi H.I., Shimonoseki; Baunr. 963

11 578 BRT / 5802 tdw / 170,00 m Länge ü.a. / 25,02 m Breite / Zwei 14-Zyl.-Diesel mit Getriebe; Pielstick-Nippon Kokan / 30580 kW / 2 Schrauben / 26,2 kn / 660 Pass. / 90 PKW, 100 LKW /

29.1.1993 Stapellauf /

MARKO POLO ex PETER WESSEL (Foto Peter Voß, 1990)

ms PHOENIX WORLD CITY*
World City America (Kloster-Projekt)

250 000 BRZ / 5600 Pass. in Kabinen / Bes. 2400

1996 lehnte die US Maritime Administration die beantragte Eine-Billion-Dollar-Anleihe ab, womit das Projekt wohl endgültig gescheitert zu sein schien. Jetzt will sich jedoch die Westin Hotel-Kette an einem Bau des Schiffes auf einer US-Werft noch in diesem Jahrtausend beteiligen. Name jetzt: AMERICAN WORLD CITY /

PHOENIX EXPRESS (Foto M. Watanabe, 1995)

POLARIS siehe DANA FUTURA

ms POLARLYS
Troms Fylkes DS, Tromsö
Ulstein Verft; Baunr. 223

11 341 BRZ / 850 tdw / 121,8 m Länge ü.a. / 19,2 m Breite / Zwei 9-Zyl.-Diesel mit Getriebe; Normo-Ulstein / 7940 kw / 2 Schrauben / 15 kn / 480 Pass. in Kabinen, 257 Deckspass. / 50 PKW / Bes. 60

1995 Stapellauf / 23.3.1995 Taufe / 17.4.1996 Jungfernreise Bergen–Kirkenes /

POLARLYS (Foto Wilhelm Langes, 1996)

ms POLONIA
Unity Line, Nassau
Langsten Slip & Batbyggeri, Tomrefjord; Baunr. 163

29 875 BRZ / 7254 tdw / 169,90 m Länge ü.a. / 28,00 m Breite / Vier 6-Zyl.-Diesel; Stork-Wärtsilä / 15 840 kW / 2 Schrauben / 586 Pass. in 204 Kabinen, 415 Deckspass. / PKW, Waggons /

26.5.1995 Ablieferung / 31.5.1995 Jungfernreise Swinemünde–Ystad /

POLONIA (Foto Frank Heine, 1995)

POMERANIA (Foto Dirk Jankowsky)

ms POMERANIA
Polish Baltic Shipping Co, Kolberg
Stocznia Szczezinska im A. Warskiego, Stettin; Baunr. B490/01

7414 BRT / 1146 tdw / 127,44 m Länge ü.a. / 19,46 m Breite / Vier 6-Zyl.-Diesel mit Getriebe; Sulzer-Sgoda / 16 800 PSe / 2 Schrauben / 20,25 Kn / 408 Pass. in 123 Kabinen, 523 Deckspass. / 277 PKW / Bes. 110

31.5.1975 Stapellauf / 8.1978 Ablieferung / Typschiff einer Serie von sieben Einheiten / Swinemünde–Ystad-Dienst / 6. bis 8.1982 Tunis–Genua-Dienst in Cotunav-Charter / 9.5.1983 erste Reise Travemünde–Danzig; nach vier Reisen Danzig–Helsinki-Dienst / 1994 BRZ 10 550 / 1996 Swinemünde–Malmö-Dienst / 1997 weitgehender Umbau und Vergrößerung der Passagierdecks bei der Remontowa-Werft in Danzig geplant /

POSEIDON siehe SUZURAN MARU

ms POVL ANKER

Bornholmstrafikken, Rönne
Aalborg Vaerft, Aalborg; Baunr. 221

8203 BRT / 2361 tdw / 121,19 m Länge ü.a. / 21,98 (21,51) m Breite / Vier 16-Zyl.-Diesel mit Getriebe; Alpha / 12 475 kW / 2 Schrauben / 17 (20) kn / 354 Pass. in 163 Kabinen, 1146 Deckspass. / 270 PKW, 30 LKW / Bes. 107

14.4.1978 Stapellauf / 17.12.1978 Ablieferung / Dienst Kopenhagen–Rönne oder Ystad–Rönne / 1995 BRZ 12 131 / 16.1.1997 im Nebel vor Kopenhagen mit dem lettischen Frachter CESIS kollidiert, dabei Bugklappe schwer beschädigt / 20.1.1996 zur fünfwöchigen Reparatur nach Fredericia /

POVL ANKER (Foto Frank Heine)

ts PRESIDENT HAYES

American President Lines, San Franzisko
New York Sb. Corp., Camden; Baunr. 487

12 660 BRT / 162,7 m Länge ü.a. / 22,2 m Breite / Zwei Satz Getriebeturbinen; GEC / 13 500 PSw / 1 Schraube / 19 kn / 392 Passagiere, 1500 Mann Truppen /

9.1950 Das für den Passagierdienst der American President Lines vorgesehene Schiff wird von der US Navy übernommen. Weiterbau als Truppentransporter UPSHUR / 20.12.1952 Ablieferung / 1973 STATE OF MAINE, US Dept. of Commerce, Schulschiff der Maine Maritime Academy / 1982 Mit 13 319 BRT vermessen / 1990 Heimathafen Castine, Maine /

STATE OF MAINE ex PRESIDENT HAYES (Foto Gerhard Fiebi ger)

ts PRESIDENT JACKSON

American President Lines, San Franzisko
New York Sb. Corp., Camden; Baunr. 485

12 660 BRT / 162,5 m Länge ü.a. / 22,3 m Breite / Zwei Satz Getriebeturbinen; GEC / 13 500 PSw / 1 Schraube / 19 kn / 392 Pass., 1500 Mann Truppen /

27.6.1950 Stapellauf / 9.1950 Das für den Passagierdienst der American President Lines vorgesehene Schiff wird von der US Navy übernommen. Weiterbau als Truppentransporter BARRETT / 15.12.1950 Ablieferung / 1.7.1973 außer Dienst / 5.9.1973 EMPIRE STATE V, New York Maritime Academy. Schulschiff / 1978 umbenannt EMPIRE STATE / 1982 Mit 13 319 BRT vermessen / 1990 umbenannt STATE /

EMPIRE STATE ex PRESIDENT JACKSON (Sammlung Weirauch)

PRIDE OF BURGUNDY (Foto Florent Van Otterdijk, 1995)

PRIDE OF CALAIS (Foto Frank Lose, 1995)

PRIDE OF AL SALAM
siehe FREE ENTERPRISE VI

PRIDE OF BILBAO
siehe OLYMPIA, 1986

PRIDE OF BRUGES
siehe PRIDE OF FREE ENTERPRISE

ms PRIDE OF BURGUNDY
P&O European Ferries, Dover
Schichau-Seebeckwerft, Bremerhaven; Baunr. 1974

28 138 BRZ / 5875 tdw / 179,40 m Länge ü.a. / 28,30 (27,80) m Breite / Vier 8-Zyl.-Diesel mit Getriebe; Sulzer-Jugoturbina / 21 120 kW / 2 Schrauben / 21 kn / 194 Pass. in Kabinen / 1447 Deckspass. / 600 PKW /

16.5.1992 Stapellauf / Als EUROPEAN CAUSEWAY auf Kiel gelegt, als Schwesterschiff der Frachtfähre EUROPEAN SEAWAY konzipiert, dann für die Aufnahme von Passagieren vergrößert / 26.3.1993 Ablieferung / 5.4.1993 Jungfernreise Calais–Dover /

PRIDE OF DOVER (Foto Dr. Achim Borchert)

ms PRIDE OF CALAIS
P&O European Ferries, Dover
Schichau-Unterweser, Bremerhaven; Baunr. 94

26 433 BRZ / 4478 tdw / 169,60 m Länge ü.a. / 28,30 (27,80) m Breite / Drei 14-Zyl.-Diesel mit Getriebe; Sulzer-CCM / 23 100 kW / 3 Schrauben / 22 kn / 90 Pass. in 45 Kabinen, 2260 Deckspass. / 650 PKW / Bes. 100

11.4.1987 Stapellauf für Townsend Car Ferries, Dover / 27.11.1987 Ablieferung an P&O Ferries / 4.12.1987 erste Reise Calais–Dover /

PRIDE OF CHERBOURG
siehe VIKING VALIANT

ms PRIDE OF DOVER
P&O European Ferries, Dover
Schichau-Unterweser, Bremerhaven; Baunr. 93

26 433 BRZ / 4621 tdw / 169,60 m Länge ü.a. / 28,27 (27,80) m Breite / Drei 14-Zyl.-Diesel mit Getriebe; CCM-Sulzer / 23 095 kW / 3 Schrauben / 22 kn / 90 Pass. in 45 Kabinen, 2260 Deckspass. / 650 PKW / Bes. 100

20.9.1986 Stapellauf für Townsend Car Ferries, Dover / 27.5.1987 Ablieferung / 2.6.1987 erste Reise Dover–Calais / 31.12.1987 an P&O European Ferries, Dover /

PRIDE OF FLANDERS
siehe NORDIC FERRY

ms PRIDE OF FREE ENTERPRISE
Townsend Car Ferries, Dover
Schichau-Unterweser, Bremerhaven; Baunr. 2281

7951 BRT / 2492 tdw / 131,91 m Länge ü.a. / 23,19 (22,70) m Breite / Drei 12-Zyl.-Diesel mit Getriebe; Sulzer / 17 650 kW / 3 Schrauben / 22 kn / 50 Pass. in 25 Kabinen, 1300 Deckspass. / 200 PKW, 50 LKW /

31.5.1980 Stapellauf / 31.10.1980 Ablieferung / 23.11.1980 Jungfernreise Dover–Calais / 19.1.1987 an P&O European Ferries, Dover / 4.12.1987 erste Reise Dover–Zeebrügge / 11.12.1987 umbenannt PRIDE OF BRUGES / 11.1991 Dover–Calais-Dienst / 1994 BRZ 13 061 /

Foto siehe Farbteil auf Seite 117

PRINCESS OF ACADIA (Foto Steffen Weirauch)

PRIDE OF HAMPSHIRE
siehe VIKING VENTURER

PRIDE OF KENT
siehe SPIRIT OF FREE ENTERPRISE

PRIDE OF LE HAVRE
siehe OLAU HOLLANDIA 1989

PRIDE OF PORTSMOUTH
siehe OLAU BRITANNIA, 1990

PRIDE OF RATHLIN
siehe FREE ENTERPRISE VII

PRIDE OF SUFFOLK
siehe BALTIC FERRY

PRINCE OF SCANDINAVIA
siehe TOR BRITANNIA

PRINCESA MARISSA
siehe FINNHANSA, 1965

PRINCESA VICTORIA
siehe DUNNOTTAR CASTLE

PRINCESS DANAE
siehe DANAE

ms PRINCESS OF ACADIA
Canadian Pacific, Montreal
Saint John Sb. & Drydock Co., St.John; Baunr. 1098

10 109 BRT / 2447 tdw / 146,31 m Länge ü.a. / 20,53 (20,12) m Breite / Vier 16-Zyl.-Diesel mit Getriebe; General Motors / 11 500 PSe / 2 Schrauben / 18,75 kn / 641 Pass., davon 9 in 7 Kabinen / 159 PKW / Bes. 42

1971 Stapellauf als PRINCESS OF NOVA. Vor Ablieferung umbenannt / 15.5.1971 Fertigstellung / 27.5.1971 Jungfernreise New Brunswick–Nova Scotia / 1974 an die kanadische Regierung verkauft / 1979 an CN Marine, Saint John / 1984 10 051 BRT / 1987 an Marine Atlantic, St. John's / 1990 Heimathafen Saint John /

PRINCESS OF SCANDINAVIA
siehe TOR SCANDINAVIA

PRINCESS OF THE ORIENT
siehe SUN FLOWER 11

ts PRINCIPE PERFEITO
Cia. Colonial de Navegaçáo, Lissabon
Swan, Hunter & Wigham Richardson, Newcastle; Baunr. 1974

19 393 BRT / 8738 tdw / 190,51 m Länge ü.a. / 23,98 m Breite / Zwei Satz Getriebeturbinen; Parsons / 24 000 PSw / 2 Schrauben / 20 kn / 200 I. Klasse, 800 Touristenklasse, 200 Mann Truppen / Bes. 320

22.9.1960 Stapellauf / 18. bis 19.5.1961 Probefahrt / 27.6.1961 Jungfernreise Lissabon–Beira / 1974 an Cia. Portuguesa de Transport Maritimas, Lissabon / 3.1.1976 in Lissabon aufgelegt / 4.1976 AL HASA, Global Transportation, Panama. Bei Swan Hunter Shiprepairs

MARIANNA 9 ex PRINCIPE PERFEITO (Foto Frank Heine)

PRINS FILIP (Foto Peter Voß, 1991)

THESSALONIKI ex PRINZ HAMLET (Foto Jürgen Saupe, 1996)

PRINS HENRIK (Foto Carsten Watsack)

zum Wohnschiff für Hafenarbeiter umgebaut. 820 Betten / 14.6.1976 nach Damman ausgelaufen, dort als Wohnschiff in Dienst / 1980 FAIRSKY, Fair Line Shipping Corp., Panama / 20.1.1981 in Itea aufgelegt / 1981 umbenannt VERA / 1982 MARIANNA 9, Sapho Shipping & Trading Corp., Piräus / 30.6.1982 Ankunft als Wohnschiff in Djeddah / 1982 nach Rabegh verlegt / 1986 Wohnschiff in Kalamata, dann wieder nach Djeddah / 1990 Von Bilinder Marine Corp., Piräus, bereedert / Seit 30.5.1992 fast ständig in Eleusis aufgelegt /

ms PRINS FILIP

Ostend–Dover-Line, Ostende
Boelwerf, Temse; Baunr. 1534

28 833 BRZ / 4287 tdw / 163,40 m Länge ü.a. / 27,70 (27,0) m Breite / Vier 8-Zyl.-Diesel mit Getriebe; Sulzer-Jugoturbina / 21 120 kW / 2 Schrauben / 21 kn / 434 Pass. in 121 Kabinen, 916 Deckspass. / 710 PKW, 120 LKW /

Als KONING BOUDEWIJN geplant / 1.2.1991 aufgeschwommen / 4.5.1992 Ablieferung / 12.4.1992 Jungfernreise Ostende–Dover / 1.1.1994 erste Reise Ostende–Ramsgate /

ms PRINS HAMLET

Lion Ferry, Halmstad
Wärtsilä, Turku; Baunr. 1133

7658 BRT / 1808 tdw / 134,32 m Länge ü.a. / 20,12 (19,92) m Breite / Zwei 8-Zyl.-Diesel; Sulzer-Wärtsilä / 14 000 PSe / 2 Schrauben / 20 kn / 444 Pass. in 116 Kabinen, 124 Pullman, 380 Deckspass. / 300 PKW /

17.12.1965 Stapellauf / 14.5.1966 Ablieferung / 23.5.1966 Jungfernreise Bremerhaven–Harwich / 29.5.1969 PRINZ HAMLET, Hafen-Dampfschifffahrt & Fährdienst, Hamburg / 31.5.1969 erste Reise Hamburg–Harwich / 22.11.1977 ROUSSILLON, Cie. Générale Transmediterranée, Marseille. Marseille–Korsika-Dienst / 1977 an SNCM, Marseille / 1980 KAMIROS, Dodekanisiaki An. Naftiliakis Eteria, Rhodos. 7466 BRT. Piräus–Rhodos-Dienst / 1995 THESSALONIKI, Dimitrios Miras & Co, Valletta. 11 281 BRZ / 1996 an Anmar Management, Valletta. 10 449 BRZ /

ms PRINS HENRIK

Danske Statsbaner, Korsör
Nakskov Skibsvaerft, Nakskov; Baunr. 203

5623 BRT / 17,71 (17,23) m Breite / Vier 12-Zyl.-Diesel mit Getriebe; B&W / 9560 PSe / 2 Schrauben / 18,5 kn / 1500 Deckspass. / PKW, Waggons / Bes. 42

29.11.1973 Stapellauf / 15.5.1974 Ablieferung / 5.1974 Korsör–Nyborg-Dienst / 10.1980 erste Reise Rödbyhavn–Puttgarden / 1981 bei Nakskov verlängert und um ein Deck erhöht. 6211 BRT, 144,66 m Länge ü.a., 260 PKW, Waggons / 9.1981 wieder Rödbyhavn–Puttgarden-Dienst / 1994 BRZ 10 850 /

PRINS JOACHIM (Foto Frank Heine)

ms PRINS JOACHIM
Danske Statsbaner, Korsör
Nakskov Skibsvaerft; Baunr. 223

10 607 BRT / 4490 tdw / 152,00 m Länge ü.a. / 23,12 (22,81) m Breite / Sechs 16-Zyl.-Diesel mit Getriebe; B&W-Alpha / 17 200 kW / 2 Schrauben / 19 kn / 2280 Deckspass. / 420 PKW, 18 Waggons / Bes. 36

25.1.1980 Stapellauf / 2.7.1980 Ablieferung / 26.10.1980 erste Reise Nyborg–Korsör / 1994 BRZ 16 071 /

AMBASSADOR II ex PRINS OBERON (Foto Frank Lose, 1995)

ms PRINS OBERON
Lion Ferries, Halmstad
Werft Nobiskrug, Rendsburg; Baunr. 663

8093 BRT / 1778 tdw / 134,02 m Länge ü.a. / 21,04 (20,81) m Breite / Zwei 16-Zyl.-Diesel mit Getriebe; Pielstick-B+V / 16 000 PSe / 2 Schrauben / 22 kn / 708 Pass. in 182 Kabinen, 290 Deckspass. / 250 PKW / Bes. 90

21.2.1970 Stapellauf / 6.6.1970 Ablieferung / 8.6.1970 Jungfernreise Bremerhaven–Harwich / 12.1978 PRINZ OBERON, Prinzenlinien, Bremen / Bremerhaven–Harwich-Dienst / 12.1982 in Bremerhaven aufgelegt / 11.2. bis 10.6.1983 Hoek van Holland–Harwich-Dienst in Sealink-Charter / 6.6.1984 erste Reise Esbjerg–Newcastle–Göteborg / 1984 Heimathafen Hamburg / 23.6. bis 19.8.1984 Göteborg–Harwich–Cuxhaven-Dienst / 14.11.1984 NORDIC SUN, Transnordic Line, Stockholm / 25.2.1985 zur Überholung an Nobiskrugwerft, Rendsburg, danach bis 30.5.1986 Travemünde–Trelleborg-Dienst in TT-Line-Charter / 1986 CRUISE MUHIBAH, Perbadanam Nasional Shipping Line, Kuala Lumpur. Kuantan–Singapur-Dienst / 1989 MUNSTER, B & I Line, Dublin / 27.4.1990 erste Reise Rosslare–Pembroke / 4.1993 AMBASSADOR, New Olympic Ferries, Limassol. 6389 BRT / 19.6.1993 erste Reise Patras–Bari / 1.1994 AMBASSADOR II, EPA Invest, Limassol. 11 403 BRZ / 4.1994 Tunis–Neapel–Genua-Dienst in Cotunav-Charter / 12.12.1994 erste Reise Tallinn–Travemünde in Eminre-Tallink-Charter / 24.1.1995 wegen Maschinenschadens in Travemünde aufgelegt, Charter gelöst / 30.3.1995 zur Reparatur nach HDW Kiel / 7.1995 Tanger–Sete-Dienst in Comanav-Charter / 9.1995 in Genua aufgelegt / 10.1996 nach Libyen verchartert /

KING OF SCANDINAVIA ex PRINSESSAN BIRGITTA (Foto Hans- Joachim Reinecke, 1995)

ms PRINSESSAN BIRGITTA

Sessanlinjen, Västervik
Wärtsilä, Turku;
Baunr. 1214

8753 BRT / 1600 tdw / 152,4 m Länge ü.a. / 20,0 m Breite / Zwei 18 Zyl.-Diesel; Pielstick-Wärtsilä / 21 600 PSe / 2 Schrauben / 24 kn / 733 Pass. in Kabinen, 470 Deckspass. / 321 PKW / Bes. 120

28.9.1973 Stapellauf / 10.5.1974 Taufe und Ablieferung / 17.5.1974 Jungfernreise Göteborg–Travemünde / 3.1977 an Göteborg– Frederikshavn-Linjen, Västervik / 1979 Heimathafen Göteborg / 14.9.1981 erste Reise Göteborg–Kiel für Stena. 889 Pass. in Kabinen, 341 Deckspass. / 10.5.1982 umbenannt STENA SCANDINAVICA / 6. bis. 9.1987 Tunis– Genua-Dienst in Cotunav-Charter / 12.1987 umbenannt SCANDINAVICA. 9017 BRT / 5. bis 9.1988 Dover–Calais-Dienst in Charter Sealink British Ferries / 9.1988 an Stena Line, Nassau / 3.1989 TARAK L., Cotunav-Charter, Tunis–Genua-Dienst / 15.11.1989 an Norway Line, Bergen. Umbau bei Kristiansands Mek. Verksteder. Neues Heck. 13 289 BRZ / 3.1990 umbenannt VENUS / 31.3.1990 erste Reise Bergen–Stavanger–Newcastle–Amsterdam / 14.10.1990 an Color Line, Bergen / 1994 BRZ 13 286 / 4.9.1994 KING OF SCANDINAVIA, Det Forenede DS, Esbjerg / 3.9.1994 in Esbjerg aufgelegt / 10.4.1995 erste Reise Esbjerg–Newcastle–Hamburg / 1996 BRZ 13 336 / 29.3.1996 Ijmuiden–Newcastle–Hamburg-Dienst /

PRINSESSE RAGNHILD (Foto Peter Voß, 1996)

ms PRINSESSAN BIRGITTA

Sessan Linjen, Göteborg
Götaverken Arendal, Göteborg;
Baunr. 909

14 368 BRT / 3315 tdw / 149,03 m Länge ü.a. / 28,00 (26,01) m Breite / Vier 12-Zyl.-Diesel mit Getriebe; Wärtsilä / 15 150 kW / 2 Schrauben / 21 kn / 616 Pass. in Kabinen, 1484 Deckspass. / 500 PKW /

22.5.1981 Stapellauf für die Sessan Linjen, Göteborg. Als DROTTNING SILVIA für den Göteborg–Frederikshavn-Dienst bestimmt / 1.1982 Fertigstellung; an der Werft aufgelegt / 19.5.1982 an Stena Sessan Line, Göteborg / 3.6.1982 unter der Bezeichnung »Baunummer 909« Jungfernreise Göteborg–Frederikshavn / 7.6.1982 Taufe auf den Namen PRINSESSAN BIRGITTA / 27.2.1983 Ankunft bei den Götaverken, Umbau für den Göteborg–Kiel-Dienst. 500 Pass. I. Klasse, 1600 II. Klasse / 6.1983 ST. NICHOLAS, Drei-Jahres-Charter bei Sealink UK, London / 9.6.1983 erste Reise Harwich–Hoek van Holland / 1.1989 Heimathafen Nassau. 17 043 BRT / 1990 an Sealink Stena Line, Nassau / 22.1.1991 umbenannt STENA NORMANDY / 28.6.1991 erste Reise Southampton–Cherbourg / 1994 BRZ 24 872 / 12.1996 letzte Reise Cherbourg–Southampton /

STENA NORMANDY ex PRINSESSAN BIRGITTA (Foto Frank Heine, 1996)

ms PRINSESSE RAGNHILD

Jahre Line, Oslo
Howaldtswerke-Deutsche Werft, Kiel;
Baunr. 164

16 331 BRT / 3210 tdw / 170,0 m Länge ü.a. / 24,36 (24,03) m Breite / Zwei 20-Zyl.-Diesel mit Getriebe; Stork-Werkspoor / 17 660 kW / 2 Schrauben / 21,8 kn / 742 Pass. in Kabinen, 154 Deckspass. / 603 PKW / Bes. 112

1.8.1980 Aufschwimmen / 31.1.1981 Taufe und Ablieferung / Oslo–Kiel-Dienst / 1983 Heimathafen Sandefjord / 10.1990 an Color Line, Oslo / 10.1991 bis 15.6.1992 in Cadiz bei Astilleros Espanoles verlängert. 35 438 BRZ, 1875 Pass. in 580 Kabinen, 202,25 m Länge ü.a, 770 PKW /

PROFESSOR GUL

siehe SOVIETSKAYA BYELORUSSIYA

ms PROVENCE

SGTM, Marseille
Swan, Hunter & Wigham Richardson, Newcastle; Baunr. 1874

15 889 BRT / 8156 tdw / 176,7 m Länge ü.a. / 22,31 m Breite / Zwei Satz Getriebeturbinen; Parsons / 15 000 PSw / 2 Schrauben / 18 kn / Pass.: 157 I., 167 Touristen-, 508 III. Klasse, 470 in Schlafsälen /

15.3.1950 Stapellauf / 3.1951 Fertigstellung / 30.3.1951 Jungfernreise Marseille –Buenos Aires / 18.2.1954 Im La Plata mit dem liberianischen Tanker SAXONSEA kollidiert und schwer beschädigt / 26.3.1955 nach Reparatur in Buenos Aires und Marseille wieder in Dienst / 1957 38 zusätzliche Betten Touristenklasse / 1962 erste Reise Genua–Buenos Aires in Charter der Costa Armatori, Genua / 1965 ENRICO C, Costa Armatori, Genua / Umbau in Genua. 218 Pass. I., 980 Touristenklasse.
13 607 BRT / 1966 erste Reise Genua–Buenos Aires / 1972 nur noch Kreuzfahrten. 750 Pass./ 1980 16 495 BRT / 1982 Heimathafen Neapel / 1984 Heimathafen Genua / 1986 Heimathafen Palermo / 1987 ENRICO COSTA, Costa Crociere, Neapel / 1990 Umbau bei Fincantieri in Genua. 16 729 BRT, 845 Pass. in 332 Kabinen / 9.1992 vor Katakolon auf ein Riff gelaufen, alle 579 Passagiere mit Booten evakuiert, kurz danach abgebracht / 12.1994 SYMPHONY, Starlauro, Neapel. Kreuzfahrten / 1.10.1995 an Mediterranean Shipping Cruises, Neapel. 16 741 BRZ /

SYMPHONY ex PROVENCE (Foto Arnold Kludas, 1996)

PUGLIA (Foto Frank Heine, 1996)

ms PUGLIA
Tirrenia di Navigazione, Palermo
Fincantieri-Cant. Nav. Italiani, Palermo; Baunr. 5924

14 389 BRZ / 7330 tdw / 150,43 m Länge ü.a. / 23,43 m Breite / Zwei 8-Zyl.-Diesel mit Getriebe; Sulzer-Grandi Motori / 10 360 kW / 2 Schrauben / 19 kn / 50 Pass. in 25 Kabinen / Trailer

1.1995 Stapellauf / 1995 Ablieferung / Fährdienste an der Westküste Italiens /

PUMA (Foto Frank Heine, 1993)

ms PUMA
Pandoro, London
J. J. Sietas, Hamburg; Baunr. 757

4377 BRT / 4035 tdw / 141,81 m Länge ü.a. / 19,41 (19,00) m Breite / Zwei 12-Zyl.-Diesel; KHD / 12 000 PSe / 18 kn / 40 Fahrer in Kabinen, 28 Deckspass. / 93 Trailer /

3.3.1975 Stapellauf für Stena Line, Göteborg / 28.5.1975 Ablieferung als Frachtfähre UNION MELBOURNE an Union S.S. Co. of New Zealand, London / 1975 bei Nobiskrug in Rendsburg verlängert / 1980 für Fleetwood Larne-Dienst in UNION TRADER umbenannt / 11.9.1980 PUMA, Pandoro, London; Einbau der Passagiereinrichtungen. Daten s.o.; Dublin–Liverpool-Dienst / 1994 Heimathafen Hamilton, 10 957 BRZ. /

ms PUYALLUP*
Washington State
Todd Pacific Shipyard, Seattle

140,26 m Länge ü.a. / 27,42 m Breite / 18 kn / 2500 Pass. / 250 PKW /

1998 Ablieferung geplant /

QUEEN ELIZABETH 2 (Foto Arnold Kludas, 1996)

ts QUEEN ELIZABETH 2

Cunard Line, Southampton
John Brown & Co, Clydebank; Baunr. 736

65 863 BRT / 15 976 tdw / 293,53 m Länge ü.a. / 32,09 m Breite / Zwei Satz Getriebeturbinen-Bauwerft / 110 000 PSw / 2 Schrauben / 28,5 kn / Pass.: 564 I., 1441 Touristenklasse; auf Kreuzfahrten 1400 Pass. / Bes. 906

20.9.1967 Stapellauf / 17. bis 19.12.1968 Probefahrt / 23.12.1968 Kreuzfahrt Greenock–Kanarische Inseln. Unterwegs Turbinenschaden / 1. bis 8.4.1969 erneute Probefahrten / 18.4.1969 Ablieferung / 2.5.1969 Jungfernreise Southampton–New York / Überwiegend für Kreuzfahrten eingesetzt / 9.1.1971 Die QUEEN ELIZABETH 2 beteiligt sich an der Rettung der Menschen auf dem französischen Liner ANTILLES, der in der Karibik in Brand geraten war / 1972 Pass.: 604 I., 1223 Touristenklasse; auf Kreuzfahrten 1740. 66 851 BRT / 1.4.1974 270 sm südwestlich der Bermudas fallen sämtliche Kessel des Schiffes aus. Die 1654 Passagiere werden auf See von dem norwegischen Cruise Liner SEA VENTURE übernommen / 7.4.1974 nach Hamilton eingeschleppt, dort repariert / 1978 Pass.: 647 I., 1223 Touristenklasse. 67 140 BRT / 12.5. bis 8.1982 Truppentransporter im Falkland-Konflikt / 14.8.1982 nach Überholung mit der rot-schwarzen Cunard-Schornsteinmarke in Dienst / 27.10.1986 bis 25.4.1987 bei der Lloydwerft in Bremerhaven auf dieselelektrischen Antrieb umgebaut. Neun 9-Zyl.-Diesel von MAN B&W, 95 650 kW, die über Generatoren zwei Fahrmotoren mit zusammen 86 770 kW antreiben. 28,5 (32) kn. 1877 Pass. in 927 Kabinen. 66 450 BRT / 30.3. bis 9.6.1989 Hotelschiff in Yokohama / 8.8.1992 Nach Verlassen von Marthas Vineyard auf unkartierten Unterwasserfelsen gelaufen, erhebliche Bodenschäden / 2.10.1992 nach Reparatur bei Blohm + Voss in Hamburg wieder in Fahrt. 69 053 BRZ / 1.10.1993 Beim Anlaufen von Southampton vor Cornwall durch schwere See so stark auf die Seite geworfen, daß 50 Passagiere verletzt werden und erheblicher Sachschaden entsteht / 12.1994 nach Überholung bei Blohm + Voss 70 327 BRZ / 12.1996 Bei A&P Group in Southampton Passagierzahl auf 1500 reduziert /

ts QUEEN MARY

Cunard White Star, Liverpool
John Brown & Co, Clydebank; Baunr. 534

80 774 BRT / 17 000 tdw / 310,5 m Länge ü.a. / 36,0 m Breite / 4 Satz Getriebeturbinen; Brown / 200 000 Psw / 4 Schrauben / 29,0 kn / Pass.: 776 Kabinen-, 784 Touristen-, 579 III. Klasse / Bes. 1101

26.9.1934 Stapellauf / 12.5.1934 Ablieferung / 27.5.1934 Jungfernreise Southampton–New York / Von 1934 bis 1952 Inhaberin des Blauen Bandes, 30,99 kn Durchschnitt / 1937 81 235 BRT / 9.1939 Wegen des Krieges in New York aufgelegt / 1.3.1940 Truppentransporter / 2.10.1942 Der Begleitkreuzer CURACOA gerät 20 sm nordwestlich Bloody Foreland (Irland) während eines blinden U-Boot-Alarms vor den Bug der QUEEN MARY und sinkt innerhalb weniger Minuten: 338 Tote / 9.1946 Aus dem Transportdienst entlassen. Überholung und Wiedereinbau der Passagiereinrichtungen bei Brown in Clydebank / 31.7.1947 wieder Southampton–New York-Dienst. 81 237 BRT. Pass.: 711 I., 707 Kabinen-, 577 Touristenklasse / 18.8.1967 An die Stadt Long Beach in Kalifornien verkauft / 31.10.1967 Überführung Southampton–Long Beach / 10.5.1971 in Long Beach als Schifffahrtsmuseum, Hotel und Kongreßzentrum eröffnet / 1988 an die Disney Corporation /

QUEEN MARY (Foto Steffen Weirauch)

QUEEN OF SCANDINAVIA
siehe FINLANDIA, 1981

ms RADISSON DIAMOND
Diamond Cruise, Helsinki
Rauma Yards, Rauma; Baunr. 310

18 400 BRZ / 1300 tdw / 131,20 m Länge ü.a. / 32,00 Breite / Zwei 8- und zwei 6-Zyl.-Diesel mit Getriebe; Wärtsilä / 11 340 kW / 2 Schrauben / 12,5 kn / 354 Pass. in 176 Kabinen / Bes. 177

20.6.1991 Stapellauf / 20.2.1992 erste Probefahrt / 30.4.1992 Ablieferung / 28.5.1992 in Greenwich getauft / Bis 5.7.1992 Vorstellung des Schiffes in verschiedenen europäischen Häfen, dann Karibik-Kreuzfahrten / 1994 BRZ 20 205 /

RADISSON DIAMOND (Foto Hans-Joachim Reinecke, 1996)

ms RAINBOW BELL
Kyu-Etsu Ferry Co, Fukuoka
Mitsubishi H. I., Shimonoseki; Baunr. 1020

13 579 BRZ / 6174 tdw / 195,95 m Länge ü.a. / 27,00 (29,01) m Breite / Zwei 14-Zyl.-Diesel mit Getriebe; Pielstick-Nippon / 33 980 kW / 2 Schrauben / 24,9 kn / 350 Pass. in Kabinen / 77 PKW, LKW / Bes. 46

8.12.1995 Stapellauf / 28.3.1996 Ablieferung / Hakata–Naoetsu-Dienst /

RAINBOW BELL (Sammlung Fukawa)

ms RAINBOW LOVE *
Kyu-Etsu Ferry Co, Fukuoka
Mitsubishi H.I., Shimonoseki; Baunr.

13 600 BRZ / 6174 tdw / 195,95 m Länge ü.a. / 27,0 m Breite / Zwei 14-Zyl.-Diesel mit Getriebe; Pielstick-Nippon / 33 980 kW / 2 Schrauben / 24,9 kn / 350 Pass. in Kabinen / 77 PKW, LKW / Bes. 46

1997 Ablieferung / Hakata - Naoetsu-Dienst /

RAMADA AL SALEM HOTEL
siehe SANTA PAULA

tse RANGATIRA
Union Steam Ship Co. (UK), London
Swan Hunter Shipbuilders, Newcastle; Baunr. 33

9387 BRT / 2020 tdw / 152,63 m Länge ü.a. / 22,08 m Breite / Zwei Turbinen, zwei Generatoren mit zwei E-Fahrmotoren; AEI / 20 500 PSw / 2 Schrauben / 21 kn / 768 Pass. in Kabinen, 832 Deckspass. / 200 PKW / Bes. 132

23.6.1971 Stapellauf / 1.1972 Ablieferung / 28.3.1972 Jungfernreise Wellington–Lyttelton / 9.1976 außer Dienst / 17.10.1976 in Falmouth aufgelegt / 25.5.1978 nach Glasgow überführt,

CARLO R ex RANGATIRA (Foto Frank Heine, 1996)

REGAL PRINCESS (Foto Jürgen Saupe, 1994)

Umbau zum Wohnschiff / 2.10.1978 Ankunft in Sullom Voe, Shetlands; Dienst als Wohnschiff / 10.1983 bis 29.3.1984 Umbau bei Harland & Wolff, Belfast, dann unter Blue Star-Management als Wohnschiff nach Port Stanley, Falkland-Inseln / 1986 QUEEN M, Searoyal Ferries, Valletta. 5824 BRT. Fährdienste für

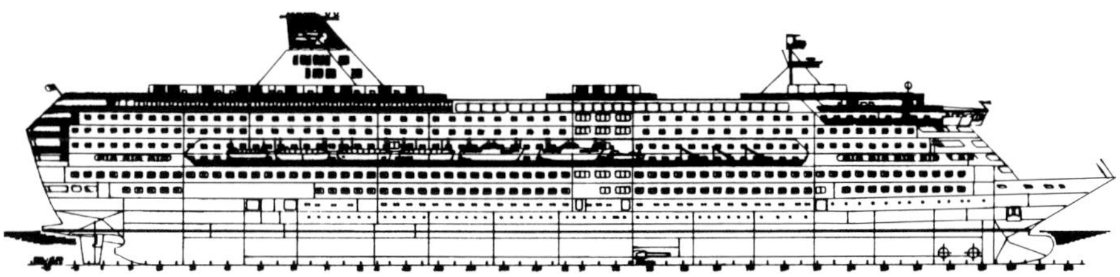

REGENT SKY (Cruise & Ferry Info)

Marlines Ancona–Patras, auch nach Kusadesi / 1990 CARLO R, Alimar Shipping Corp, Valletta / 6. bis 9.1994 Ancona–Patras–Cesme-Dienst in Horizon Sea Lines-Charter / 6.1995 an Egnatia Ferries verchartert. Brindisi–Patras-Dienst / 8.1995 in Neapel arretiert / 1996 BRZ 13 102 /

REGAL EMPRESS siehe OLYMPIA, 1953

mse REGAL PRINCESS

P&O Lines, Palermo
Fincantieri-Cant. Nav. Italiani, Monfalcone; Baunr. 5840

69 845 BRZ / 6896 tdw / 245,10 m Länge ü.a. / 36,00 (32,28) m Breite / Vier 9-Zyl.-Diesel mit elektrischer Kraftübertragung; MAN B&W / 24 000 kW / 2 Schrauben / 19,5 kn / 1900 Pass. in 798 Kabinen / Bes. 680

29.3.1990 Stapellauf. Ursprünglich für SITMAR bestellt / 5.6.1991 erste Probefahrt / 7.1991 Ablieferung / 1992 an Princess Cruises, Monrovia /

REGAL VOYAGER
siehe MASSALIA

REGENT RAINBOW
siehe SANTA ROSA

REGENT SEA siehe GRIPSHOLM

ms REGENT SKY*

A. Lelakis
Avlis Shipyard, Perama

30 000 BRZ /

1979 von der Stena Line, Göteborg, als viertes Schiff der STENA GERMANICA-Klasse in Gdynia bestellt, als STENA BALTICA geplant. Die bei der Stornierung des Neubaus bereits fertiggestellten Sektionen werden 1991 nach Perama gebracht und für die REGENT SKY verwendet / 1994 Ablieferung geplant. Ende 1996 erst zu ca. 60 % fertiggestellt /

REGENT STAR
siehe STATENDAM, 1957

AWANI DREAN (Foto Jürgen Saupe;

REGENT SUN siehe SHALOM

ms RENAISSANCE
Cie. Francaise de Navigation, Marseille
Chantiers de l'Atlantique, St.Nazaire; Baunr. D23

11 724 BRT / 2930 tdw / 150,09 m Länge ü.a. / 21,06 m Breite / Zwei 6-Zyl.-Diesel; B&W-Bauwerft / 13 680 PSe / 2 Schrauben / 18,5 kn / 416 Pass. in Kabinen / Bes. 191

11.12.1965 Stapellauf / 10.5.1966 Ablieferung / Marseille–Haifa-Dienst. Kreuzfahrten / 1970 An Nouvelle Cie. de Paquebots, Marseille / 1977 HOMERIC RENAISSANCE, Epirotiki Lines, Piräus / 1978 umbenannt WORLD RENAISSANCE. 536 Pass. in 236 Kabinen / 1979 8665 BRT / 7.1995 AWANI DREAM, Awani Modern Group, Djakarta / Auf der Koja Bahari Werft umgerüstet, danach Kreuzfahrten ab Djakarta /

ms REPUBBLICA DI AMALFI
Grimaldi Cia. di Navigazione, Palermo
Fincantieri-C.N. Italiani, Castellammare di Stabia; Baunr. 5838

35 750 BRT / 19 084 tdw / 184,1 m Länge ü.a. / 30,43 m Breite / Ein 8-Zyl.-Diesel; GMT-Sulzer / 12 710 kW / 1 Schraube / 18 kn / 57 Pass. in Kabinen /

21.7.1988 Stapellauf / 1.1989 Indienststellung / Europa–Südamerika-Dienst als Autotransporter, 3666 PKW / 1990 verlängert.
42 574 BRZ, 19 084 tdw, 216,06 m Länge ü.a., 4161 PKW /

REPUBBLICA DI GENOVA (Foto Peter Voß, 1996)

REPUBBLICA DI AMALFI (Foto Peter Voß)

REPUBBLICA DI VENEZIA (Samml. Klas Brogren)

ms REPUBBLICA DI GENOVA

Grimaldi Cia. di Navigazione, Palermo
Fincantieri-C.N. Italiani, Castellamare di Stabia; Baunr. 5837

35 638 BRT / 19 165 tdw / 181,1 m Länge ü.a. / 30,43 m Breite / Ein 8-Zyl.-Diesel; Sulzer-GMT / 12 710 kW / 1 Schraube / 18 kn / 57 Pass. in Kabinen /

16.12.1987 Stapellauf / 7.1988 Indienststellung / Europa–Südamerika-Dienst / 1990 an Grandi Traghetti di Navigazione, Palermo / 1990 verlängert. 42 567 BRZ, 19 165 tdw, 216,06 m Länge ü.a. / 1995 an Atlantica di Navigazione, Palermo /

ms REPUBBLICA DI PISA

Grimaldi Cia. di Navigazione, Palermo
Nuovi Cantieri Apuania, Marina di Carrara; Baunr. 1134

39 294 BRZ / 18 845 tdw / 181,2 m Länge ü.a. / 30,41 (30,17) m Breite / Ein 8-Zyl.-Diesel; Sulzer-GMT / 13 420 kW / 1 Schraube / 18 kn / 54 Pass. in Kabinen /

2.5.1987 Stapellauf / Europa–Südamerika-Dienst als Autotransporter, 3666 PKW / 1991 verlängert. 48 688 BRZ / 18845 tdw, 213,23 m Länge ü.a., 4161 PKW /

ms REPUBBLICA DI VENEZIA

Grimaldi Cia. di Navigazione, Palermo
Fincantieri-Cant. Nav. Italiani (Breda), Venedig; Baunr. 5828

39 701 BRZ / 18 730 tdw / 181,2 m Länge ü.a. / 30,41 (30,17) m Breite / Ein 8-Zyl.-Diesel; Sulzer-GMT / 13 420 kW / 1 Schraube / 18 kn / 56 Pass. in Kabinen /

3.3.1987 Stapellauf / 11.8.1987 Erste Reise Genua–Santos als Autotransporter, 3666 PKW / 1991 verlängert. 48 622 BRZ, 18 730 tdw, 213,23 m Länge ü.a., 4161 PKW /

RHAPSODY siehe CUNARD PRINCESS

ms RHAPSODY OF THE SEAS*

Royal Caribbean
Chantiers de l'Atlantique, St. Nazaire; Baunr. E31
75 000 BRZ / 2000 Pass. in Kabinen /

4.1997 Ablieferung geplant /

ms RICHARD WITH

Ofotens og Vesteraalens D/S, Narvik
Volkswerft, Stralsund; Baunr. 103

11 205 BRZ / 850 tdw / 121,80 m Länge ü.a. / 23,40 (19,20) m Breite / Zwei 6-Zyl.-Diesel mit Getriebe; MaK / 9000 kW / 2 Schrauben / 15 kn / 691 Pass. in 230 Kabinen / Bes. 59

14.2.1993 Stapellauf / 23.11.1993 Ablieferung / 30.11.1993 Taufe in Narvik / Bergen–Kirkenes-Dienst /

REPUBBLICA DI PISA (Foto Frank Heine)

RICHARD WITH (Foto Arnold Kludas, 1995)

RINJANI (Foto Steffen Weirauch)

ms RINJANI

P.T. Pelayaran Nasional Indonesia, Lembar
Jos. L. Meyer, Papenburg;
Baunr. 611

13 860 BRT / 3434 tdw / 144,80 m Länge ü.a. / 23,70 (23,41) m Breite / Zwei 6-Zyl.-Diesel mit Getriebe; MaK / 10 880 kW / 2 Schrauben / 20 kn / Pass.: 100 I., 200 II., 300 III., 496 IV. Klasse, 500 in Schlafsälen / Bes. 119

18.2.1984 Stapellauf / 15.9.1984 Ablieferung / Im Passagierdienst zwischen den Inseln Indonesiens eingesetzt /

ms ROBIN HOOD

TT-Line, Hamburg
Schichau Seebeckwerft, Bremerhaven;
Baunr. 1064

24 728 BRZ / 8900 tdw / 177,20 m Länge ü.a. / 26,50 (26,00) m Breite / Zwei 6-Zyl.- und zwei 8-Zyl.-Diesel mit Getriebe; MAN / 14 000 kW / 2 Schrauben / 18 kn / 284 Pass. in 122 Kabinen / 160 LKW, Waggons / Bes. 40

10.9.1988 Stapellauf / 28.1.1989 Jungfernreise Travemünde–Trelleborg / 12.1992 bis 3.1993 - Umbau bei Kvaerner-Masa in Turku. 24 728 BRZ, 1024 Pass. in 307 Kabinen, 25 Deckspass., 98 LKW; umbenannt NILS HOLGERSSON / 2.4.1993 erste Reise nach dem Umbau /

Foto siehe Farbteil auf Seite 116

ms ROBIN HOOD

TT-Line, Hamburg
Finnyards, Rauma;
Baunr. 410

26 800 BRZ / 6600 tdw / 179,59 m Länge ü.a. / 27,53 (27,20) m Breite / Vier 6-Zyl.-Diesel mit elektrischer Kraftübertragung; Krupp-MaK / 2 Schrauben / 19,5 kn / 317 Pass. in 163 Kabinen / Bes. 35

21.12.1994 aufgeschwommen / 14.5.1995 Ein defekter E-Motor verzögert die für den 19.5. vorgesehene Ablieferung / 2.10.1995 Ablieferung / 9.10.1995 Jungfernreise Travemünde–Trelleborg /

ms RODANTHI

G.A. Ferries, Piräus
Nakai Zosen, Setoda; Baunr. 380

8273 BRT / 1930 tdw / 136,68 m Länge ü.a. / 22,43 m Breite / Zwei 16-Zyl.-Diesel; Pielstick-Nippon / 18 900 PSe / 2 Schrauben / 22 Kn / Pass.: 456 in 155 Kabinen, 344 Pullman, 1744 Deckspass. / 311 PKW / Bes. 101

25.12.1973 Stapellauf als Frachtfähre VIRGO / 1974 Ablieferung an Higashi Nippon Ferry Co, Tomakomai. 6710 BRT / 1990 RODANTHI, G.A. Ferries, Piräus / Nach Umbau in Perama in den Fährdienst Piräus–Paros–Ios–Santorini und Kreta eingestellt. Daten s.o. / 1995 BRZ 13 457 / 18.6. bis 9.1995 erste Reise Genua–Marseille–Tunis in Sommer-Charter für Cotunav /

NILS HOLGERSSON ex ROBIN HOOD (Foto Hans Jürgen Amberg, 1993)

ATHIRAH ex ROSA DA FONSECA (Foto Jürgen Saupe, 1994)

RODANTHI (Foto Jürgen Saupe, 1994)

14.8.1979 Stapellauf / 21.4.1980 Ablieferung / 23.5.1980 Jungfernreise Turku–Mariehamn–Stockholm. Später Naantali–Mariehamn–Kapellskar-Dienst / 1986 10 757 BRT / 1993–94 Modernisierung bei Finnyards in Rauma, 140 neue Kabinen / 1.10.1994 wieder Turku–Mariehamn–Stockholm-Dienst / 1996 BRZ 16 850 /

ms ROSTOCK
Deutsche Reichsbahn, Saßnitz
Bergen MV, Bergen; Baunr. 779

6111 BRT / 3132 tdw / 158,35 m Länge ü.a. / 22,60 (21,35) m Breite / Zwei 8-Zyl.- und zwei 6-Zyl.-Diesel mit Getriebe; MAN-B&W / 12 870 kW / 2 Schrauben / 18 (20,5) kn / 36 Pass. in Kabinen, 34 Deckspass. / 18 Trailer, 49 Waggons /

7.3.1977 Stapellauf / 7.1977 Ablieferung / 25.7.1977 Jungfernreise Saßnitz–Trelleborg / 1.3.1993 Umbaubeginn bei Neptun Industrie in Rostock, Einr. für 400 Pass., 13 788 BRZ / 8.4.1993 wieder in Fahrt / 11.1993 an DFO Deutsche Fährgesellschaft Ostsee, Rostock / 4.1994 Modernisierung auf der Lloydwerft, Bremerhaven / 6.1994 erste Reise Rostock–Trelleborg / 12.1996 Außerdienststellung geplant /

RODOS siehe ARGO

ROGALIN siehe AALLOTAR

ROMANTICA siehe HUASCARAN

ms ROSA DA FONSECA
Cia. Nac. de Nav Costeira Autaquia Fed., Rio de Janeiro
Brodogradiliste »Split«, Split; Baunr. 169

10 444 BRT / 3138 tdw / 150,00 m Länge ü.a. / 19,02 m Breite / Zwei 7-Zyl.-Diesel; B&W-Krupp / 8100 PSe / 2 Schrauben / 16 kn / Pass.: 208 I., 274 Touristenklasse / Bes. 163

29.12.1961 Stapellauf /28.10.1962 Ablieferung / Manaus–Buenos Aires-Dienst / 1968 an Lloyd Brasileiro, Rio de Janeiro / 1972 12 433 BRT / 1975 P/S SEVEN SEAS, Cosmos Passenger Service, Panama. Für vier Jahre an Mitsui-OSK Lines verchartert. 532 Pass./6.8.1975 Erste Kreuzfahrt Yokohama–Hawaii / 1977 NIPPON MARU, Mitsui-OSK Lines, Tokio. 9745 BRT / 1990 9772 BRT / 2.1991 ATHIRAH, P.T. Bumy Nusantara Timur, Ujung Pandang / 1995 an P.T. Kalla Lines, Ujung Pandang /

ROSEBAY siehe TRANSGERMANIA

ms ROSELLA
Viking Line, Mariehamn
Wärtsilä, Turku; Baunr. 1249

10 604 BRT / 3100 tdw / 136,12 m Länge ü.a. / 24,24 m Breite / Vier 12-Zyl.-Diesel mit Getriebe; Pielstick–Wärtsilä / 17 900 kW / 2 Schrauben / 21,5 kn / 750 Pass. in 375 Kabinen, 950 Deckspass. / 555 PKW / Bes. 140

ROSTOCK (Foto Wolfgang Kramer 1994)

ROSELLA (Foto K. Brzoza)

ROYAL MAJESTY (Foto Jürgen Saupe, 1994)

ROSTOCK LINK
siehe EUROPEAN GATEWAY

ts ROTTERDAM
Holland-Amerika Lijn, Rotterdam
Rotterdamsche Droogdok My;
Baunr. 300

38 645 BRT / 7801 tdw / 228,18 m Länge ü.a. / 28,71 m Breite / Zwei Satz Getriebeturbinen; De Schelde / 38 500 PSw / 2 Schrauben / 21,5 kn / Pass.: 665 I., 801 Touristenklasse / Bes. 776

13.9.1958 Stapellauf / 12.7.1959 Erste Probefahrt / 3.9.1959 Jungfernreise Rotterdam–New York / 1968 mit 37 783 BRT vermessen / 1969 nur noch Kreuzfahrten. 1499 Pass. / 1973 Heimathafen Willemstad / 1977 1114 Pass. in 571 Kabinen / 1990 38644 BRT / 1996 Heimathafen Rotterdam. 39 674 BRZ / 9.1997 Außerdienststellung vorgesehen /

ROTTERDAM (Foto Hans Jürgen Amberg)

ms ROTTERDAM*
Holland America Lijn,
Fincantieri

62 000 BRZ / 22,5 (25) kn / 1320 Pass. / Bes. 630

1997 Ablieferung geplant /

ROTTERDAM (Computersimulation Holland America Lijn)

ms ROYAL MAJESTY

Majesty Cruise Line, Panama
Kvaerner Masa-Yards, Turku;
Baunr. 1312

32 396 BRZ / 2700 tdw / 173,50 m Länge ü.a. / 33,20 (27,60) m Breite / Vier 6-Zyl.-Diesel mit Getriebe; Wärtsilä / 21 120 kW / 2 Schrauben / 20,8 kn / 1056 Pass. in 528 Kabinen / Bes. 549

15.11.1991 Stapellauf / 2.7.1992 Ablieferung / 7.7.1992 Jungfernreise Southampton–New York / US-Kreuzfahrten für Dolphin Cruise Line /

ROYAL ODYSSEY

siehe ROYAL VIKING SEA

ROYAL ODYSSEY (Foto Jürgen Saupe, 1994)

ms ROYAL PRINCESS

P&O Lines (Princess Cruises), London
Wärtsilä, Helsinki; Baunr. 464

44 348 BRZ / 5580 tdw / 230,61 m Länge ü.a. / 30,21 (29,20) m Breite / Vier 6-Zyl.-Diesel mit Getriebe; Pielstick-Wärtsilä / 23 200 kW / 2 Schrauben / 22 kn / 1260 Pass. in 600 Kabinen / Bes. 518

18.2.1984 aufgeschwommen / 30.10.1984 Ablieferung / 15.11.1984 In Southampton getauft / 19.11.1984 Jungfernreise Southampton–Miami / Kreuzfahrten / 1995 BRZ 44 588 /

ROYAL SEAS

siehe KAZAKHSTAN

ms ROYAL VIKING SEA

Royal Viking Line, Oslo
Wärtsilä, Helsinki; Baunr. 397

21 848 BRT / 3594 tdw / 177,7 m Länge ü.a. / 25,2 m Breite / Vier 9-Zyl.-Diesel mit Getriebe; Sulzer-Wärtsilä / 18 000 PSe / 2 Schrauben / 21 kn / 536 Pass. in Kabinen / Bes. 324

19.1.1973 Stapellauf / 16.11.1973 Ablieferung / 25.11.1973 Jungfernreise (Charter) im Dienst Bergen–Newcastle / 12.1973 erste Kreuzfahrt / 11.3. bis 5.6.1983 in Bremerhaven bei der Seebeckwerft verlängert. 28 018 BRT, 5660 tdw, 205,46 m Länge ü.a., 812 Pass. in 399 Kabinen / 29.11.1983 vor Celebes 151 Überlebenden der gesunkenen indischen Fähre DOJO gerettet / 1987 an Kloster Cruise, Nassau / 1991 ROYAL ODYSSEY, Royal Cruise Line-Bereederung bis 1995 / 1995 BRZ 28 518 / 2.5.1996 Wegen eines Maschinenschadens müssen in Balboa alle Passagiere aussteigen. Reparatur in San Francisco. 27.5. wieder in Dienst / 17.7.1996 mit Maschinenproblemen verspätet in Vancouver eingetroffen, zwei Acht-Tage-Fahrten abgesagt / 14.8.1996 nach Reparatur bei Vancouver Drydock wieder in Fahrt /

ROYAL PRINCESS (Sammlung Weirauch)

GOLDEN PRINCESS ex ROYAL VIKING SKY (Foto Martin Lochte-Holtgreven)

ms ROYAL VIKING SKY

Royal Viking Line, Oslo
Wärtsilä, Helsinki; Baunr. 396

21 891 BRT / 3595 tdw / 177,7 m Länge ü.a. / 25,20 m Breite / Vier 9-Zyl.-Diesel mit Getriebe; Sulzer-Wärtsilä / 18 000 PSe / 2 Schrauben / 21 kn / 536 Pass. in Kabinen / Bes. 324

25.5.1972 Stapellauf / 5.6.1973 Ablieferung / Kreuzfahrten / 10.9. bis 27.11.1982 In Bremerhaven bei der Seebeckwerft verlängert. 28 078 BRT, 5660 tdw, 205,47 m Länge ü.a., 812 Pass. in 399 Kabinen / 1987 an Kloster Cruise, Nassau / 1991 Umbenannt in SUNWARD / 1992 BIRKA QUEEN, Birka Line, Nassau. Kreuzfahrten von Stockholm nach St. Petersburg und Riga / 10.1992 bis 5.1993 Rückcharter als SUNWARD an Kloster / 6.1993 GOLDEN PRINCESS, Bareboat-Charter Princess Cruises. 804 Pass. in 402 Kabinen / 13.6.1993 erste Alaska-Kreuzfahrt ab San Franzisko / 1996 BRZ 28 388 / 7.7.1996 Ein Brand im Maschinenraum verursacht totalen Maschinenausfall. Nach Victoria eingeschleppt, wo die 739 Passagiere das Schiff verlassen / 13.7.1996 nach San Franzisko überführt / 1996 SUPER STAR CAPRICORN, Star Cruises. Nach Umbau 1500 Pass., Bes. 600 /

ms ROYAL VIKING STAR

Royal Viking Line, Oslo
Wärtsilä, Helsinki; Baunr. 395

21 847 BRT / 3595 tdw / 177,7 m Länge ü.a. / 25,20 m Breite / Vier 9-Zyl.-Diesel mit Getriebe; Sulzer-Wärtsilä / 18 000 PSe / 2 Schrauben / 21 kn / 539 Pass. / Bes. 326

12.5.1971 Stapellauf / 26.6.1972 Ablieferung / Kreuzfahrten / 30.8. bis 22.11.1981 in Bremerhaven bei der Seebeckwerft verlängert. 28 221 BRT, 5656 tdw, 758 Passagiere, 205,47 m Länge ü.a / 1984 829 Pass. in 401 Kabinen / 1988 an Kloster Cruise, Nassau / 1990 28 492 BRT / 4.1991 umbenannt WESTWARD. 829 Pass. in 401 Kabinen / 5.1994 STAR ODYSSEY, Royal Cruise Line, Nassau. 28 668 BRZ, 690 Pass. / Mittelmeer-Kreuzfahrten / 10.1996 BLACK WATCH, Fred Olsen Cruise Lines /

ROYAL VIKING STAR (Foto Steffen Weirauch)

ROYAL VIKING SUN (Foto Hans-Joachim Reinecke, 1996)

ms ROYAL VIKING SUN

Royal Viking Line, Nassau
Wärtsilä, Turku; Baunr. 1296

37 845 BRZ / 6150 tdw / 204,00 m Länge ü.a. / 32,32 (28,90) m Breite / Vier 8-Zyl.-Diesel mit Getriebe; Sulzer-Wärtsilä / 21 120 kW / 2 Schrauben / 21,8 kn / 768 Pass. in 383 Kabinen / Bes. 469

5.1988 Aufschwimmen / 26.11.1988 Ablieferung / 8.1.1989 Taufe in San Franzisko / Kreuzfahrten / 1994 an Cunard Line, Nassau / 4.4.1996 im Roten Meer nach Grundberührung leckgeschlagen und nach Sharm el-Sheikh geschleppt. Dort wegen Zerstörung eines Fischbrut-Riffs arretiert. Die Weltreise-Passagiere gehen von Bord. 22.4.1996 Auslaufen zur Reparatur nach Malta / 12.6.1996 wieder in Dienst, jetzt roter Cunard-Schornstein mit goldenen Royal-Viking-Schwingen /

RÜGEN (Foto Dirk Jankowsky)

RYNDAM (Foto Jürgen Saupe, 1994)

ms RÜGEN

Deutsche Reichsbahn, Saßnitz
Neptun-Werft, Rostock; Baunr. 121

6465 BRT / 2362 tdw / 152,20 m Länge ü.a. / 18,78 (15,50) m Breite / Vier 9-Zyl.-Diesel mit Getriebe; MAN / 20 000 PSe / 2 Schrauben / 18 (21) kn / 58 Pass. in Kabinen, 1468 Deckspass. / 130 PKW, 40 Waggons /

19.6.1971 Stapellauf / 15.9.1972 Ablieferung / 16.9.1972 Jungfernreise Saßnitz–Trelleborg / Im Sommer auch Saßnitz–Rönne-Fahrten, ab 1992 ganzjährig / 1993 an DFO Deutsche Fährschiffsgesellschaft Ostsee, Rostock / 1994 BRZ 12 289 /

RUSS siehe KONSTANTIN CHERNENKO

ms RYNDAM

Holland-Amerika Lijn, Rotterdam
Wilton Fijenoord, Schiedam; Baunr. 732

15 015 BRT / 6957 tdw / 153,4 m Länge ü.a. / 19,5 m Breite / Ein Satz Getriebeturbinen; General Electric Co / 8500 PSw / 1 Schraube / 16,5 kn / Pass.: 39 I., 854 Touristenklasse / Bes. 300

1949 Kiellegung als Kombifrachter DINTELDYK/ 19.12.1950 Stapellauf als RYNDAM / 15.7.1951 Ablieferung / 16.7.1951 Jungfernreise Rotterdam–New York / 14.9.1966 an Europa-Kanada Linie, Bremen. Bremerhaven–New York-Dienst und Studenten-Weltreisen. 15 051 BRT / 24.5.1968 WATERMAN, Mij. Transoceaan, Rotterdam / 10.10.1968 RYNDAM, Holland-Amerika Lijn, Rotterdam. Nordatlantikdienst und Kreuzfahrten / 6.1971 In Schiedam aufgelegt / 18.8.1972 ATLAS, Epirotiki Lines, Piräus. In Piräus zum Cruise Liner umgebaut / 5.5.1973 erste Mittelmeer-Kreuzfahrt / 1981 9114 BRT. 730 Pass. / 1988 PRIDE OF MISSISSIPPI, Pride Cruise Lines, Nassau / 24.12.1988 Überführungsreise ab Piräus nach USA / 1991 umbenannt PRIDE OF GALVESTON / 1993 Umbau zum stationären Casinoschiff, als COPA CASINO 1994 in Gulfport eröffnet /

RYNDAM ex PRIDE OF MISSISSIPPI (Foto P. Lelakis)

ms RYNDAM

Holland Amerika Line, Nassau
Fincantieri-Cant. Nav. Italiani, Monfalcone; Baunr. 5883

55 451 BRZ / 7637 tdw /219,30 m Länge ü.a. / 30,80 m Breite / Fünf 12-Zyl.-Diesel, 5 Generatoren, 2 E-Fahrmotoren; Sulzer / 24 000 kW / 2 Schrauben / 20 kn / 1629 Pass. in 633 Kabinen / Bes. 602

1.11.1993 Stapellauf / 9.9.1994 Ablieferung / 20.10.1994 Jungfernkreuzfahrt ab Fort Lauderdale /

SABRINA (Ships of the World)

ms SABRINA
Nippon Yusen Kaisha & Kinkai Yusen Kaisha, Tokio
Kanda Zosen, Kawajiri; Baunr. 330

12 521 BRT / 6281 tdw / 186,50 m Länge ü.a. / 24,98 m Breite / Zwei 9-Zyl.-Diesel mit Getriebe; Pielstick / 23 830 kW / 2 Schrauben / 23,5 kn / 64 Pass. in 32 Kabinen, 630 Deckspass. / 140 PKW, 170 LKW / Bes. 53 /

13.12.1989 Stapellauf / 5.1990 Ablieferung / Tokio–Kushiro-Dienst /

FESTOS ex SAGA (Sammlung Weirauch)

ms SAGA
Svenska Lloyd, Göteborg
Lindholmens Varv, Göteborg; Baunr. 1093

8854 BRT / 2794 tdw / 141,20 m Länge ü.a. / 20,96 (20,73) m Breite / Vier 6-Zyl.-Diesel mit Getriebe; Pielstick-Lindholmens / 10 080 PSe / 2 Schrauben / 19 kn / 1200 Pass., davon 680 in Kabinen / 100 PKW /

18.10.1965 Stapellauf / 2.5.1966 Ablieferung / 12.5.1966 Jungfernreise Göteborg–Tilbury / 1971 STENA ATLANTICA, Stena Line, Göteborg / 13.3.1972 erste Reise Göteborg–Kiel / 4.9.1972 erste Reise Göteborg–Kopenhagen / 3.1973 FINNPARTNER, Finnlines, Helsinki. Helsinki–Travemünde-Dienst / 1.5.1976 OLAU FINN, Olau Line-Charter. Vlissingen–Sheerness-Dienst / 5.1982 FOLKLINER, Folkline, Kaskinen / 28.5.1982 erste Reise Kaskinen–Gäfle / 1983 an Minoan Lines, Iraklion / 1984 nach Umbau als FESTOS in Dienst. 7978 BRT. 340 PKW / 1994 7356 BRT / 1995 BRZ 12 374 /

SAGA STAR (Foto Jürgen Saupe, 1995)

SAGA ROSE siehe SAGAFJORD

GRIPSHOLM ex SAGAFJORD (Foto Peter Voß, 1996)

ms SAGA STAR
Scandinavian Ferry Line, Helsingborg
Kalmar Varf, Kalmar; Baunr. 453

9095 BRT / 5492 tdw / 145,96 m Länge ü.a. / 24,03 m Breite / Vier 8-Zyl.-Diesel mit Getriebe; Pielstick-Lindholmen / 15 300 kW / 2 Schrauben / 18 kn / 154 Pass. in 62 Kabinen (sp. 181 in 76 Kabinen), 96 Deckspass. / 96 PKW, 117 Trailer /

1981 Stapellauf. Vorschiff von Marstrandsverken unter Baunr. 153 gebaut / 12.1981 Ablieferung als Frachtfähre. Trelleborg–Travemünde-Dienst für TT-Saga Line / 1989 Umbau zur Passagierfähre, Daten s.o. / 1989 GIROLATA, Cie. Meridionale de Nav., Marseille. Marseille–Bastia-Dienst; kurze Zeit Esbjerg–Cuxhaven–Immingham–Harwich-Dienst in DFDS-Charter / 1993 SAGA STAR, Cie. Meridionale de Nav. & CNM Bahamas, Nassau / 23.8.1993 erste Travemünde–Trelleborg-Reise in 18monatiger TT-Line-Charter / 5.6.1995 erste Reise Rostock–Trelleborg in TR-Charter / 1995 BRZ 17 672 /

ms SAGAFJORD
Norske Amerikalinje, Oslo
Forges et Chantiers de la Méditerranée, La Seyne; Baunr. 1366

24 002 BRT / 6353 tdw / 188,88 m Länge ü.a. / 24,49 m Breite / Zwei 9-Zyl.-Diesel; Sulzer-Bauwerft / 27 000 PSe / 2 Schrauben / 20 kn / Pass.: 85 I., 704 Touristenklasse / Bes. 350

13.6.1964 Stapellauf / 5.1965 erste Probefahrt / 18.9.1965 Ablieferung / 2.10.1965 Jungfernreise Oslo–New York / Überwiegend für Kreuzfahrten eingesetzt, dabei 462 Pass. / 1972 509 Passagiere in einer Klasse / 5.1980 an Norwegian American Cruises, Oslo / 10. bis 12.1980 bei Blohm + Voss in Hamburg umgebaut, zusätzliches Brückendeck, jetzt 509 Passagiere, 24 109 BRT / 10.1983 an Cunard Line, Nassau. 24 474 BRZ / 26.2.1996 Nach Brand im Maschinenraum 230 sm westlich Manila manövrierunfähig. Nach Subic Bay geschleppt, dort außer Dienst gestellt / 15.4.1996 Auf der Überführungsfahrt zur Reparatur nach der Sembawang Werft in Singapur übernimmt die SAGAFJORD die 26 Besatzungsmitglieder des sinkenden türkischen Frachters HARRAN / 16.7.1996 umbenannt GRIPSHOLM, Vollcharter durch die Bremer Transocean Tours / 4.8.1996 auf der Reise von Kopenhagen nach Kiel mit 601 Passagieren im Öresund querab Landskrona auf eine Sandbank gelaufen / 5.8.1996 Die Passagiere werden nach Landskrona ausgebootet, der Treibstoff der GRIPSHOLM in Tankschiffe übergeben, um das Freischleppen des Schiffes zu erleichtern / 7.8.1996 Nach einem vergeblichen Versuch vom Vortag von fünf Schleppern abgebracht. Zur Dockung nach Helsingborg, anschließend mit eigener Kraft zur Lloyd Werft nach Bremerhaven / 18.8.1996 nach Reparatur der Schäden wieder in Fahrt / 10.1996 mit Lieferung Frühjahr 1997 an die Londoner Saga Holidays. Umbenannt SAGA ROSE. Kreuzfahrten ab Dover /

SAINT KILLIAN II
siehe STENA SCANDINAVICA

SAINT PATRICK II siehe AURELIA

ms SAKURA MARU
Nihon Sangyo Junko Mihonichi Kyokai, Tokio
Mitsubishi Heavy Industries, Kobe; Baunr. 933

12 628 BRT / 9116 tdw / 156,96 m Länge ü.a. / 21,00 m Breite / Ein 7-Zyl.-Diesel; Mitsubishi / 9800 PSe / 1 Schraube / 17 kn / Pass.: 152 I., 800 Touristenklasse /

22.6.1962 Stapellauf / 15.10.1962 Ablieferung / 5.11.1962 Jungfernreise Kobe–Djeddah / Yokohama–Südamerika-Dienst, bereedert von Mitsui-OSK Lines; anfangs auch als Messeschiff genutzt / 1970 12 470 BRT / 1971 SAKURA, Oshima Unyu, Kagoshima / 6.1973 Kreuzfahrten ab Tokio. 948 Passagiere / 1982 ZILUOLAN, Volksrepublik China, auch ZHI LUO LAN transliteriert / 1992 an Guangzhou Maritime Transport, Canton /

ZILUOLAN ex SAKURA MARU (Foto Yoshitatsu Fukawa)

LEEWARD ex SALLY ALBATROSS (Foto Christian Eckardt)

SALAMIS GLORY siehe ANNA NERY

ms SALLY ALBATROSS

Rederi Sally, Mariehamn
Finnyards, Rauma; Baunr. 309

25 076 BRZ / 1703 tdw / 158,88 m Länge ü.a. / 25,20 m Breite / Vier 12-Zyl.-Diesel mit Getriebe; Pielstick-Wärtsilä / 19 125 kW / 2 Schrauben / 19 kn / 1452 Pass. in 548 Kabinen /

Der Neubau entsteht unter Verwendung von Teilen des unteren Rumpfes der im Januar 1990 in Stockholm ausgebrannten ersten SALLY ALBATROSS / 25.7.1991 Stapellauf / 23.3.1992 Ablieferung / Kurzkreuzfahrten von Helsinki nach Ostseehäfen / 23.7. bis 10.8.1992 Wohnschiff bei den Olympischen Spielen in Barcelona / 4.3.1994 Auf der Reise Tallinn–Helsinki vor Porkala auf Grund gelaufen und leckgeschlagen. Mit Schlagseite in flaches Wasser geschleppt und auf Grund gesetzt. Die 1259 Passagiere und Besatzungsmitglieder werden von zwei finnischen Eisbrechern übernommen und dann der Fähre ST. PATRICK II übergeben / 18.4.1994 von Smit Tak abgeborgen, nach Helsinki geschleppt / 11.1994 zur Reparatur an die INMA-Werft nach La Spezia geschleppt / 2.10.1995 LEEWARD, Kloster Cruise, Panama. 25 611 BRZ / Kurzkreuzfahrten in der Karibik /

SALLY SKY siehe GEDSER

SALLY STAR siehe TRAVEMÜNDE

ms SAMSUN

Turkish Maritime Lines, Istanbul
Stocznia Sczecinska im A. Warskiego, Stettin; Baunr. 490/04

10 583 BRZ / 1788 tdw / 127,51 m Länge ü.a. / 19,46 m Breite / Vier 6-Zyl.-Diesel mit Getriebe; Sulzer-Sgoda / 12 360 kW / 2 Schrauben / 19,5 kn / 598 Pass. in 123 Kabinen, 112 Deckspass. / 214 PKW /

31.8.1984 Stapellauf / 6.1985 Ablieferung / Izmir–Venedig-Dienst /

ms SANSOVINO

Adriatica di Navigazione, Venedig
Fincantieri-Cant. Nav. Italiani, Ancona; Baunr. 5865

10 977 BRZ / 2300 tdw / 122,00 m Länge ü.a. / 19,43 m Breite / Zwei 6-Zyl.-Diesel mit Getriebe; GMT-Italiani / 6180 kW / 2 Schrauben / 17 kn / 348 Pass. in 174 Kabinen, 742 Deckspass. / 275 PKW, 33 Trailer / Bes. 55

23.3.1989 Stapellauf / 9.1989 Ablieferung / Fährdienste in der Adria / 1991 Brindisi–Igoumenitsu–Korfu–Patras-Dienst /

SAMSUN (Foto Selim San)

SANTA CATHERINE siehe LEOPARDI

ms SANTA CRUZ DE TENERIFE
Cia. Trasmediterranea, Las Palmas
Union Naval de Levante, Valencia; Baunr. 217

10 473 BRZ / 2901 tdw / 116,79 m Länge ü.a. / 20,72 m Breite / Zwei 12-Zyl.-Diesel mit Getriebe; MAN-Bazan / 5280 kW / 2 Schrauben / 16 kn / 78 Pass. in 31 Kabinen, 300 Deckspass. / 280 PKW / Bes. 39

20.5.1993 Stapellauf / 1994 Ablieferung / Las Palmas–Santa Cruz-Dienst / 1997 Vergrößerung der Einrichtungen auf 800 Deckspass. /

RAMADA AL SALEM HOTEL ex SANTA PAULA (Foto Hartmut Ehlers)

ts SANTA MERCEDES
Grace Line, New York
Bethlehem Steel Co., Sparrows Point; Baunr. 4602

14 442 BRT / 9382 tdw / 166,12 m Länge ü.a. / 24,13 m Breite / Zwei Satz Getriebeturbinen; General Electric / 19 800 PSw / 20 kn / 121 Pass. in Kabinen / Bes. 128

30.7.1963 Stapellauf / 7.4.1964 Ablieferung / New York–Peru-Dienst / 1967 11 188 BRT / 1970 an Prudential-Grace Lines, New York / Dienst Vancouver–Panamakanal–Rund-um-Südamerika–Vancouver / 1982 An Delta Steamship Lines, New York. 11 221 BRT / 14.6.1983 an US-Maritime Commission / Bei Bender Shipbuilding & Repair in Mobile zum Schulschiff PATRIOT STATE der Massachusetts Marine Academy umgebaut. Für Department of Transport in Norfolk registriert / 1990 Heimathafen Buzzards Bay, Ma /

Foto siehe Farbteil auf Seite 115

SANSOVINO (Foto Dr. Achim Borchert)

SANTA CRUZ DE TENERIFE (Foto Ulrich Streich, 1995)

ms SANTA PAULA
Grace Line, New York
Newport News Sb. & D.D. Co., Newport News, Va.; Baunr. 522

15 366 BRT / 8684 tdw / 177,88 m Länge ü.a. / 25,6 m Breite / Zwei Satz Getriebeturbinen; General Electric / 22 000 PSw / 2 Schrauben / 20 kn / Pass.: 300 I. Klasse / Bes. 263

9.1.1958 Stapellauf / 9.10.1958 Ablieferung / 17.10.1958 Jungfernreise New York–Mittelamerika / 1967 11 353 BRT / 1970 an Prudential Grace Lines, New York / 16.1.1971 in Hampton Roads aufgelegt / 1972 STELLA POLARIS, Oceanic Sun Line Special Shipping Co, Piräus / 11.12.1972 Ankunft in Piräus, Umbau zum Cruise Liner geplant / 1976 Für die National Hotel & Tourist Co, Kuwait, in Perama zum Hotelschiff umgebaut / 24.9.1978 Nach weiteren Umbauten in Rijeka in Kuwait angekommen / 17.10.1978 Am Liegeplatz des Schiffes wird mit dem Aufhöhen des Hafengrundes begonnen, der Rumpf liegt schließlich fest auf Grund / 1.2.1980 Eröffnung als KUWAIT MARIOTT HOTEL, später in RAMADA AL SALEM HOTEL umbenannt / 1991 Im Golfkrieg weitgehend ausgebrannt /

SANTA REGINA (Foto Frank Heine)

ms SANTA REGINA

Cie. Meridionale de Nav., Ajaccio
Soc. Nouv. des At. & Chant. du Havre, Le Havre; Baunr. 266

13 358 BRZ / 3750 tdw / 136,02 m Länge ü.a. / 22,56 m Breite / Zwei 9-Zyl.-Diesel mit Getriebe; Pielstick-Alsthom / 7640 kW / 2 Schrauben / 18,5 kn / 140 Pass. / 48 PKW, 110 Trailer /

31.7.1984 Stapellauf / 1985 Ablieferung / Marseille–Korsika-Dienst /

ts SANTA ROSA

Grace Line, New York
Newport News Sb. & D.D. Co. Newport News; Baunr. 521

15 371 BRT / 8853 tdw / 177,88 m Länge ü.a. / 25,61 m Breite / Zwei Satz Getriebeturbinen; General Electric / 22 000 PSw / 2 Schrauben / 20 kn / Pass.: 300 I. Klasse / Bes. 264

28.8.1957 Stapellauf / 12.6.1958 Ablieferung / New York–Mittelamerika-Dienst / 26.3.1959 vor Atlantic City, N.J., mit dem US-Tanker VALCHEM kollidiert, ein Toter auf dem Tanker. Das Vorschiff der SANTA ROSA brennt aus / 1967 11 353 BRT / 1970 an Prudential Grace Line, New York / 22.1.1971 In Hampton Roads aufgelegt / 1975 An US-Department of Commerce. Weiter aufgelegt / 1976 an Vintero Corp, New York. Nach Baltimore verholt / 1989 an Coral Cruise Line / 19.12.1989 Im Schlepp von ZAMTUG IV aus Baltimore nach Chalkis ausgelaufen / 3.1990 bis 1992 in Chalkis umgebaut und modernisiert. 24 851 BRZ. 960 Pass. in 480 Kabinen / 1.1993 REGENT RAINBOW, Regency Cruises, Nassau. Kreuzfahrten ab Tampa / 27.10.1995 in Tampa arretiert / 1996 zum Verkauf gestellt / 12.1996 an Louis Cruises, Limassol /

REGENT RAINBOW ex SANTA ROSA (Sammlung Ulrich Streich)

SAPPORO MARU (Foto Yoshitatsu Fukawa)

SAPPHIRE
siehe ITALIA

SAPPHIRE SEAS
siehe GENERAL W.P. RICHARDSON

ms SAPPORO MARU

Nippon Enkai Ferry, Tokio
Hayashikane Zosen, Shimonoseki; Baunr. 1177

11 097 BRT / 4213 tdw / 163,99 m Länge ü.a. / 24,01 m Breite / Zwei 14-Zyl.-Diesel mit Getriebe; MAN-Mitsubishi / 28 000 PSe / 2 Schrauben / 22,3 (25,7) kn / 404 Pass. in 88 Kabinen, 400 Deckspass. / 55 PKW, 142 LKW / Bes. 68

9.4.1974 Stapellauf / 7.1974 Fertigstellung / 2.8.1974 Jungfernreise Tokio–Tomakomai / 1.11.1990 an Blue Highway Line, Tokio / 1991 Umbenannt SUN FLOWER SAPPORO /

SARDINIA NOVA siehe TOR ANGLIA

SARDINIA REGINA
siehe VISBY

SARDINIA VERA
siehe MARINE ATLANTICA

SAVANNAH (Foto Arnold Kludas)

SASSNITZ (Foto Peter Voß, 1994)

LEONID SOBINOV ex SAXONIA (Foto R. Starcevich)

ms SASSNITZ

Deutsche Reichsbahn, Saßnitz
Danyard, Aalborg; Baunr. 690

20 276 BRT / 5050 tdw / 171,5 m Länge ü.a. / 23,8 m Breite / Vier 12-Zyl.-Diesel mit Getriebe; S.K.L. / 18 000 kW / 2 Schrauben / 17,8 kn / Pass.: 56 in Kabinen, 744 Deckspass. / 140 PKW, Waggons / Bes. 110

24.6.1988 Stapellauf / 25.11.1988 Taufe / 12.3.1989 Jungfernreise Saßnitz–Trelleborg / 1993 an DFO Deutsche Fährgesellschaft Ostsee, Rostock / 2. bis 25.3.1994 auf der Lloydwerft in Bremerhaven modernisiert. 20 445 BRZ / 1995 BRZ 21154 /

ts SAVANNAH

States Marine Lines, Savannah
New York Shipbuilding Co, Camden; Baunr. 529

13 599 BRT / 9900 tdw / 181,63 m Länge ü.a. / 23,77 m Breite / Zwei De Laval-Getriebeturbinen / 22 000 PSw / 1 Schraube / 21 kn / 60 Pass. / Bes. 110

21.7.1959 Stapellauf / 12.1961 Fertigstellung / 1.5.1962 Ablieferung / 20.8.1962 Jungfernreise Yorktown,Va.–Savannah. Danach weltweite Demonstrations- und Versuchsfahrten / 1964 USA–Mittelmeer-Dienst. 15 585 BRT / 20.8.1965 von American Export Isbrandtsen Lines bereedert. Keine Passagierbeförderung mehr / 10.1.1972 in Savannah aufgelegt / 1981 Museumsschiff am Patriot's Point in Charleston, S.C. / 1994 wegen finanzieller Schwierigkeiten im James River aufgelegt /

ts SAXONIA

Cunard Steamship Co, Liverpool
John Brown & Co., Clydebank; Baunr. 692

21 637 BRT / 8836 tdw / 185,38 m Länge ü.a. / 24,49 m Breite / Zwei Satz Getriebeturbinen; Brown / 24 500 PSw / 2 Schrauben / 20 kn / Pass.: 110 I., 819 Touristenklasse / Bes. 461

17.2.1954 Stapellauf / 18. bis 20.8.1954 Probefahrt / 2.9.1954 Jungfernreise Liverpool–Montreal / 19.7.1957 erste Reise Southampton–Montreal / 4.1961 erste Reise Liverpool–New York / 1962–63 bei Brown in Clydebank umgebaut. 22 592 BRT. Umbenannt CARMANIA. Rumpf und Aufbauten hellgrün gestrichen. Pass.: 117 I., 764 Touristenklasse / 8.4.1963 erste Reise Rotterdam–Montreal. Im Winter Kreuzfahrten von US-Häfen / 1967 weißer Rumpfanstrich. Nur noch Kreuzfahrten / 1969 21 370 BRT. 929 Pass. in 306 Kabinen / 10.1971 aufgelegt / 8.1973 LEONID SOBINOV, Black Sea Shipping Co, Odessa / 25.2.1974 erste Reise Southampton–Sydney. Kreuzfahrten / 1984 21 846 BRT / 1990 an Transorient Overseas, Valletta / 1992 21 370 BRT / 6.10.1995 in Ilichevsk aufgelegt /

ms SCANDINAVIA
Rederi A/B Nordö, Malmö
Kockums Varv, Malmö; Baunr. 569

8920 BRT / 10 500 tdw / 163,51 m Länge ü.a. / 23,00 m Breite / Zwei 7-Zyl.-Diesel; Sulzer-Bauwerft / 13 019 kW / 2 Schrauben / 21 kn / 175 Fahrer /

1.12.1979 Stapellauf als Frachtfähre / 17.3.1980 Ablieferung. Frachtfährdienst im Mittelmeer / 1982 TZAREVETZ, SO Mejdunaroden Automobilen Transport (SOMAT), Bourgas / 1985 Malmö–Travemünde-Dienst in Nordö-Charter / 13.10.1988 FIESTA, Sealink British Ferries, Nassau. Großbritannien–Westafrika-Dienst in Charter OT Africa Line / 29.6.1989 bis 26.2.1990 in Bremerhaven bei der Lloyd-Werft zur Passagierfähre umgebaut. 2.1990 umbenannt FANTASIA. 25 243 BRZ, 27,63 m Breite, 1800 Deckspass., 650 PKW / 17.3.1990 erste Reise Dover–Calais / 31.5.1990 an Sealink Stena Line, Nassau / 12.1990 umbenannt STENA FANTASIA / 1993 BRZ 25122 /

ms SCANDINAVIA
The United Steamship Co (Bahamas), Nassau
Dubigeon-Normandie, Nantes; Baunr. 164

26 747 BRT / 4294 tdw / 185,25 m Länge ü.a. / 27,01 m Breite / Zwei 9-Zyl.-Diesel; B&W-Atlantique / 19 800 kW / 2 Schrauben / 20 kn / 1606 Pass. in Kabinen / 530 PKW / Bes. 350

16.10.1981 Stapellauf / 20.8.1982 Ablieferung / 2.10.1982 Jungfernreise New York–Freeport für Scandinavian World Cruises / 11.6.1983 erste Reise New York–Freeport–Nassau / 29.11.1983 Kopenhagen–Oslo-Dienst / 2.4.1985 an Sundance Cruise Corp., Nassau / 29.4.1985 Nach Umbau bei Blohm + Voss in Hamburg als STARDANCER in Dienst gestellt. Kreuzfahrten an der US-Westküste / 27.1.1990 VIKING SERENADE, Royal Caribbean Cruise Line, Nassau / 1. bis 4.1991 Umbau zum Kreuzfahrtschiff bei Southwest Marine in San Diego, wobei die bisherigen Autodecks Passagierkabinen erhalten. Danach 1514 (2104) Pass. in 757 Kabinen, Bes. 610, 40 132 BRZ, 18 kn / 24.6.1991 erste Kreuzfahrt Los Angeles–Mexiko /

SCIROCCO siehe ST. EDMUND

SCOTIA PRINCE siehe STENA OLYMPICA

ms SEA PRINCESS *
Princess Cruises
Fincantieri, Monfalcone

77 000 BRZ / 261,00 m Länge ü.a. / 32,25 m Breite / Vier 16-Zyl.-Diesel, elektrische Kraftübertragung; Sulzer-Grandi Motori / 46 080 kW / 2 Schrauben / 21,4 kn / 1950 Pass. in 1050 Kabinen / Bes. 925

1999 Ablieferung vorgesehen

STENA FANTASIA ex SCANDINAVIA (Foto Andreas Wörteler, 1996)

SEAWARD (Foto Joachim Pein, 1996)

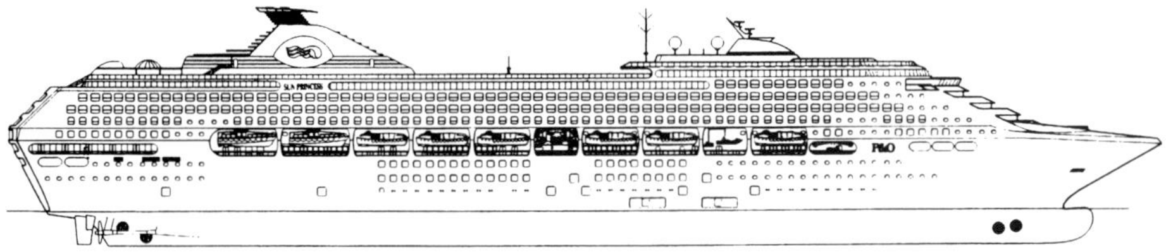
SEA PRINCESS (Cruise & Ferry Info)

PACIFIC PRINCESS ex SEA VENTURE (Foto Hans-Joachim Reinecke)

ms SEA VENTURE
Norwegian Cruiseships, Oslo
Rheinstahl Nordseewerke, Emden; Baunr. 411

19 903 BRT / 3673 tdw / 168,74 m Länge ü.a. / 24,64 m Breite / Vier 10-Zyl.-Diesel mit Getriebe; Fiat / 18 000 PSe / 2 Schrauben / 21,5 kn / 749 Pass. in 324 Kabinen / Bes. 317

9.5.1970 Stapellauf / 8.5.1971 Gästefahrt / 14.5.1971 Taufe und Ablieferung in Oslo / 6.1971 Jungfernkreuzfahrt New York–Hamilton für Flagship Cruises / 7.4.1975 PACIFIC PRINCESS, P&O Lines, London. 20 636 BRT. 644 Pass. / 1996 BRZ 10 186 /

SEA WIND siehe SVEALAND, 1981

SEABREEZE I siehe FEDERICO C

SEAFRANCE CEZANNE siehe ARIADNE

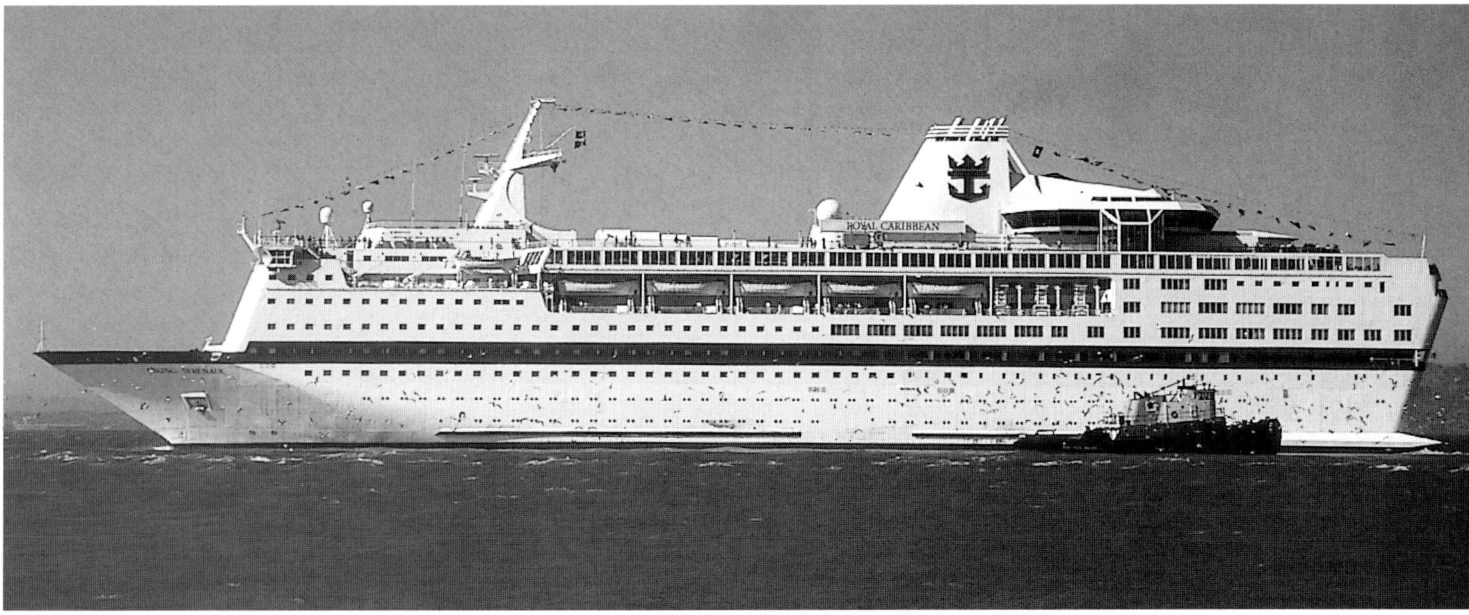

VIKING SERENADE ex SCANDINAVIA (Foto ToYouToo)

ms SEAWARD
Kloster Cruise, Nassau
Wärtsilä, Turku; Baunr. 1294

42 276 BRZ / 3500 tdw / 216,17 m Länge ü.a. / 32,64 m Breite / Vier 8-Zyl.-Diesel mit Getriebe; Wärtsilä-Sulzer / 18 476 kW / 2 Schrauben / 20 kn / 1798 Pass. in 774 Kabinen / Bes. 609

14.11.1987 Stapellauf / 16.5.1988 Ablieferung / 26.5.1988 Taufe in New York / Karibik-Kreuzfahrten /

SEAWIND CROWN
siehe INFANTE DOM HENRIQUE

SEAWING siehe SOUTHWARD

SEMINOLE EXPRESS
siehe BOLERO

mse SENSATION
Carnival Cruise Lines, Panama
Kvaerner Masa-Yards, Helsinki; Baunr. 484

70 367 BRT / 6870 tdw / 262,00 m Länge ü.a. / 31,53 m Breite / Vier 12- und zwei 8-Zyl.-Diesel, vier Generatoren, zwei E-Fahrmotoren; Wärtsilä / 28 000 kW / 2 Schrauben / 18 kn / 2634 Pass. in 1024 Kabinen / Bes. 900 /

23.10.1992 aufgeschwommen / 18.10.1993 Ablieferung / 13.11.1993 Taufe in Miami / 21.11.1993 Jungfernkreuzfahrt Miami–Karibik /

REGENT SUN ex SHALOM (Foto Jürgen Saupe, 1992)

ts SHALOM
Zim Israel Navigation Co, Haifa
Chantiers de l'Atlantique, St. Nazaire; Baunr. Z21

25 338 BRT / 6300 tdw / 191,63 m Länge ü.a. / 24,85 m Breite / Zwei Satz Getriebeturbinen; Parsons-Bauwerft / 25 000 PSw / 2 Schrauben / 20 (22,25) kn / Pass.: 72 I., 1018 Touristenklasse / Bes. 469

10.11.1962 Stapellauf. Als Namen waren zuerst SHLOMO-HAMELECH, KING SALOMON und KING DAVID vorgesehen / 24.1.1964 Probefahrt / 17.4.1964 Jungfernreise Haifa–New York / 10.1964 Umbau bei Wilton-Fijenoord. 148 I., 864 Touristenklasse / 26.11.1964 vor New York mit dem norwegischen Tanker STOLT DAGALI kollidiert, der auseinanderbricht und mit 19 Toten sinkt / 9.11.1967 HANSEATIC, Deutsche Atlantik Linie, Hamburg. 25 320 BRT / 16.12.1967 Gästekreuzfahrt. Dann Hamburg–New York-Dienst und Kreuzfahrten / 1969 Nur noch Kreuzfahrten / 25.9.1973 DORIC, Home Lines, Panama. 17 884 BRT. 817 Pass., Bes. 360 / 1981 ROYAL ODYSSEY, Royal Cruise Line, Piräus / 1. bis 28.5.1982 In Perama und Neorion umgebaut / 4.11.1988 REGENT SUN, Regency Cruises, Nassau / 9.12.1988 erste Kreuzfahrt ab Montego Bay / 1991 mit 17 891 BRT vermessen / 3.11.1995 in Nassau arretiert / 2.1996 zum Verkauf gestellt / 3.1996 von CIT Financiers, New York, ersteigert / 10.1996 SUN VENTURE, Royal Venture Cruise Lines. Kurzkreuzfahrten ab Tampa /

SHANGHAI
siehe BAUDOUINVILLE

SHIN SAKURA MARU (Mitsui OSK Lines)

ms SHIN SAKURA MARU

Mitsui-OSK Lines, Tokio
Mitsubishi Heavy Industries, Kobe; Baunr. 1033

13 082 BRT / 4700 tdw / 175,8Y3 m Länge ü.a. / 24,64 m Breite / Ein 8-Zyl.-Diesel; Mitsubishi / 21600 PSe / 20,5 kn / 92 Pass. / Bes. 79

18.12.1971 Stapellauf / 18.7.1972 Ablieferung / 27.7.1972 Jungfernreise Tokio–Europa als Messeschiff. Danach Japan–Amerika-Dienst, ab 1973 ohne Passagiere / 8. bis 12.1981 bei Mitsubishi zum Kreuzfahrtschiff umgebaut. 16 431 BRT, 552 Passagiere / Kreuzfahrten im Pazifik / 1990 Nach Umbau 530 Pass. in 142 Kabinen. 17 389 BRT / 1991 17389 BRT / 1995 BRZ 19 811 /

ms SHIRETOKU MARU

Nippon Enkai Ferry, Tokio
Kanasashi Co, Shimizu; Baunr. 1008

7875 BRT / 3144 tdw / 155,00 m Länge ü.a. / 22,89 m Breite / Zwei 18-Zyl.-Diesel; MAN-Kawasaki / 20 000 PSe / 2 Schrauben / 18,75 Kn / 761 Pass. / 114 PKW, 112 LKW / Bes. 52

20.4.1972 Ablieferung / 1987 an Minoan Lines, Iraklion / 1989 nach Umbau als N. KAZANTZAKIS Piräus–Iraklion-Dienst. 7883 BRT. 1040 Pass. in 334 Kabinen, 760 Deckspass., 300 PKW / 1994 BRZ 11 174 /

Foto siehe Farbteil auf Seite 115

ms SHOTA RUSTAVELI

Black Sea Shipping Co, Odessa
Mathias-Thesen-Werft, Wismar; Baunr. 128

19 567 BRT / 5696 tdw / 175,77 m Länge ü.a. / 25,00 (23,55) m Breite / Zwei 7-Zyl.-Diesel; Sulzer-Cegielski / 15 500 kW / 2 Schrauben / 20,5 kn / 750 Pass. / Bes. 220

29.12.1966 Stapellauf / 30.6.1968 Ablieferung. Kreuzfahrten / 1975 20 146 BRT. 650 Pass. in 276 Kabinen / 1980 20 499 BRT / 1995 an Blasco UK, Monrovia / 1996 BRZ 21 275 /

ms SILESIA

Polish Baltic Shipping Co, Kolberg
Stocznia Szczcinska im A. Warskiego, Stettin; Baunr. 490/02

7414 BRT / 1074 tdw / 127,64 m Länge ü.a. / 19,46 m Breite / Vier 6-Zyl.-Diesel mit Getriebe; Sulzer-Zgoda / 12 360 kW / 2 Schrauben / 20,25 kn / 460 Pass. in 123 Kabinen, 523 Deckspass. / 277 PKW /

23.3.1978 Stapellauf / 1979 Ablieferung / Danzig–Karlskrona-Dienst, auch Swinemünde–

SHOTA RUSTAVELI (Foto Hans-Joachim Reinecke, 1996)

Ystad / Winter 1983–84 Mittelmeer-Dienst in Cotunav-Charter / 1994 BRZ 10 553 / 1995 Swinemünde–Malmö-Dienst / 10.1996 bis 1997 weitgehender Umbau und Vergrößerung der Passagierdecks bei der Remontowa-Werft in Danzig /

ms SILJA EUROPA
Silja Line, Mariehamn
Jos. L. Meyer, Papenburg; Baunr. 627

59 914 BRZ / 5380 tdw / 201,78 m Länge ü.a. / 32,60 (32,00) m Breite / Vier 6-Zyl.-Diesel mit Getriebe; MAN B&W / 31 800 kW / 2 Schrauben / 21,5 kn / 2746 Pass. in 1196 Kabinen, 254 Deckspass. / 350 PKW, 60 LKW /

23.1.1993 als EUROPA für Rederi A/B Slite aufgeschwommen / 5.3.1993 Ablieferung als SILJA EUROPA an Silja Line, Mariehamn. Größtes Fährschiff der Welt / 14.3.1993 Nach Vorstellung in verschiedenen nordeuropäischen Häfen erste Reise Helsinki–Stockholm / 12.1.1995 erste Reise Stockholm–Mariehamn–Turku /

Foto siehe Farbteil auf Seite 118

SILJA FESTIVAL siehe WELLAMO, 1986

SILJA SCANDINAVIA
siehe FRANS SUELL

ms SILJA SERENADE
Silja Line, Helsinki
Masa-Yards, Turku; Baunr. 1301

58 376 BRZ / 4648 tdw / 203,03 m Länge ü.a. / 31,93 (31,50) m Breite / Vier 9-Zyl.-Diesel mit Getriebe; Wärtsilä / 32 500 kW / 2 Schrauben / 21, max. 23 kn / 2626 Pass. in 937 Kabinen, 30 Deckspass. / 450 PKW / Bes. 264

6.11.1989 aufgeschwommen / 2.4.1990 Taufe / 18.11.1990 Jungfernreise Helsinki–Stockholm / 17.3.1993 erste Reise Stockholm–Mariehamn–Turku / 9.1.1995 erste Reise Helsinki–Stockholm /

SILJA SERENADE (Foto Marko Stampehl, 1996)

SILESIA (Foto Frank Heine)

SILJA SYMPHONY (Foto Peter Voß, 1992)

ms SILJA SYMPHONY
Silja Line, Stockholm
Kvaerner Masa Yards, Turku; Baunr. 1309

58 377 BRZ / 4648 tdw / 203,03 m Länge ü.a. / 31,93 (31,54) m Breite / Vier 9-Zyl.-Diesel mit Getriebe; Wärtsilä / 32 580 kW / 2 Schrauben / 21, max. 23 kn / 2626 Pass. in 937 Kabinen, 30 Deckspass. / 470 PKW, 52 Trailer / Bes. 264

15.11.1990 aufgeschwommen / 30.5.1991 Ablieferung / 31.5.1991 Jungfernreise Helsinki–Stockholm /

mse SILVER CLOUD

Shipping Management (V-Ships), Nassau
Cant. Nav. Visentini, Donada und Soc. Esercizio, Viareggio; Baunr. 775

16 927 BRZ / 1564 tdw / 155,00 m Länge ü.a. / 21,40 m Breite / Zwei 6-Zyl.-Diesel, mit Getriebe; Wärtsilä / 11 700 kW / 2 Schrauben / 17,5 (20,5) kn / 314 Pass. in 153 Kabinen / Bes. 185

16.10.1993 Stapellauf / 2.4.1994 Jungfernkreuzfahrt ab Civitavecchia / Kreuzfahrten für Silversea Cruises /

SILVER CLOUD (Foto Dirk Janjowsky)

ms SILVER WIND

Shipping Management (V-Ships), Palermo
Cant. Nav. Visentini, Donada und Soc. Esercizio, Viareggio; Baunr. 776

16 927 BRZ / 1790 tdw / 155,81 m Länge ü.a. / 21,42 m Breite / Zwei 6-Zyl.-Diesel mit Getriebe; Wärtsilä / 11 700 kW / 2 Schrauben / 17 kn / 314 Pass. in 153 Kabinen / Bes. 185

16.10.1993 Stapellauf / 1994 Ablieferung / Kreuzfahrten für Silversea Cruises in Europa und USA /

SILVER WIND (Foto Dr. Achim Borchert)

ms SILVIA REGINA

Finska Angfartygs, Helsinki
Wärtsilä, Turku; Baunr. 1252

25 905 BRT / 3898 tdw / 166,10 m Länge ü.a. / 29,04 (28,41) m Breite / Vier 12-Zyl.-Diesel mit Getriebe; Pielstick Wärtsilä / 22 950 kW / 2 Schrauben / 22 kn / 1960 Pass., davon 1544 in Kabinen / 480 PKW / Bes. 164

21.10.1980 Stapellauf für Svea Line, Helsinki; als SILJA STAR geplant / 10.6.1981 Ablieferung an Finska Angfartygs / Helsinki–Stockholm-Dienst / 1988 an Johnson Shipmanagement, Stockholm, zurückgechartert / 1989 an Stena-Line, Stockholm. Weiter von Finska bereedert / 1990 26 671 BRT, 1544 Pass. in 640 Kabinen, 416 Deckspass. / 1991 umbenannt STENA BRITANNICA / 19.6.1991 erste Reise Harwich–Hoek van Holland / 3.1994 umbenannt STENA SAGA. 33 750 BRZ. Frederikshavn–Oslo-Dienst /

STENA SAGA ex SILVIA REGINA (Foto Frank Heine)

ms SIR ROBERT BOND

Marine Atlantic, St.John's
Port Weller Dry Docks, St. Catherines; Baunr. 59

10 433 BRT / 3726 tdw / 135,34 m Länge ü.a. / 21,72 (21,33) m Breite / Vier 12-Zyl.-Diesel mit Getriebe; Ruston-Paxman / 8800 PSe / 2 Schrauben / 15, max 17 kn / 47 Pass. in Kabinen, 200 Deckspass. / 124 PKW / Waggons /

1975 Stapellauf für die Canadian National Rail-

MOBY KING ex SKANE (Foto Frank Heine, 1995)

LEISURE WORLD ex SKYWARD (Foto Jürgen Saupe, 1995)

SIR ROBERT BOND (Marine Atlantic)

way Co, Ottawa / Nach Fertigstellung im Fährdienst in kanadischen Küstengewässern eingesetzt / 1976 an Canadian Department of Transport, Ottawa / 1978 Umbau zur Passagierfähre / 1979 CN Marine, Ottawa / 1987 an Marine Atlantic, St. John's / 1989 11 197 BRT /

SKAGEN siehe BORGEN

ms SKANE
Statens Järnvägar Färjedriften, Trelleborg
Uddevallavarvet, Uddevalla; Baunr. 275

6534 BRT / 2093 tdw / 147,68 m Länge ü.a. / 18,83 (18,41) m Breite / Vier 6-Zyl.-Diesel mit Getriebe; Pielstick-Lindholmens / 10 560 PSe / 2 Schrauben / 18 (19) kn / Pass. 1192, davon 69 in 23 Kabinen / 100 PKW, 40 Waggons / Bes. 80

12.1.1966 Stapellauf / 22.12.1966 Ablieferung / 14.1.1967 Jungfernreise Trelleborg–Saßnitz / 6.6. bis 27.8.1988 Saßnitz–Bornholm-Dienst in Charter der Deutschen Reichsbahn / 5.1989 MOBY BIG, Nav. Arcipelago Maddelenio (NAV.AR.MA), Portoferraio / 6.1990 Umbau bei Fincantieri in Genua für Livorno–Bastia-Dienst. 7530 BRT, 1830 Pass., davon 270 in Kabinen, Bes. 40, 550 PKW / 7.1990 umbenannt MOBY KING. Genua–Bastia-Dienst / 1994 an Moby Lines, Neapel. 12 377 BRZ /

SKY PRINCESS siehe FAIRSKY

ms SKYWARD
Klosters Rederi, Oslo
AG Weser, Werk Seebeck, Bremerhaven; Baunr. 942

16 254 BRT / 2110 tdw / 160,13 m Länge ü.a. / 22,84 m Breite / Zwei 16-Zyl.-Diesel; MAN / 17 380 PSe / 2 Schrauben / 21 kn / 750 Pass. / Bes. 250

27.4.1969 Stapellauf des Achterschiffes / 28.6.1969 aufgeschwommen / 10.12.1968 Ablieferung / Kreuzfahrten in der Karibik ab Miami / 1988 an Kloster Cruise, Nassau / 1990 920 Pass. in 364 Kabinen / 1991 SHANGRI-LA WORLD, Sembawang Johnson, Nassau. Kreuzfahrten ab Singapur / 1992 umbenannt ASEAN WORLD / 1992 umbenannt FANTASY WORLD / 1993 umbenannt CONTINENTAL WORLD / 1993 umbenannt LEISURE WORLD / 1994 BRZ 15 653 /

SONG OF AMERICA (Foto Jürgen Saupe, 1992)

ms SONG OF AMERICA
Royal Caribbean Cruises, Oslo
Wärtsilä, Helsinki; Baunr. 431

37 584 BRZ / 3700 tdw / 214,51 m Länge ü.a. / 32,64 (28,41) m Breite / Vier 8-Zyl.-Diesel mit Getriebe; Sulzer-Wärtsilä / 16 480 kW / 2 Schrauben / 21 kn / 1575 Pass. in 633 Kabinen / Bes. 500

26.11.1981 aufgeschwommen / 9.11.1982 Ablieferung / 5.12.1982 Jungfernkreuzfahrt Miami–Westindien /

SONG OF NORWAY (Foto Frank Heine)

ms SONG OF NORWAY
Royal Caribbean Cruises, Oslo
Wärtsilä, Helsinki; Baunr. 392

18 416 BRT / 3202 tdw / 168,3 m Länge ü.a. / 24,03 m Breite / Vier 9-Zyl.-Diesel mit Getriebe; Sulzer-Wärtsilä / 18 000 PSe / 2 Schrauben / 20,5 kn / 724 Pass. / Bes. 320

2.12.1969 Stapellauf / 5.10.1970 Ablieferung / 7.11.1970 Jungfernkreuzfahrt ab Miami / 30.8. bis 26.11.1978 in Helsinki bei Wärtsilä um 26 m verlängert. 23 005 BRT, 4525 tdw, 194,32 m Länge ü.a.,1196 Pass. in 540 Kabinen, Bes. 400 / 1994 BRZ 22 945 / 8.1996 mit Rückcharter bis 3.1997 an Airtours Southampton. Ausbau der Skybar am Schornstein / 5.1977 Mittelmeer-Kreuzfahrten / 10.1996 an Airtours /

OCEANBREEZE ex SOUTHERN CROSS (Foto Rüdiger von Ancken)

ts SOUTHERN CROSS
Shaw, Savill & Albion, Southampton Harland & Wolff, Belfast; Baunr. 1498

20 204 BRT / 6143 tdw / 184,06 m Länge ü.a. / 24,41 (23,78) m Breite / Zwei Satz Getriebeturbinen; Pametrada-H&W / 20 000 PSw / 2 Schrauben / 20 kn / 1160 Pass. in 405 Kabinen /

17.8.1954 Stapellauf / 28.2.1955 Ablieferung / 29.3.1955 Jungfernreise im Rund-um-die-Welt-Dienst von Southampton / 1968 19 313 BRT / 11.1971 In Southampton, ab 4.1972 im River Fal aufgelegt / 1.1973 CALYPSO, Cia. de Vap. Ceruela, Ithaka / 3.1973 bis 4.1975 in Piräus zum Cruise Liner umgebaut. 16 500 BRT. 1000 Pass. / 25.4.1975 Erste Mittelmeer-Kreuzfahrt ab Piräus / 1980 umbenannt CALYPSO I / 1980 AZURE SEAS, Eastern Steam Ship Lines, Panama / 1981 an Western Steam Ship Lines, Panama. 14 673 BRT; 821 Pass. in 367 Kabinen / 1990 an Admiral Cruises, Monrovia. 14 776 BRT / 1992 OCEANBREEZE, Dolphin Cruise Lines, Monrovia / 1994 BRZ 21 667 /

SEAWING ex SOUTHWARD (Foto Arnold Kludas, 1996)

SOUTHERN CROSS
siehe SPIRIT OF LONDON

ms SOUTHWARD
Klosters Rederi, Oslo
Cant. Nav. dell Tirreno e Riuniti, Riva Trigoso; Baunr. 288

16 607 BRT / 2388 tdw / 163,38 m Länge ü.a. / 22,79 m Breite / Vier 10-Zyl.-Diesel mit Getriebe; Fiat / 18 000 PSe / 2 Schrauben / 21,5 kn / 732 (918) Pass. in 366 Kabinen / PKW / Bes. 250

5.6.1971 Stapellauf / 12.1971 Fertigstellung / Kreuzfahrten ab Miami / 1977 RoRo-Einrichtung ausgebaut / 1987 an Kloster Cruise, Nassau / 1995 SEAWING, Airtours, Nassau. Kreuzfahrten für den britischen Markt /

ms SOVEREIGN OF THE SEAS
Royal Caribbean Cruises, Oslo
Chantiers de l'Atlantique, St. Nazaire; Baunr. A29

73 192 BRZ / 7283 tdw / 268,33 m Länge ü.a. / 32,21 m Breite / Vier 9-Zyl.-Diesel mit Getriebe; Pielstick-Alsthom-Atlantique / 20 478 kW / 2 Schrauben / 21 kn / 2600 Pass. in 1141 Kabinen / Bes. 750

4.4.1987 aufgeschwommen / 19.12.1987 Ablieferung / 21.12.1987 Überführungsreise von St. Nazaire nach Miami / 15.1.1988 Taufe in Miami / 16.1.1988 erste Kreuzfahrt ab Miami /

ms SOVIETSKAYA ARMENIYA
Caspian Shipping Co, Baku
Brodogradiliste Uljanik, Pula; Baunr. 362

11 450 BRZ / 3950 tdw / 154,55 m Länge ü.a. / 18,30 (17,51) m Breite / Zwei 6-Zyl.-Diesel; B&W-Uljanik / 8700 kW / 2 Schrauben / 17,25 kn / 200 Pass. / Waggons, 50 PKW /

27.4.1985 Stapellauf / 1985 Ablieferung / Baku–Krasnowodsk–Astrakhan-Dienst / 1994 umbenannt AZERBAIJAN /

ms SOVIETSKAYA BYELORUSSIYA
Caspian Shipping Co, Baku
Brodogradiliste Uljanik, Pula; Baunr. 366

11 450 BRZ / 3950 tdw / 154,55 m Länge ü.a. / 18,30 (17,51) m Breite / Zwei 6-Zyl.-Diesel; B&W-Uljanik / 8700 kW / 2 Schrauben / 17,25 kn / 200 Pass. / Waggons, 50 PKW /

14.12.1985 Stapellauf / 1986 Ablieferung / Baku–Krasnowodsk–Astrakhan-Dienst / 1994 umbenannt BELORUS, dann PROFESSOR GUL

SOVEREIGN OF THE SEAS (Foto Gerhard Fiebiger)

MERCURI 1 ex SOVIETSKAYA GRUZIYA (Foto Ulrich Streich)

ms SOVIETSKAYA GRUZIYA

Caspian Shipping Co, Baku
Brodogradiliste Uljanik, Pula; Baunr. 360

11 455 BRT / 3950 tdw / 154,31 m Länge ü.a. / 18,30 (17,51) m Breite / Zwei 6-Zyl.-Diesel; B&W-Uljanik / 8700 kW / 2 Schrauben / 17,25 kn / 200 Pass. / Waggons, 50 PKW /

10.1984 Stapellauf / 1985 Ablieferung / Baku-Krasnowodsk–Astrakhan-Dienst / 1992 MERCURI 1, Mercuri Shipping Co (Caumerk Schiffsmanagement), Limassol / Nach Umbau 86 Pass. in 37 Kabinen, 24 Fahrer / Kiel–Riga–Klaibeda-Dienst / 7.1995 erste Reise Karlshamn– Gdynia für Baltic Line / 1995 Route eingestellt /

ms SOVIETSKAYA KALMYKIYA

Caspian Shipping Co, Baku
Brodogradiliste Uljanik, Pula; Baunr. 361

11 450 BRZ / 3950 tdw / 154,55 m Länge ü.a. / 18,30 (17,51) m Breite / Zwei 6-Zyl.-Diesel; B&W-Uljanik / 8700 kW / 2 Schrauben / 17,25 kn / 200 Pass. / Waggons, 50 PKW /

1985 Ablieferung / 1992 umbenannt KALMYKIYA / Baku–Krasnowodsk–Astrakhan-Dienst / 1994 umbenannt MERCURI 3 / 1995 umbenannt AKADEMIK M. TOPCHUBASHOV /

ms SOVIETSKAYA KIRGIZIYA

Caspian Shipping Co, Baku
Brodogradiliste Uljanik, Pula; Baunr. 363

11 450 BRZ / 3950 tdw / 154,55 m Länge ü.a. / 18,30 (17,51) m Breite / Zwei 6-Zyl.-Diesel; B&W-Uljanik / 8700 kW / 2 Schrauben / 17,25 kn / 200 Pass. / Waggons, 50 PKW /

1986 Ablieferung / 1992 umbenannt KIRGIZTAN / Baku–Krasnowodsk–Astrakhan-Dienst / 1995 umbenannt AKADEMIK HESEN ALIYEV /

ms SOVIETSKIY DAGESTAN

Caspian Shipping Co, Baku
Brodogradiliste Uljanik, Pula; Baunr. 358

11 450 BRZ / 3950 tdw / 154,46 m Länge ü.a. / 18,31 (17,51) m Breite / Zwei 6-Zyl.-Diesel; B&W-Uljanik / 8700 kW / 2 Schrauben / 17,25 kn / 200 Pass. / 28 Waggons, 22 PKW, 65 Trailer /

21.2.1984 Stapellauf /1984 Ablieferung / Baku–Astrakhan–Krasnowodsk-Dienst / 1994 umbenannt DAGISTAN /

SOVIETSKIY DAGESTAN (Sammlung Klas Brogren)

ms SOVIETSKIY NAKHICHEVAN

Caspian Shipping Co, Baku
Brodogradiliste Uljanik, Pula; Baunr. 367

11 450 BRZ / 3950 tdw / 154,55 m Länge ü.a. / 18,30 (17,51) m Breite / Zwei 6-Zyl.-Diesel; B&W-Uljanik / 8700 kW / 2 Schrauben / 17,25 kn / 200 Pass. / Waggons, 50 PKW /

22.3.1986 Stapellauf / 1986 Ablieferung / Baku–Krasnowodsk–Astrakhan-Dienst / 1994 umbenannt NAKHICHYVAN /

SOVIETSKIY TADZHIKISTAN (Foto Frank Heine, 1995)

ms SOVIETSKIY TADZHIKISTAN

Caspian Shipping Co, Baku
Brodogradiliste Uljanik, Pula; Baunr. 359

11 450 BRZ / 3950 tdw / 154,57 m Länge ü.a. / 18,29 (17,51) m Breite / Zwei 6-Zyl.-Diesel; B&W-Uljanik / 8700 kW / 2 Schrauben / 17,25 kn / 200 Pass. / Waggons /

1984 Ablieferung / Baku–Krasnowodsk–Astrakhan-Dienst / 1.1993 MERCURI 2, Mercuri II Shipping Co, Limassol. Bei Barthels & Lüders zur RoRo-Fähre umgebaut. 86 Pass. in 37 Kabinen, 24 Fahrer / Kiel–Klaipeda-Dienst / 7.1995 erste Reise Karlshamn– Gdynia für Baltic Line / 1995 Route eingestellt /

MERCURI 2 ex SPIRIT OF BRITISH COLUMBIA (ToYouToo)

ms SPIRIT OF BRITISH COLUMBIA

British Columbia Ferry Corp., Victoria
Das Vorschiff wurde bei Allied Shipbuilders in Vancouver (Baunr. 254), das Achterschiff bei Integrated Ferry Constr. in Victoria (Baunr. 20) und die Aufbauten bei Pacific Rim Shipbuilders gebaut, montiert wurde alles im Esquimalt-Trockendock in Victoria

18 747 BRZ / 2925 tdw / 167,50 m Länge ü.a./ 27,21 (26,60) m Breite / Vier 6-Zyl.-Diesel mit Getriebe; MAN B&W / 13 600 kW / 2 Schrauben / 19 kn / 2100 Deckspass. / 470 PKW

17.4.1992 Stapellauf des Achterschiffs; das Vorschiff wird von Allied Shipbuilders in North Vancouver geliefert, Baunr. 255 / 4.3.1993 Ablieferung. Größtes bis dahin in Kanada gebautes Passagierschiff / Tsawwassen–Swartz-Bay-Dienst /

PRIDE OF KENT ex SPIRIT OF FREE ENTERPRISE (Foto Frank, 1996)

ms SPIRIT OF FREE ENTERPRISE

Townsend Car Ferries, Dover
Schichau Unterweser, Bremerhaven; Baunr. 2279

7951 BRT / 2492 tdw / 131,96 m Länge ü.a. / 22,17 m Breite / Drei 12-Zyl.-Diesel mit Getriebe; Sulzer / 17 650 kW / 3 Schrauben / 22 kn / 50 Pass. in Kabinen, 1300 Deckspass. / 350 PKW / Bes. 75

21.7.1979 Stapellauf / 11.1.1980 Ablieferung / 14.1.1980 Jungfernreise Dover–Calais / 19.1.1987 an P&O Ferries, Dover / 20.11.1987 umbenannt PRIDE OF KENT / 7.12.1991 bis 6.6.1992 bei Fincantieri in Palermo umgebaut. BRZ 20 446, 163,46 m Länge ü.a., 1825 Pass., 461 PKW / 17.6.1992 wieder Dover–Calais /

ms SPIRIT OF LONDON

P&O Lines, London
Cant. Nav. dell Tirreno e Riuniti, Riva Trigoso; Baunr. 290

17 370 BRT / 2352 tdw / 163,30 m Länge ü.a. / 24,82 (22,80) m Breite / Vier 10-Zyl.-Diesel mit Getriebe; Fiat / 18 000 PSe / 2 Schrauben / 20,5 kn / 736 Pass. in 364 Kabinen / Bes. 322

Kiellegung als SEAWARD für Klosters Rederi / 30.3.1971 Kontrakt an P&O / 29.4.1972 Taufe / 11.5.1972 Stapellauf / 11.10.1972 Ablieferung / 11.11.1972 Jungfernreise Southampton–San Juan. Kreuzfahrten an der US-Westküste / 9.10.1974 umbenannt SUN PRINCESS / 2.1989 STARSHIP MAJESTIC, Premier Cruise Line, Nassau. Bis 5.1989 Generalüberholung durch die Bremerhavener Lloyd Werft. 17 503 BRT / 1994 BRZ 17 042 / 5.3.1995 SOUTHERN CROSS, in Bareboat-Charter an die CTC Cruise Lines / 8.3.1995 erste Kreuzfahrt Tilbury–Mittelamerika / 12.1996 Mit Lieferung Ende 1997 an Festival Cruises, Panama /

SOUTHERN CROSS ex SPIRIT OF LONDON (Foto Jürgen Saupe; 1996)

SPIRIT OF TASMANIA

siehe PETER PAN, 1986

ms SPIRIT OF VANCOUVER ISLAND

British Columbia Ferry Corp., Victoria
Integrated Ferry Constructors, Victoria; Baunr. 20

18 747 BRZ / 2925 tdw / 167,50 m Länge ü.a. / 27,21 (26,60) m Breite / Vier 6-Zyl.-Diesel mit Getriebe; MAN / 13 600 kW / 2 Schrauben / 19 kn / 2000 Deckspass. / 470 PKW

14.2.1993 Stapellauf des Achterschiffes; das Vorschiff wird von Allied Shipbuilders in North Vancouver geliefert, Baunr. 255 / 13.12.1993 Probefahrt / Tsawwassen–Swartz Bay-Dienst /

SPIRIT OF VANCOUVER ISLAND (ToYouToo)

SPLENDID (Foto Frank Heine)

ms SPLENDID

Grandi Navi Veloci, Palermo
Nuovi Cant. Apuania, Marina de Carrara; Baunr. 1160

32 731 BRZ / 6875 tdw / 188,22 m Länge ü.a. / 27,60 (26,80) m Breite / Vier 8-Zyl.-Diesel mit Getriebe; Sulzer / 23 040 kW / 1205 Pass. in 339 Kabinen, 60 Fahrer, 236 Deckspass. / 700 PKW / Bes. 169

18.12.1993 Stapellauf / 9.1994 Ablie-fe-rung / Genua–Palermo–Malta–Tunis-Dienst / 10. bis 12.1996 in Palermo verlängert. Ca. 40 000 BRZ, 214,4 m Länge ü.a., 110 neue Kabinen, 155 neue Pullman /

SPLENDOUR OF THE SEAS (Foto Luis Miguel Correia, 1996)

mse SPLENDOUR OF THE SEAS

Royal Caribbean Cruise Line, Oslo
Chantiers de l'Atlantique, St. Nazaire; Baunr. B 31

69 130 BRZ / 6000 tdw / 264,26 m Länge ü.a. / 37,00 (32,00) m Breite / Fünf 12-Zyl.-Diesel mit elektrischer Kraftübertragung; Wärtsilä / 57 500 kW / 2 Schrauben / 24 kn / 1804 (2064) Pass. in 902 Kabinen / Bes. 735

10.1994 Stapellauf / 15.3.1996 Ablieferung / 29.3.1996 in Southampton getauft / 31.3.1996 Jungfernkreuzfahrt Southampton–Barcelona /

ms ST. ANSELM

Sealink UK, London
Harland & Wolff, Belfast; Baunr. 1715

7003 BRT / 1755 tdw / 129,65 m Länge ü.a. / 21,62 (21,01) m Breite / Zwei 16-Zyl.-Diesel; Crossley-Pielstick / 15 300 kW / 2 Schrauben / 19,5 kn / 310 PKW, 62 LKW / Bes. 72

5.12.1979 Stapellauf / 16.10.1980 Ablieferung / 27.10.1980 Jungfernreise Dover–Calais / Winter 1982/83 Umbau bei Harland & Wolff, Decks achtern ausgebaut. 7405 BRT. 30 Pass. in 15 Kabinen, 1370 Deckspass. / 11.2.1990 erste Reise Folkestone–Boulogne / 1990 STENA CAMBRIA, Stena Sealink, London / 11.7.1991 erste Reise Holyhead–Dun–Laoghaire / 1994 BRZ 12 705 / 16.1.1996 erste Reise Dover–Calais /

STENA CAMBRIA ex ST. ANSELM (Foto Frank Lose, 1996)

STENA ANTRIM ex ST. CHRISTOPHER (Foto Frank Lose, 1996)

ms ST. CHRISTOPHER

Sealink UK, London
Harland & Wolff, Belfast; Baunr. 1716

7003 BRT / 2092 tdw / 129,62 m Länge ü.a. / 21,62 (21,01) m Breite / Zwei 16-Zyl.-Diesel mit Getriebe; Pielstick-Crossley / 15 300 kW / 2 Schrauben / 19,5 kn / / 310 PKW, 48 LKW / Bes. 70

20.3.1980 Stapellauf / 14.3.1981 Ablieferung / 15.4.1981 Jungfernreise Dover–Calais / Winter 1982–83 bei Harland & Wolff umgebaut, jetzt 30 Pass. in 15 Kabinen, 1370 Deckspass. 7399 BRT / 1991 STENA ANTRIM, Sealink Stena Line, Stranraer / 7.4.1991 erste Reise Stranraer–Larne / 1994 BRZ 12 711 / 12.11.1995 erste Reise Stranraer–Belfast / 7.1996 in Belfast aufgelegt / 28.10.1996 erste Reise Newhaven–Dieppe /

STENA ADVENTURER ex ST. COLUMBA (Foto Frank Lose, 1996)

STENA CALEDONIA ex ST. DAVID (Foto Frank Lose, 1996)

ms ST. COLUMBA
Sealink UK, London
Aalborg Vaerft, Aalborg; Baunr. 214

7836 BRT / 1945 tdw / 129,22 m Länge ü.a. / 21,24 (20,60) m Breite / Zwei 16-Zyl.-Diesel mit Getriebe; Stork-Werkspoor / 13 240 kW / 2 Schrauben / 19,5 kn / Pass.: 2400, davon 14 I., 12 II. Klasse in Kabinen / 335 PKW / Bes. 95

16.7.1976 Taufe / 17.7.1976 Stapellauf / 18.3.1977 Probefahrt / 2.4.1977 Ablieferung / 27.–28.4.1977 Vorstellungsreise / 2.5.1977 Jungfernreise Holyhead–Dun–Laoghaire / 1.1991 bis 10.3.1991 Umbau bei der Lloyd Werft, Bremerhaven. 1700 Pass., davon 62 in 16 Kabinen, 110 Pullman-Sessel / 1991 STENA HIBERNIA, Sealink Stena Line, London / 1994 BRZ 11 690 / 1.1996 umbenannt STENA ADVENTURER / 2.10.1996 in Dun Laoghaire aufgelegt.

ms ST. DAVID
British Railways Board, London
Harland & Wolff, Belfast; Baunr. 1717

7109 BRT / 1755 tdw / 129,65 m Länge ü.a. / 21,61 (21,01) m Breite / Zwei 16-Zyl.-Diesel; Pielstick-Crossley / 15 300 PSe / 2 Schrauben / 19,5 kn / 46 Pass.in 23 Kabinen, 1154 Deckspass. / 309 PKW, 62 LKW / Bes. 68

25.9.1980 Stapellauf / 24.7.1981 Ablieferung / 10.8.1981 Jungfernreise Holyhead–Dun Laoghaire / 3.1985 bis 31.12.1985 Dover–Ostende-Dienst / 1.1986 erste Reise Stranraer– Larne / 31.5.1991 STENA CALEDONIA, Sealink Stena Line, Stranraer. 7196 BRT / 1994 BRZ 12 619 / 12.11.1995 erste Reise Stranraer–Belfast /

ms ST. EDMUND
British Railways Board, London
Cammell Laird, Birkenhead; Baunr. 1361

8987 BRT / 1830 tdw / 130,08 m Länge ü.a. / 22,64 (22,00) m Breite / Vier 8-Zyl.-Diesel mit Getriebe; Stork-Werkspoor / 15 000 kW / 2 Schrauben / 20 kn / 1400 Pass., davon 273 I. Klasse in 159 Kabinen, 398 II. Klasse in 110 Kabinen / 296 PKW / Bes. 112

13.11.1973 Taufe / 14.11.1973 Stapellauf / 12.1974 Ablieferung / Harwich–Hoek van Holland-Dienst / 12.5.1982 bis 2.1983 als Truppentransporter an Ministry of Defense verchartert; Falkland-Einsatz / 1.1983 an britische Regierung / 28.1.1983 zum Umbau nach Tyne Shiprepair, South Shields / 4.1983 KEREN, Blue Star Line Management, Ascension–Port Stanley-Dienst / 1986 SCIROCCO, Cenargo Navigation, Nassau / 6. bis 9.1986 Genua–Sardinien-Dienst in Tirrenia-Charter / 12.1.1989 bis 18.1.1992 Poole–Guernsey–Jersey-Dienst als ROZEL in Charter British Channel Island Ferries / 1993 umbenannt SCIROCCO, Heimathafen London / 1994 BRZ 11 177 / 1994 Genua–Tunis–Neapel-Dienst in Cotunav-Charter / 15.11.1994 erste Reise Nador–Almeria in Ferrimaroc-Charter /

Foto siehe Farbteil auf Seite 114

STAR ODYSSEY
siehe ROYAL VIKING STAR

STAR PISCES siehe KALYPSO

mse STAR PRINCESS
Princess Cruises, Monrovia
Chantiers de l'Atlantique, St. Nazaire; Baunr. B29

63 524 BRZ / 7506 tdw / 245,60 m Länge ü.a. / 32,23 m Breite / Vier 8-Zyl.-Diesel mit elektr. Kraftübertragung; MAN-B&W / 38 880 kW / 2 Schrauben / 19,5 (21) kn / 1621 Pass. in 735 Kabinen / Bes. 634

5.3.1988 Stapellauf als SITMAR FAIRMAJESTY für Sitmar Cruises / 1.9.1988 an P&O Cruises / 4.3.1989 Ablieferung / 23.3.1989 Taufe in Florida auf den Namen STAR PRINCESS / Kreuzfahrten / 23.6.1995 auf einer Kreuzfahrt vor Alaska auf Grund gelaufen; bis 8.1995 in Portland repariert / 1997 Umbenennung in ARCADIA und Umrüstung für den britischen Markt geplant /

STAR VENTURE siehe STATENDAM

STARSHIP ATLANTIC
siehe ATLANTIC, 1982

STARSHIP OCEANIC siehe OCEANIC

ms STARWARD
Klosters Rederi, Oslo
AG Weser, Werk Seebeck, Bremerhaven; Baunr. 935

12 949 BRT / 3241 tdw / 160,13 m Länge ü.a. / 22,84 m Breite / Zwei 16-Zyl.-Diesel; MAN / 17380 PSe / 2 Schrauben / 21 kn / 736 Pass. / Bes. 225

27.4.1968 Stapellauf des Achterschiffes / 21.6.1968 aufgeschwommen / 29.11.1968 Ablieferung / 21.12.1968 erste Kreuzfahrt ab Miami / 1985 in Jacksonville von Arbeitern der Bremerhavener Lloydwerft generalüberholt.

STAR PRINCESS (Foto Jürgen Saupe, 1993)

928 Pass. in 378 Kabinen / 1988 an Kloster Cruise, Nassau / 1994 BRZ 15 781 / 7.1995 BOLERO, Festival Cruises, Panama. Umbau in Piräus. Bes. 350 / 22.12.1995 erste Kreuzfahrt ab Genua /

STATE siehe PRESIDENT JACKSON

ts STATENDAM

Holland-Amerika Lijn, Rotterdam
Wilton Fijenoord, Schiedam; Baunr. 753

24 294 BRT / 6760 tdw / 195,84 m Länge ü.a. / 24,69 (24,01) m Breite / Zwei Satz Getriebeturbinen; Bauwerft / 22 000 PSw / 2 Schrauben / 19 kn / Pass.: 84 I.-, 867 Touristenklasse / Bes. 437

12.6.1956 aufgeschwommen / 15.12.1956 Probefahrt / 23.1.1957 Taufe und Ablieferung / 6.2.1957 Jungfernreise Rotterdam–New York / 1966 Fast nur noch Kreuzfahrten / 1973 Heimathafen Willemstad. Kreuzfahrten von US-Häfen. 24 214 BRT / 1981 An Holland America Cruises, Willemstad / 10.1982 RHAPSODY, Paquet Cruises, Panama. 650 Pass., 24 413 BRT / 28.3.1984 Vor Georgetown, Grand Cayman, auf Grund gelaufen, alle Reisen des Schiffes bis Oktober 1984 abgesagt / 15.6.1984 geborgen und nach Galveston überführt / 9.1984 Wieder in Dienst, Heimathafen Nassau / 5.1986 REGENT STAR, Regency Cruises, Nassau / 17.7.1986 bis 7.1987 in Perama zum Motorschiff umgebaut. Zwei 16-Zyl.- und zwei 12-Zyl.-Diesel mit Getriebe; Pielstick-Wärtsilä. 16 180 kW. 850 Pass. in 457 Kabinen / 7.1987 erste Kreuzfahrt ab Montego Bay / 1990 24 413 BRT / 1995 BRZ 24 254 / 22.7.1995 Brand im Maschinenraum, bis 9.1995 ausgefallen / 1.11.1995 in Eleusis arretiert. Zum Verkauf gestellt / 3.1996 von CIT Financiers, New York, ersteigert / 10.1996 STAR VENTURE, Royal Venture Cruise Lines. Kurzkreuzfahrten ab Tampa /

BOLERO ex STARWARD (Foto Luis Miguel Correia, 1996)

REGENT STAR ex STATENDAM (Foto Luis Miguel Correia, 1995)

ms STATENDAM
Holland America Line, Nassau
Fincantieri, Monfalcone; Baunr. 5881

55 451 BRZ / 7637 tdw / 219,21 m Länge ü.a. / 30,83 m Breite / Zwei 9-Zyl.-Diesel, Sulzer, und drei 8-Zyl.-Diesel, Grandi Motori; elektr. Kraftübertragung / 34 560 kW / 2 Schrauben / 20 (22,6) kn / 1629 Pass. in 633 Kabinen / Bes. 618

3.4.1992 aufgeschwommen / 5.1.1993 Ablieferung und Überführungsfahrt nach Fort Lauderdale, von dort Jungfern-Kreuzfahrt nach Los Angeles / 1996 Heimathafen Rotterdam /

STATENDAM (Foto Ron Koning)

STEFAN siehe MAASDAM

STELLA SOLARIS siehe CAMBODGE

STENA ADVENTURER siehe ST. COLUMBA

STENA ANTRIM siehe ST. CHRISTOPHER

STENA CALEDONIA siehe ST. DAVID

STENA CAMBRIA siehe ST. ANSELM

ms STENA CHALLENGER
Stena Sealink, Dover
Fosen MV, Feevag; Baunr. 50. Der Rumpf wurde bei Bruces Verkstads, Landskrona, als Baunr. 20 erbaut.

18 523 BRZ / 4650 tdw / 157,28 m Länge ü.a. / 24,30 (24,00) m Breite / Zwei 8-Zyl.-Diesel mit Getriebe; Sulzer-Wärtsilä / 10 560 kW / 2 Schrauben / 17,5 kn / 92 Pass. in Kabinen, 500 Deckspass. / 120 LKW /

26.6.1990 Stapellauf / 25.5.1991 Ablieferung / 27.6.1991 Erste Reise Dover–Calais / 1992 Dover–Dünkirchen-Dienst / 13.3.1994 wieder Dover–Calais / 19.9.1995 In stürmischem Wetter 1,5 sm westlich Calais gestrandet; am 20.9. freigeschleppt / 23.10.1995 nach Reparatur in Newcastle wieder in Dienst, jetzt mit Stena-Schornsteinmarke / 17.9.1996 erste Reise Holyhead–Dublin /

STENA CHALLENGER (Foto Andreas Wörteler, 1996)

ms STENA DANICA
Stena Line, Göteborg
Chantiers du Nord et de la Med., Dünkirchen; Baunr. 309

16494 BRT/3100 tdw / 154,90 m Länge ü.a. / 28,48 (28,01) m Breite / Vier 12-Zyl.-Diesel mit Getriebe; CCM-Sulzer / 26 000 kW / 2 Schrauben / 21 (22) kn / 86 Pass. in 41 Kabinen, 2214 Deckspass. / 550 PKW, 82 Trailer / Bes. 140
30.8.1980 Stapellauf / 27.2.1983 In Göteborg getauft / 28.2.1983 Jungfernreise Göteborg–Frederikshavn / 1985 15 899 BRT / 1994 BRZ 28 727 /

STENA DANICA (Foto Klaus Bombel)

STENA EXPLORER (Foto Frank Lose, 1996)

STENA EMPEREUR
siehe STENA JUTLANDICA, 1983

STENA EUROPE
siehe KRONPRINSESSAN VICTORIA

gts STENA EXPLORER
Stena Line, London
Finnyards, Rauma; Baunr. 404

19 638 BRZ / 1500 tdw / 126,0 m Länge ü.a. / 40,0 m Breite / Vier Gasturbinen mit Getriebe; GEC-Kvaerner / 50 000 kW / 2 Wasserstrahldüsen / 40 (43) kn / 1500 Deckspass. / 375 PKW /

16.2.1996 Ablieferung / 14.9.1996 in Dun Laoghaire getauft / 10.4.1996 Jungfernreise Dun Laoghaire–Holyhead /

STENA GERMANICA (Foto Peter Voß, 1996)

BLUENOSE ex STENA JUTLANDICA (Marine Atlantic)

STENA FANTASIA
siehe SCANDINAVIA, 1979

STENA FELICITY siehe VISBY, 1980

STENA GALLOWAY
siehe GALLOWAY PRINCESS

ms STENA GERMANICA
Stena Line, Göteborg
Stocznia im Komuny Paryskiey, Gdynia; Baunr. 494/01

24 967 BRT / 4500 tdw / 175,37 m Länge ü.a. / 29,04 (28,52) m Breite / Vier 16-Zyl.-Diesel mit Getriebe; Zgoda-Sulzer / 29 420 kW / 2 Schrauben / 20 (21,5) kn / 2204 Pass. in 610 Kabinen, 196 Deckspass. / 700 PKW, 90 LKW / Bes. 145

22.8.1981 Stapellauf als STENA SCANDINAVICA / 11.1986 umbenannt STENA GERMANICA / 4.1987 mit vierjähriger Verspätung abgeliefert / 7.4.1987 erste Reise Göteborg–Kiel / 2. bis 4.1988 Umbauten auf der Göteborger Cityvarvet. 26 071 BRT / 1.1993 Bei HDW Kiel Einbau eines zusätzlichen Decksaufbaus für 42 Passagiere / 1995 BRZ 38 772 /

STENA INVICTA siehe PEDER PAARS

ms STENA JUTLANDICA
Stena Line, Göteborg
Brodogradiliste Jozo Lozovina Mozor, Trogir; Baunr. 162

6333 BRT / 2100 tdw / 124,85 m Länge ü.a. / 21,46 (21,87) m Breite / Zwei 18-Zyl.-Diesel mit Getriebe; Pielstick-Lindholmen / 18 000 PSe / 2 Schrauben / 19,5 kn / 114 Pass. in Kabinen, 1838 Deckspass. / 350 PKW / Bes. 100

29.5.1972 Stapellauf / 24.5.1973 Ablieferung / 9.6.1973 Jungfernreise Göteborg–Frederikshavn / 1977 Vergrößerung der Autodecks und Anbau von Seitenwulsten. 6524 BRT, 23,37 m Breite / 7.1982 umbenannt JUTLANDICA, Heimathafen Nassau / 1983 BLUENOSE, Marine Atlantic, Nassau. Yarmouth–Bar Harbor-Dienst. 48 Pass. in 24 Kabinen, 983 Deckspass. / 1995 BRZ 13 179 / 18.6.1996 Mit Maschinenschaden zur Reparatur nach Bar Harbor /

ms STENA JUTLANDICA
Stena Line, Göteborg
Chantiers de France, Dünkirchen; Baunr. 310

15 811 BRT / 3100 tdw / 154,90 m Länge ü.a. / 28,48 (28,01) m Breite / Vier 12-Zyl.-Diesel mit Getriebe; CCM-Sulzer / 26 000 kW / 2 Schrauben / 22 kn / 96 Pass. in 41 Kabinen, 2204 Deckspass. / 600 PKW, 82 Trailer / Bes. 140

22.12.1980 Stapellauf / 24.4.1983 In Göteborg getauft / 25.4.1983 Jungfernreise Göteborg–Frederikshavn / 1990 Pass: 48 in 24 Kabinen, 983 Deckspass. / 1995 BRZ 28 727 / 26.6. bis 5.8.1996 auf der Lloyd Werft in Bremerhaven umgebaut. Umbenannt STENA EMPEREUR. Bisher größte Fähre im Englischen Kanal / 14.8.1996 erste Reise Dover–Calais /

Foto siehe Farbteil auf Seite 118

STENA EMPEREUR ex STENA JUTLANDICA (Foto Andreas Wörteler, 1996)

CORSICA MARINA II ex STENA NAUICA (Foto Frank Heine)

MOBY VINCENT ex STENA NORMANDICA (Foto Frank Heine)

ms STENA JUTLANDICA
Stena Line, Göteborg
Van der Giessen de Noord, Krimpen; Baunr. 967

29 691 BRZ / 6750 tdw / 184,35 m Länge ü.a. / 27,8 m Breite / Sulzer / 25 920 kW / 22 (25,1) kn / 197 Pass. in 50 Kabinen, 1300 Deckspass. / 550 PKW / Bes. 92

2.3.1996 Stapellauf / 5.1996 Ablieferung als STENA JUTLANDICA III / 25.6.1996 Jungfernreise Göteborg–Frederikshavn / 8.1996 umbenannt STENA JUTLANDICA / In den Wintermonaten keine Passagierbeförderung /

STENA JUTLANDICA III
siehe STENA JUTLANDICA

ms STENA NAUTICA
Stena Line, Göteborg
Rickmers Werft, Bremerhaven; Baunr. 379

5443 BRT / 2840 tdw / 120,78 m Länge ü.a. / 19,51 (19,00) m Breite / Zwei 12-Zyl.-Diesel; MaK / 14 080 PSe / 2 Schrauben / 20,25 kn / 116 Pass. in Kabinen, 1084 Deckspass. /

3.2.1974 Stapellauf / 1.10.1974 Ablieferung / 1974 als MARINE NAUTICA North Sydney–Neufundland-Dienst in kanadischer Charter / 1981 Heimathafen Ottawa / 1983 Heimathafen Nassau / 1986 CORSICA MARINA II, Corsica Ferries, Panama. Livorno–Bastia-Dienst / 1994 BRZ 12 120 /

STENA NAUTICA siehe NIELS KLIM

ms STENA NORMANDICA
Stena Line, Göteborg
Rickmers Werft, Bremerhaven; Baunr. 380

5443 BRT / 2541 tdw / 114,92 m Länge ü.a. / 17,89 m Breite / Zwei 12-Zyl.-Diesel; Mak / 7040 PSe / 2 Schrauben / 17,5 Kn / 116 Pass. in Kabinen, 1084 Deckspass. / 450 PKW, 55 Trailer /

11.5.1974 Stapellauf / 11.12.1974 Ablieferung / 6. bis 12.1976 Gedser–Travemünde-Dienst in GT-Charter / 1.3.1977 Europoort–Hull-, ab 11.3.1977 bis 21.1.1978 Rotterdam–Ipswich-Dienst in North Sea Ferries-Charter / 4.1978 erste Reise Southampton–Le Havre in Normandy Ferries-Charter / 7. bis 12.1978 Charterfahrten für Algerien / 3.4.1979 erste Reise Fishguard–Rosslare in Charter British Rail / 1984 Heimathafen Nassau / 15.4.1985 ST. BRENDAN, Sealink UK, Nassau / 1990 MOBY VINCENT, Moby Lines, Neapel. 5607 BRT. Livorno–Bastia-Dienst / 1996 BRZ 12 108 / 1.6. bis 2.10.1993 Umea–Wasa-Dienst in Silja-Charter /

STENA NORMANDY
siehe PRINSESSAN BIRGITTA, 1982

ms STENA OLYMPICA
Stena Line, Göteborg
Brodogradiliste Titovo; Kraljevica; Baunr. 399

6666 BRT / 1321 tdw / 124,8 m Länge ü.a. / 19,5 m Breite / Zwei 18-Zyl.-Diesel mit Getriebe; Pielstick-Lindholmen / 18 000 PSe / 2 Schrauben / 21,5 kn / 866 Pass. in Kabinen, 634 Deckspass. / 250 PKW

18.9.1971 Stapellauf / 25.6.1972 Ablieferung / 7.7.1972 Jungfernreise Göteborg–Kiel. Auch Kiel–Korsör-Dienst / 1982 SCOTIA PRINCE,

SCOTIA PRINCE ex STENA OLYMPICA (Sammlung Klas Brogren)

Transworld Steamship Co (Prince of Fundy Cruises), Panama. 5005 BRT. Portland, Maine, - Yarmouth-Dienst / 8.11.1986 bis 26.3.1987 bei der Neuen Flensburger Schiffbau-Gesellschaft verlängert. 11 968 BRZ, 1930 tdw, 143,06 m Länge ü.a., 866 Pass. in Kabinen, 634 Deckspass., 240 PKW, Bes. 211 /

STENA PARISIEN
siehe CHAMPS ELYSEES

STENA SAGA siehe SILVIA REGINA

ms STENA SCANDINAVICA

Stena Line, Göteborg
Brodogradiliste Titovo, Kraljevica; Baunr. 400

7125 BRT / 1471 tdw / 124,75 m Länge ü.a. / 19,59 m Breite / Zwei 18-Zyl.-Diesel; Pielstick-Lindholmens / 18 000 PSe / 2 Schrauben / 21,5 kn / 873 Pass. in Kabinen, 727 Deckspass. / 278 PKW

9.9.1972 Stapellauf / 27.6.1973 Fertigstellung / Göteborg–Kiel–Korsör-Dienst / 21.2.1978 SAINT KILLIAN, Irish Continental Line, Dublin / 5.1978 Erste Reise Rosslare–Cherbourg / 1981 bis 26.2.1982 in Amsterdam auf 156,85 m ü.a. verlängert. Jetzt 10 256 BRT, 1340 Pass. in 400 Kabinen, 626 Deckspass., 378 PKW, 37 LKW. Umbenannt SAINT KILLIAN II / 15.3.1982 Erste Reise Rosslare–Le Havre / 24.12.1986 Mit 300 Passagieren an Bord nach einem Brand im Maschinenraum vor Cornwall gestrandet. Geborgen und nach Falmouth geschleppt / 3.1987 nach Reparatur bei Blohm + Voss in Hamburg wieder in Fahrt / 1994 BRZ 13 683 / 5.1995 erste Reise Rosslar–Cork–Roscoff–Cherbourg bzw. Le Havre / 3.11.1996 in Le Havre aufgelegt /

SAINT KILLIAN II ex STENA SCANDINAVICA (Foto Frank Heine)

STENA SCANDINAVICA (Foto Dirk Jankowsky)

ms STENA SCANDINAVICA
Stena Line, Göteborg
Stocznia Gdanska IM Lenina, Gdansk; Baunr. B494/02

26 088 BRZ / 4500 tdw / 175,39 m Länge ü.a. / 29,01 (28,49) m Breite / Vier 16-Zyl.-Diesel mit Getriebe; Zgoda-Sulzer / 29 422 kW / 2 Schrauben / 20 kn / 2204 Pass. in 610 Kabinen, 196 Deckspass. / 700 PKW, 90 LKW / Bes. 145

16.4.1983 Stapellauf als STENA GERMANICA / 11.1987 umbenannt STENA SCANDINAVICA / 1.12.1987 Ankunft in Göteborg, wo auf der Cityvarvet Restarbeiten erledigt werden / 29.2.1988 erste Reise Göteborg–Kiel. Im Sommer auch nach Frederikshavn / 1.1992 Bei HDW in Kiel zusätzlichen Decksaufbau für 42 Pass. 26 593 BRT / 1995 BRZ 38 756 /

STENA SEARIDER siehe FINNCARRIER

STENA SEATRADER
siehe SVEALAND, 1973

ms STENA TRAVELLER
Stena Line, Göteborg
Fosen MV, Fevaag; Baunr. 45. Der Rumpf wurde bei Bruces Verkstads, Landskrona als Baunr. 21 erbaut.

18 332 BRZ / 6003 tdw / 154,00 m Länge ü.a. / 24,33 (24,00) m Breite / Zwei 8-Zyl.-Diesel mit Getriebe; Sulzer-Wärtsilä / 8980 kW / 2 Schrauben / 17,5 kn / 120 Pass. in 50 Kabinen / 120 LKW /

26.3.1991 Stapellauf / 2.1992 Ablieferung / 1.4.1992 erste Reise Hoek van Holland–Harwich / 5.1992 erste Reise Southampton–Cherbourg / 5.12.1992 Travemünde–Trelleborg-Dienst als TT-TRAVELLER in TT-Line-Charter / 23.11.1995 wieder STENA TRAVELLER. Holyhead–Dublin-Dienst / 16.9.1996 letzte Abfahrt / 1.1997 für ein Jahr von TT-Line für Rostock–Trelleborg-Dienst gechartert /

gts STENA VOYAGER
Stena Line
Finnyards, Rauma; Baunr. 405

19 638 BRZ 50 000 kW / 1500 tdw / 126,0 m Länge ü.a. / 40,0 m Breite / Vier Gasturbinen mit Getriebe; GEC-Kvaerner / 50 000 kW / 2 Wasserstrahldüsen / 40 (43) kn / 1500 Deckspass. / 375 PKW / Bes. 51

4.1996 ohne Taufe aufgeschwommen / 28.6.1996 Ablieferung / 21.7.1996 erste Reise im Stranraer–Belfast-Dienst /

STENA TRAVELLER (Foto Frank Lose, 1996)

STENA VOYAGER (Foto Eilhard Buttkus, 1996)

SUN FLOWER (Sammlung Fukawa)

ms STOCKHOLM

Svenska Amerika Linjen, Göteborg Götaverken, Göteborg; Baunr. 611

11 700 BRT / 5550 tdw / 160,08 m Länge ü.a. / 21,06 m Breite / Zwei 8-Zyl.-Diesel; Götaverken / 12 000 PSe / 2 Schrauben / 19 kn / Pass.: 113 I., 282 Touristenklasse / Bes. 200

9.9.1946 Stapellauf / 2.1948 Fertigstellung / 21.2.1946 Jungfernreise Göteborg–New York. Kreuzfahrten / 1953 nach Umbau bei der AG Weser in Bremen 12 644 BRT. Pass.: 86 (ab 1955 24) I., 584 Touristenklasse / 25.7.1956 In dichtem Nebel kollidiert die STOCKHOLM 100 sm vor New York mit dem italienischen Liner ANDREA DORIA, der Stunden später mit 47 Toten sinkt. Die schwerbeschädigte STOCKHOLM, auf der fünf Menschen der Kollision zum Opfer fielen, erreicht mit eigener Kraft New York. Reparatur bei Bethlehem Steel bis 5.11.1956 / 3.1.1960 VÖLKERFREUNDSCHAFT, Freier Deutscher Gewerkschaftsbund, bereedert von VEB Deutsche Seereederei, Rostock. 12 442 BRT; 568 Pass. Kreuzfahrten / 1972 12 068 BRT / 1974 an VEB Deutfracht/Seereederei, Rostock. 11 970 BRT / 4.1985 VOLKER, Neptunus Rex Enterprises, Panama / 8.1985 Im Oslofjord aufgelegt / 11.12.1985 In Southampton aufgelegt / 20.12.1986 Als FRIDTJOF NANSEN nach Oslo überführt, Wohnschiff für Asylbewerber / 5.1989 An Star Lauro, Genua. Im Schlepp nach Genua, dort aufgelegt / 1992 Umbaubeginn auf der Varco Chiapella Werft in Genua / 1993 umbenannt ITALIA I / 10.1994 ITALIA PRIMA, Nina Cia. di Navigazione, Neapel / 22.12.1995 Fünfjahres-Charter durch Neckermann Seereisen. 15 614 BRZ / 12.1995 erste Kreuzfahrt in die Karibik /

ITALIA PRIMA ex STOCKHOLM (Foto Wolfgang Kramer, 1996)

SU ZHOU HAO siehe LU XUN

SUISEN (Foto H. Fujiwara, 1995)

ms SUISEN

Shin-Nihonkai Ferry Co, Osaka
Ishikawajima-Harime H.I., Tokio; Baunr. 3063

17 329 BRZ / 5861 tdw / 199,45 m Länge ü.a. / 25,0 m Breite / Zwei 18-Zyl.-Diesel mit Getriebe; Pielstick / 47 700 kW / 2 Schrauben / 29 kn / 515 Pass.in 110 Kabinen / 80 PKW, 122 LKW / Bes. 50

1995 Stapellauf / 30.5.1996 Ablieferung / Tsuruga–Otaru-Dienst /

ms SUN FLOWER

Nippon Kosoku Ferry Co, Tokio
Kawasaki Heavy Industries, Kobe; Baunr. 1158

12 116 BRT / 3243 tdw / 185,66 m Länge ü.a. / 24,03 m Breite / Vier 12-Zyl.-Diesel mit Getriebe; MAN-Kawasaki / 26 080 PSe / 2 Schrauben / 24 kn / 1124 Passagiere / 208 PKW, 84 LKW / Bes. 87

6.9.1971 Stapellauf / 18.1.1972 Ablieferung / 1.2.1972 Jungfernreise Nagoya–Kagoshima / 1978 An Taiyo Ferry, Kanda / 1983 12 130 BRT. 1124 Passagiere / 1987 an Kurushima Kosan, Osaka / 1994 an Kansai Kisen Kaisha, Osaka /

SUN FLOWER ERIMO siehe ERIMO

ms SUN FLOWER KIRISHIMA
Blue Highway Line, Tokio
Mitsubishi H.I., Shimonoseki; Baunr. 965

12 439 BRT / 5790 tdw / 186,00 m Länge ü.a. / 25,50 m Breite / Zwei 12-Zyl.-Diesel mit Getriebe, Pielstick-Nippon / 25 160 kW / 2 Schrauben / 23 kn / 484 Pass. / 140 PKW, 175 LKW / Bes. 50

9.4.1993 Stapellauf / 1993 Ablieferung / Osaka–Shibushi-Dienst /

ms SUN FLOWER MITO
Blue Highway Line, Tokio
Mitsubishi HI, Shimonoseki; Baunr. 981

11 782 BRT / 6045 tdw / 186,00 m Länge ü.a. / 25,50 m Breite / Zwei 12-Zyl.-Diesel mit Getriebe; Pielstick-Nippon / 25 156 kW / 2 Schrauben / 22,85 kn / 484 Pass. / 140 PKW, 175 LKW /Bes. 50

28.9.1993 Stapellauf / 9.12.1993 Ablieferung / Osaka–Shibushi-Dienst /

SUN FLOWER OARAI siehe OARAI

SUN FLOWER OSAKA
siehe SUN FLOWER 5

SUN FLOWER SAPPORO
siehe SAPPORO MARU

ms SUN FLOWER SATSUMA
Blue Highway Line, Tokio
Mitsubishi H.I., Shimonoseki; Baunr. 964

12 436 BRT / 5814 tdw / 186,00 m Länge ü.a. / 25,50 m Breite / Zwei 12-Zyl.-Diesel mit Getriebe; Pielstick-Nippon / 21 380 kW / 2 Schrauben / 22,85 (25,74) kn / 1051 Pass. / 140 PKW, 175 LKW / Bes. 50

14.11.1992 Stapellauf / 3.1993 Ablieferung / 24.3.1993 Jungfernreise Osaka–Shibushi /

SUN FLOWER TOSA
siehe SUN FLOWER 8

ms SUN FLOWER 2
Nippon Kosoku Ferry Co, Tokio
Kawasaki Heavy Industries, Kobe; Baunr. 1159

12 090 BRT / 3317 tdw / 185,66 m Länge ü.a. / 24,03 m Breite / Vier 12-Zyl.-Diesel mit Getriebe; MAN-Kawasaki / 26 080 PSe / 2 Schrauben / 24 kn / 1378 Pass. / 208 PKW, 84 LKW / Bes. 87

18.1.1972 Stapellauf als SUN RISE für die

SUN FLOWER KIRISHIMA (Foto Yoshiako Yokoi)

SUN FLOWER MITO (Sammlung Hisashi Noma)

SUNFLOWER SATSUMA (ToYouToo)

SUN FLOWER 2 (Foto Yoshitatsu Fukawa)

SUN FLOWER TOSA ex SUN FLOWER 8 (Foto Kazuo Tachibana)

Nippon Kosoku Ferry Co, Tokio / 17.5.1973 Als SUN FLOWER 2 abgeliefert / 28.5.1973 Jungfernreise Nagoya–Kagoshima / 1978 an Taiyo Ferry / 1983 an Osaka Shosen Mitsu Senpaku, Osaka / 12 104 BRT, 1124 Pass. / 1987 an Kurushima Kosan Co, Osaka / 12 111 BRT / 1992 an Kansai Kisen Kaisha, Osaka /

ms SUN FLOWER 5

Nippon Kosoku Ferry, Otaru
Kurushima Dock Co, Imabari; Baunr. 730

12 711 BRT / 3231 tdw / 185,02 m Länge ü.a./ 24,03 m Breite / Vier 12-Zyl.-Diesel mit Getriebe; MAN-Kawasaki / 26 080 PSe / 2 Schrauben / 24 kn / 1079 Pass. / 92 PKW, 100 LKW / Bes. 87

5.3.1973 Fertigstellung / 21.3.1973 Jungfernreise Tokio–Kochi / 1978 13 334 BRT / 1982 13 338 BRT / 1984 13 321 BRT / 1987 an Kurushima Kosan Co, Tokio / 1991 SUN FLOWER OSAKA, Nishnippon Kotobuki Kaiun, Matsuyama. Osaka–Shibushi-Dienst / 1994 an William Lines, Cebu City /

ms SUN FLOWER 8

Nippon Kosoku Ferry, Tokio
Kurushima Dock Co, Imabari; Baunr. 731

12 759 BRT / 3280 tdw / 185,02 m Länge ü.a. / 24,03 m Breite / Vier 12-Zyl.-Diesel mit Getriebe; MAN-Kawasaki / 19 500 kW / 2 Schrauben / 24 kn / 1079 Pass. / 92 PKW, 100 LKW / Bes. 87

25.6.1973 Fertigstellung / 4.7.1973 Jungfernreise Tokio–Kochi / 1984 12 771 BRT / 1987 An Kurushima Kosan Co, Tokio. 12 572 BRT, 805 Deckspassagiere / 1990 1079 Passagiere / 1991 SUN FLOWER TOSA, Blue Highway Line, Tokio /

SUN FLOWER 5

ms SUN FLOWER 11
Nippon Kosoku Ferry, Tokio
Kurushima Dock Co, Onishi; Baunr. 775

13 598 BRT / 3110 tdw / 195,82 m Länge ü.a./ 24,03 m Breite / Zwei 18-Zyl.-Diesel; MAN-Kawasaki / 36 000 PSe / 2 Schrauben / 25 kn / 1218 Pass./ 192 PKW / 85 LKW / Bes. 87 /

23.4.1974 Stapellauf / 9.9.1974 Ablieferung / Osaka–Kagoshima-Dienst / 1982 13575 BRT / 1987 An Kurushima Kosan Co, Tokio. 13 614 BRT / 1991 SUN FLOWER SATSUMA, Nishnippon Kotobuki Kaiun, Matsuyama. Osaka–Shibushi-Dienst / 1993 PRINCESS OF THE ORIENT, Sulpicio Lines, Cebu City /

PRINCESS OF THE ORIENT ex SUN FLOWER 11 (Foto Yoshitatsu Fukawa, 1995)

mse SUN PRINCESS
Princess Cruises, Palermo
Fincantieri, Monfalcone; Baunr. 5909

77 441 BRZ / 261,00 m Länge ü.a. / 32,25 m Breite / Vier 16-Zyl.-Diesel, elektrische Kraftübertragung; Sulzer-Grandi Motori / 46 080 kW / 2 Schrauben / 21,4 kn / 1950 Pass. in 1050 Kabinen / Bes. 924

21.1.1995 aufgeschwommen / 11.11.1995 Ablieferung / Damals größtes Passagierschiff der Welt / 1.12.1995 in Fort Lauderdale getauft / 8.12.1995 Jungfernreise ab Fort Lauderdale /

SUN PRINCESS (Foto ToYouToo, 1995)

SUN VENTURE
siehe SHALOM

ms SUN VIKING
Royal Caribbean Cruises, Oslo
Wärtsilä, Helsinki; Baunr. 394

18 559 BRT / 3202 tdw / 171,69 m Länge ü.a. / 24,03 m Breite / Vier 9-Zyl.-Diesel mit Getriebe; Sulzer-Wärtsilä / 18 000 PSe / 2 Schrauben / 21 kn / 880 Pass. in 381 Kabinen / Bes. 320

27.11.1971 Stapellauf / 10.11.1972 Ablieferung / 12.1972 Jungfernkreuzfahrt ab Miami / 1994 BRZ 18 455 /

ms SUNWARD
Klosters Rederi, Oslo
Bergens MV, Bergen; Baunr. 455

8666 BRT / 1724 tdw / 139,43 m Länge ü.a. / 20,83 m Breite / Zwei 12-Zyl.-Diesel; B&W / 13 200 PSe / 2 Schrauben / 20 kn / 314 Pass. in 109 Kabinen, 634 Deckspass. / 170 PKW /

24.3.1966 Stapellauf / 1966 Ablieferung / Southampton–Spanien–Gibraltar-Dienst / 12.1996 erste Reise Miami–Nassau für Klosters Norwegian Caribbean Lines / 1973 ILE DE BEAUTE, C.G.T. Méditerraneé, Panama Mittelmeerdienste / 1977 GRAND FLOTEL, Eastern Gulf, Panama. Hotelschiff in Sharjah / 1978 umbenannt SAUDI MOON I, Saudi Maritime Transport Co, Djeddah. Suez Akaba Djeddah-Dienst / 1988 OCEAN SPIRIT, Ocean Spirit Shipping Co, Nassau. Bei Sembawang Shipyard, Singapur, zum Spezialschiff für Tauchertouristen umgebaut. 8496 BRT / 1990 SCANDINAVIAN SONG, Sea-Escape, Nassau / 1994 SANTIAGO DE CUBA, International Shipping Partners, Nassau. Kreuzfahrten ab Kuba, 2.1994 nach wenigen Reisen eingestellt / 1994 THE EMPRESS, Ferry Charter Florida, Nassau. 10 558 BRZ. Bereedert von Empress Cruise Line, ab 199≠5 von Sembawang Johnson /

SUPER FERRY 12 siehe NEW MIYAKO

SUPER NAIAS siehe GREEN ARROW

SUN VIKING (Foto Antonio Scrimali)

THE EMPRESS ex SUNWARD (Foto Martin Lochte Holtgreven)

SUPER STAR LEO und SUPER STAR VIRGO (Meyer Werft)

SUPER STAR CAPRICORN
siehe ROYAL VIKING SKY

SUPER STAR GEMINI
siehe CROWN JEWEL

ms SUPER STAR LEO*
Star Cruise
Jos. L. Meyer, Papenburg; Baunr.
75 000 BRZ / 2000 Pass. / Bes. 1000
1998 Ablieferung geplant / Kreuzfahrten in Ostasien /

ms SUPER STAR VIRGO*
Star Cruise
Jos. L. Meyer, Papenburg; Baunr.
75 000 BRZ / 2000 Pass. / Bes. 1000
1998 Ablieferung geplant / Kreuzfahrten in Ostasien /

ms SUPERFAST I
Superfast Ferries, Patras
Schichau Seebeck, Bremerhaven; Baunr. 1087

23 663 BRZ / 5717 tdw / 173,70 m Länge ü.a. / 28,70 (24,00) m Breite / Vier 12-Zyl.-Diesel mit Getriebe; Sulzer-Zgoda / 31 680 kW / 2 Schrauben / 27 kn / 626 Pass. in 200 Kabinen, 784 Deckspass., davon 180 Pullman / 830 PKW / Bes. 103

30.7.1994 Stapellauf / 25.3.1995 Taufe / 6.4.1995 Ablieferung / 15.4.1995 Jungfernreise Patras–Ancona /

SUPERFAST I (Foto Peter Voß, 1995)

POSEIDON ex SUZURAN MARU (Foto Frank Heine, 1994)

ms SUPERFAST II
Superfast Ferries, Patras
Schichau Seebeck, Bremerhaven; Baunr. 1088

23 663 BRZ / 5717 tdw / 173,70 m Länge ü.a./ 28,70 (24,00) m Breite / Vier 12-Zyl.-Diesel mit Getriebe; Sulzer-Zgoda / 31 680 kW / 2 Schrauben / 27 kn / 626 Pass. in 200 Kabinen, 784 Deckspass., davon 180 Pullman / 830 PKW / Bes. 103

14.1.1995 Stapellauf / 25.3.1995 Taufe / 31.5.1995 Ablieferung / 11.6.1995 Jungfernreise Patras–Ancona /

SUPERFAST II (Foto Peter Voß, 1995)

ms SUPERFAST III
Superfast Ferries, Patras
Kvaerner Masa Yards, Turku

Schwesterschiff von Superfast I, Lieferung 1998 vorgesehen.

ms SUPERFAST IV
Superfast Ferries, Patras
Kvaerner Masa Yards, Turku

Schwesterschiff von Superfast I, Lieferung 1998 vorgesehen.

SUPERFERRY siehe CASSIOPEIA

SUPERFERRY 2
siehe FERRY SUMIYOSHI

ms SUZURAN
Shin-Nihonkai Ferry Co, Osaka
Ishikawajima-Harime H.I., Tokio; Baunr. 3062

17 345 BRZ / 5440 tdw / 199,45 m Länge ü.a. / 25,0 m Breite / Zwei 18-Zyl.-Diesel mit Getriebe; Pielstick / 47 700 kW / 2 Schrauben / 29 kn / 515 Pass. in 110 Kabinen / 80 PKW, 122 LKW /

7.1995 Stapellauf / 30.5.1996 Ablieferung / Tsuruga–Otaru-Dienst /

ms SUZURAN MARU
Shin Nihonkai Ferry Co, Otaru
Koyo Dockyard, Mihara;
Baunr. 567

9991 BRT / 3086 tdw / 160,64 m Länge ü.a. / 25,66 m Breite / Zwei 18-Zyl.-Diesel mit Getriebe; Pielstick-Fuji / 18 000 PSe / 2 Schrauben / 18,5 kn / 1200 Pass. / PKW / Bes. 38

28.7.1970 Ablieferung /Tsuruga–Otaro-Dienst/ 1978 umbenannt FERRY IZU, dann FERRY LILAC. 9039 BRT / 1980 UTOPIA, Nishi-Nippon Kisen Co, Shimonoseki. Umbau zum Kreuzfahrtschiff / 1994 POSEIDON, Med Link Lines, Valletta. 15 237 BRZ. Brindisi–Korfu– Igoumenitsa–Patras–Cesme-Dienst /

SUZURAN (Foto Yoshiako Yohoi, 1996)

ms SVEA
Silja Line, Stockholm
Wärtsilä, Helsinki; Baunr. 470

33 829 BRZ / 3000 tdw / 168,03 m Länge ü.a. / 27,64 m Breite / Vier 12-Zyl.-Diesel mit Getriebe; Pielstick–Wärtsilä / 26 400 kW / 2 Schrauben / 22 kn / 1625 Pass. in 566 Kabinen, 375 Deckspass. / 350 PKW / Bes. 180

28.9.1984 aufgeschwommen / 7.5.1985 Ablieferung / 5.1985 Jungfernreise Stockholm–Turku / 1990 Von Johnson Shipmanagement,

COLOR FESTIVAL ex SVEA (Foto Dirk Jankowsky)

TALLINK ex SVEA REGINA (Foto Frank Heine, 1994)

SEA WIND ex SVEALAND (Foto Dirk Jankowsky)

Stockholm, bereedert / 1992 umbenannt SILJA KARNEVAL / 4.3. bis 7.4.1992 Umbau bei der Lloydwerft, Bremerhaven. Neue Gesellschaftsräume und Kabinen, neue Farbgebung. 34 417 BRZ / 6.4.1994 COLOR FESTIVAL, Color-Line, Oslo / 29.4.1994 erste Reise Oslo–Hirtshals /

ms SVEA REGINA

Rederi Svea, Stockholm
Dubigeon-Normandie, Nantes; Baunr. 127

8020 BRT / 1250 tdw / 126,93 m Länge ü.a. / 19,59 m Breite / Zwei 16-Zyl.-Diesel mit Getriebe; Pielstick-Atlantique / 16 000 PSe / 2 Schrauben / 20 kn / Pass.: 412 / 146 PKW /

3.12.1971 Stapellauf / 26.5.1972 Ablieferung / 10.6.1972 Jungfernreise Stockholm–Helsinki / 22.9.1978 REGINA, Finska Angfartygs, Helsinki; gleicher Dienst / 15.10.1978 bis 15.4.1979 Schweden–Polen-Dienst in Polferries-Charter / 13.11.1979 MEDITERRANEAN SUN, Karageorgis, Piräus. Italien–Griechenland-Dienst / 1980 an Heritage Shipping Co, Piräus / 1981 in Patras aufgelegt / 1982 ODYSSEAS ELYTIS, Maritime Company of Levros, Piräus. Piräus–Mytilene-Dienst / 1985 SCANDINAVIAN SKY, Sky Cruises, Nassau. Karibik-Kreuzfahrten für Sea-Escape / 22.7.1985 nach Umbau bei der Nobiskrug Werft, Rendsburg, in Dienst. 8139 BRT, 180 PKW, 522 Pass. in 155 Kabinen, 405 Deckspass. / 15.12.1989 TALLINK, FG Shipping, Helsinki. Helsinki–Tallinn-Dienst / 1992 an Tallink Bahamas, Tallinn / 1995 10 341 BRZ /

ms SVEALAND

Rederi A/B Svea, Stockholm
Helsingör Skibsvaerft, Helsingör; Baunr. 397

3897 BRT / 4166 tdw / 118,01 m Länge ü.a. / 21,04 m Breite / Vier 9-Zyl.-Diesel mit Getriebe; Ruston Paxman / 10 000 PSe / 2 Schrauben / 19 kn / 36 Pass. in Kabinen / LKW

17.11.1971 Stapellauf / 1972 Ablieferung. Travemünde–Kopenhagen–Helsingborg-Dienst für Trave Line / 1976 Malmö–Travemünde-Dienst in Saga Linjen-Charter / 1980 Charter von TT-Saga fortgeführt / 1984 nach Verlängerung in Norwegen SAGA WIND, Scandinavian Ferry Lines, Helsingborg. 14 422 BRZ, 2635 tdw, 154,41 m Länge ü.a., vier neue 8-Zyl.-Diesel mit Getriebe; Krupp Mak, 7360 kW, 18 kn, 77 Pass. in Kabinen / 1986 Umbau bei Seebeck, 140 Pass. / 1986 Travemünde–Trelleborg-Dienst in TT-Line-Charter / 1989 SEA WIND, Seawind Line, Stockholm / 29.1. bis 18.4.1989 Umbau bei Blohm + Voss in Hamburg. 15 879 BRZ, 100 Pass. in Kabinen, 263 Deckspass., 60 PKW, 40 LKW, 26 Waggons / 20.4.1989 erste Reise Turku–Stockholm /

ms SVEALAND

Lion Ferry, Halmstad
Nakskov Skibsvaerft, Nakskov; Baunr. 199

5160 BRT / 2985 tdw / 148,01 m Länge ü.a. / 22,13 (21,59) m Breite / Zwei 8- und zwei 6-Zyl.-Diesel mit Getriebe; Pielstick-Lindholmen/ 14 000 PSe / 2 Schrauben / 17,5 kn / 32 Pass. in Kabinen, 4 Deckspass. / Waggons /

10.1.1973 Stapellauf / 9.1973 Ablieferung / 12.9.1973 Jungfernreise Trelleborg–Saßnitz / 1982 SVEALAND AV MALMÖ, Rederi A/B Nordö, Malmö. Bei HDW, Hamburg, verlängert. 6962 BRT, 6850 tdw, 182,73 m Länge ü.a. / 6.10.1982 erste Reise Travemünde–Malmö / 1987 umbenannt SVEA LINK / 1990 STENA SEATRADER, Stena Line, Hoek van Holland / 2.5.1990 erste Reise Hoek van Holland–Harwich / 1994 BRZ 17 991 /

SWITZERLAND siehe DAPHNE

ts SYLVANIA

Cunard Steamship Co, Liverpool
John Brown & Co, Clydebank; Baunr. 700

21 989 BRT / 8500 tdw / 185,40 m Länge ü.a. / 24,49 m Breite / Zwei Satz Getriebeturbinen; Pametrada-Brown / 24 500 PSw / 2 Schrauben / 20 kn / Pass.: 154 I., 724 Touristenklasse / Bes. 461

22.11.1956 Stapellauf / 6.1957 Fertigstellung / 5.6.1957 Jungfernreise Greenock–Montreal / 26.6.1957 erste Reise Liverpool–Montreal. Im Winter Liverpool–New York. Gelegentlich Kreuzfahrten / 1965 20 017 BRT / 1967 weißer Anstrich. Nur noch Kreuzfahrten / 1.1968 FAIRWIND, Sitmar Line, Monrovia. In Southampton aufgelegt / 14.1.1970 Ankunft in Triest, für Kreuzfahrten umgebaut. 21 985 BRT. 906 Pass. in 481 Kabinen / 1972 16 667 BRT / 1988 umbenannt SITMAR FAIRWIND / 1.9.1988 an P&O Lines, Monrovia / 9.9.1988 umbenannt DAWN PRINCESS. 906 Pass. in 481 Kabinen / 1990 24 803 BRZ / 1993 ALBATROS, Happy Days Shipping (V-Ships), Nassau; von Phoenix Reisen langfristig unter Vertrag genommen / 18.8.1993 erste Nordkap-Reise ab Bremerhaven. 24 803 BRZ / 22.5.1993 auf einer Kreuzfahrt im Roten Meer Brand im Maschinenraum. Passagiere in Djeddah an Land / 26.7.1995 Ankunft zur Reparatur bei der Lloydwerft in Bremerhaven / 30.7.1995 wieder in Dienst /

SYMPHONY siehe PROVENCE

ms SYRIA

Hellas Ferries, Piräus
Hyundai Heavy Industries Co, Ulsan; Baunr. 649

STENA SEATRADER ex SVEALAND (Foto Andreas Wörteler, 1996)

ALBATROS ex SYLVANIA (Foto Jürgen Saupe, 1994)

EUROPEAN FREEWAY ex SYRIA (Foto Frank Lose)

6455 BRT / 8704 tdw / 151,01 m Länge ü.a. / 25,28 m Breite / Zwei 12-Zyl.-Diesel mit Getriebe; Pielstick-Nippon / 11 475 kW / 2 Schrauben / 17 kn / 144 Pass. in Kabinen / PKW

1.2.1978 Stapellauf als Frachtfähre ALPHA ENTERPRISE, 12 Pass. / 31.5.1978 Ablieferung an Stena Line, London / 1979 SYRIA, Hellas Ferries, Piräus. Bei Hapag-Lloyd in Bremerhaven zur Passagierfähre umgebaut. Daten s.o. / 1981 bei Hapag-Lloyd verlängert. 8596 BRT, 184,61 m Länge ü.a., 210 Pass. in Kabinen / 1982 unter Zypernflagge / 1983 STENA TRANSPORTER, Stena Line, Göteborg / 1985 umbenannt CERDIC FERRY, Charter / 1986 Felixstowe–Europoort-Dienst in Townsend-Thoresen-Charter / 1987 an P&O European Ferries, Felixstowe / 3.1.1992 umbenannt EUROPEAN FREEWAY / 1994 BRZ 21 162 /

ATALANTE ex TAHITIEN (Foto Luis Miguel Correia, 1995)

TACOMA
Washington State
Todd Pacific Shipyard, Seattle

140,26 m Länge ü.a. / 27,43 m Breite / 18 kn / 2500 Pass. / 250 PKW /

8.1996 Stapellauf / 3.1997 Ablieferung /

ts TAHITIEN
Messageries Maritimes, Marseille
Arsenal de la Marine, Brest; Baunr. ME2

12 614 BRT / 8927 tdw / 167,34 m Länge ü.a. / 20,60 m Breite / Zwei 10-Zyl.-Diesel; B&W-Creusot / 10 300 PSe / 2 Schrauben / 17 kn / Pass.: 74 I., 84 Touristen-, 208 III. Klasse / Bes. 138

4.10.1952 Stapellauf / 4.1953 Ablieferung / 4.5.1953 Jungfernreise Marseille–Panama–Sydney / 1972 ATALANTE, Aphrodite Cruises, Famagusta. Kreuzfahrten im Mittelmeer. 659 Passagiere / 1976 Heimathafen Limassol / 1977 Heimathafen Piräus / 1978 549 Pass. in 187 Kabinen / 1990 13 113 BRT / 1991 Als HOMERICUS mit Kaufoption an Epirotiki verchartert; Ende 1991 wieder ATALANTE / 1993 an Med Queen Lines, Limassol. 11 923 BRT, 549 Pass. in 213 Kabinen /

TARAS SHEVCHENKO (Foto F. de Vries)

TALLINK siehe SVEA REGINA

TAPIOLA siehe BOOGABILLA

ms TARAS SHEVCHENKO
Black-Sea-Shipping Co, Odessa
Mathias-Thesen-Werft, Wismar; Baunr. 127

19 549 BRT / 6000 tdw / 176,1 m Länge ü.a. / 25,00 (23,53) m Breite / Zwei 7-Zyl.-Diesel; Sulzer-Cegielski / 21 000 PSe / 2 Schrauben / 20,5 kn / 750 Pass. / Bes. 220

16.1.1965 Stapellauf / 26.4.1967 Ablieferung / Kreuzfahrten / 1974 Mit 20 027 BRT vermessen. 650 Pass. in 276 Kabinen / 1995 an Blasco UK, Monrovia / 1995 in Odessa umgebaut. 400 Pass. / 1995 BRZ 21 100 /

TARIQ IBN ZIYAD (Foto Arnold Kludas, 1996)

ms TARIQ IBN ZIYAD
Enterprise Nationale de Transport Maritime des Voyageurs (E.N.T.M.V.), Algier
Union Naval de Levante, Valencia; Baunr. 211

21 659 BRZ / 5125 tdw / 153,30 m Länge ü.a. / 25,20 m Breite / Zwei 12-Zyl.-Diesel mit Getriebe; Wartsilä-Echevarria / 28 000 kW / 2 Schrauben / 21,5 kn / 1314 Pass. in 283 Kabinen, zwei Klassen / 446 PKW / Bes. 122

12.1995 Ablieferung / Algier oder Oran–Marseille oder Alicante-Dienst /

TASSILI siehe CENTRAL No. 1

THE AZUR siehe EAGLE

THE EMPRESS siehe SUNWARD

THEOFILOS siehe PETER PAN

THESSALONIKI siehe PRINS HAMLET

ms TIDAR
P.T. Pelayaran Nasional Indonesia, Semarang
Jos. L. Meyer, Papenburg; Baunr. 617

13 888 BRT / 3200 tdw / 144,00 m Länge ü.a. / 23,70 (23,40) m Breite / Zwei 6-Zyl.-Diesel mit Getriebe; MaK / 12 800 kW / 2 Schrauben / 20 kn / 416 Pass. in 90 Kabinen, 1488 Deckspass. / Bes. 145

23.9.1988 Aufschwimmen, Taufe und Ablieferung / Zwischen den Inseln Indonesiens eingesetzt /

TIDAR (Foto Frank Heine)

TOLETELA siehe MONTE TOLEDO

ms TOR ANGLIA
Tor Line, Göteborg
Lübecker Flender-Werke, Lübeck; Baunr. 555

7644 BRT / 2503 tdw / 138,03 m Länge ü.a. / 21,57 (21,01) m Breite / Vier 12-Zyl.-Diesel mit Getriebe; Pielstick-OEW / 22 320 PSe / 2 Schrauben / 21,5 (23) kn / 452 Pass. in Kabinen, 150 Pullman, 390 Deckspass. / 300 PKW / Bes. 111

20.10.1965 Stapellauf / 22.2.1966 Probefahrt / 1.3.1966 Ablieferung / Derzeit größte und schnellste Autofähre Europas / 3.4.1966 Jungfernreise Immingham–Göteborg–Amsterdam / 1976 ESPRESSO OLBIA, Trans Tirreno Express / 7. bis 9.1980 als ROBIN HOOD II Travemünde–Rönne–Danzig–Helsinki–Tallinn-Dienst in TT-Line-Charter / 2.10.1980 erste Reise Vlissingen–Sheerness in Olau-Charter / 1983 SARDINIA NOVA, Sardinia Ferries, Cagliari. 8036 BRT, 818 Pass. in Kabinen, 174 Deckspass. Livorno–Sardinien-Dienst / 11.1989 bis 3.1990 Frederikshavn–Oslo-Dienst in DaNo-Charter / 1994 BRZ 11 024 /

SARDINIA NOVA ex TOR ANGLIA (Foto Frank Heine)

ms TOR BRITANNIA
Tor Line, Göteborg
Flender Werft, Lübeck; Baunr. 607

14 905 BRT / 3335 tdw / 182,35 m Länge ü.a. / 23,63 m Breite / Vier 12-Zyl.-Diesel mit Getriebe; Pielstick-Lindholmen / 45 000 PSe / 2 Schrauben / 26 kn / 756 Pass. in Kabinen, 512 Deckspass. / 420 PKW / Bes. 143 /

10.10.1974 Stapellauf / 16.5.1975 Ablieferung / Göteborg–Felixstowe- bzw. Amsterdam-Dienst / 1976 Göteborg–Immingham-Dienst / 2.11.1981 SCANDINAVIAN STAR, Scandinavian Seaways, Nassau / 26.3.1982 TOR BRITANNIA, DFDS, Esbjerg. 15 794 BRT / Göteborg–Harwich–Amsterdam-Dienst, auch nach Esbjerg / 1984 14 905 BRT / 8.11.1990 bis 11.1.1991 Umbau bei Blohm + Voss in Hamburg. 15 729 BRT, 1529 Pass. in 428 Kabinen, 163 Deckspass., 440 PKW / 20.11.1990 umbenannt PRINCE OF SCANDINAVIA, Heimathafen Kopenhagen / 1995 BRZ 21 545 / 29.10.1995 in Göteborg aufgelegt / 4.1996 eine Reise Dundee–Norfolk in Charter des britischen Verteidigungsministeriums / 28.5.1996 Genua– bzw. Marseille–Tunis-Dienst in Cotunav-Charter /

PRINCE OF SCANDINAVIA ex TOR BRITANNIA (Foto Frank Heine)

ms TOR HOLLANDIA
Tor Line, Göteborg
Lübecker Flender-Werke AG, Lübeck; Baunr. 559

7748 BRT / 2287 tdw / 138,03 m Länge ü.a. / 21,57 m Breite / Vier 12-Zyl.-Diesel mit Getrie-

TOR HOLLANDIA ex ARIADNE (Foto Frank Heine, 1996)

PRINCESS OF SCANDINAVIA ex TOR SCANDINAVIA (Foto Frank Heine)

be; Pielstick-OEW / 22 320 Pse / 2 Schrauben / 23 kn / 452 Pass. in Kabinen, 150 Pullman, 390 Deckspass. / 300 PKW / Bes. 111

12.11.1966 Stapellauf / 12.4.1967 Ablieferung als derzeit größte Autofähre Europas / 17.4.1966 Jungfernreise Göteborg–Immingham–Amsterdam / 1975 ARIADNE, Minoan Lines, Iraklion. 992 Pass., 275 PKW. Iraklion–, sp. auch Chanea–Piräus-Dienst / 4.1996 Piräus–Santorini-Dienst / 1996 BRZ 11 621 /

ms TOR SCANDINAVIA

Tor Line, Göteborg
Flender Werft, Lübeck; Baunr. 608

15 673 BRT / 3335 tdw / 182,35 m Länge ü.a. / 23,63 m Breite / Vier 12-Zyl.-Diesel mit Getriebe; Pielstick-Lindholmen / 45 600 PSe / 2 Schrauben / 26 kn / 756 Pass. in Kabinen, auf Kreuzfahrten 500; 512 Deckspass. / 420 PKW / Bes. 143

4.11.1975 Stapellauf / 12.4.1976 Ablieferung / Göteborg–Felixstowe- bzw. Amsterdam-Dienst, auch nach Harwich und Esbjerg / 1. bis 2.1979 als Messeschiff HOLLAND EXPO in den Persischen Golf / 10.12.1981 an DFDS, Esbjerg / 25.10.1982 bis 25.2.1983 Messeschiff WORLD WIDE EXPO für Expo Offshore Asia 83 / 1983 14983 BRT / 25.9.1989 Ein Feuer an Bord des Schiffes auf der Reise von Göteborg nach Harwich fordert zwei Menschenleben / 7.12.1989 nach Reparatur in Rendsburg wieder in Fahrt / 17.1. bis 11.3.1991 in Hamburg bei Blohm + Voss umgebaut. 1529 Pass. in 428 Kabinen, 175 Deckspass., 440 PKW / 16.3.1991 umbenannt PRINCESS OF SCANDINAVIA / 1995 BRZ 21 545 /

ms TORRES

Tirrenia di Navigazione, Neapel
Cant. Nav. Riuniti, Ancona; Baunr. 872

11 346 BRT / 3957 tdw / 148,32 m Länge ü.a. / 22,74 m Breite / Zwei 12-Zyl.-Diesel mit Getriebe; GMT / 11 030 kW / 2 Schrauben / 312 Pass in Kabinen, 888 Deckspass. /

12.10.1978 Stapellauf als STAFFETTA MEDITERRANEA / 6.1979 Ablieferung als RoRo-Frachter / 1987–88 zur RoRo-Fähre umgebaut, Daten s.o. / 1988 umbenannt TORRES, Heimathafen, Cagliari. Genua–Sardinien-Dienst / 1995 BRZ 18 702 /

TORRES (Foto Frank Heine)

TOSCANA (Foto Jürgen Saupe, 1994)

ms TRANSGERMANIA
Poseidon Schiffahrt, Lübeck
J. J. Sietas, Hamburg;
Baunr. 792

5631 BRT / 5233 tdw / 135,49 m Länge ü.a. / 21,75 m Breite / Zwei 6-Zyl.-Diesel mit Getriebe; MAN / 12 660 PSe / 2 Schrauben / 17 kn / 63 Pass. in 21 Kabinen / 110 Trailer

27.8.1976 Stapellauf / 30.10.1976 Ablieferung / 1.11.1976 Jungfernreise Lübeck–Finnland / 1990 England–Finnland-Dienst / 11.1991 Liverpool–Belfast-Dienst in Norse Irish Ferries-Charter / 8.1993 ROSEBAY, Veba Poseidon, Limassol. Koper–Durres-Dienst in Denval Marine-Charter / 1992 und 1993 jeweils im Sommer Turku–Stockholm-Dienst in Seawind-Charter / 4.7.1994 erste Reise Rotterdam–Harwich in Stena-Charter / 1994 BRZ 13 700 / 19.6.1995 erste Reise Hoek van Holland–Harwich in Stena-Charter /

ms TOSCANA
Tirrenia di Navigazione, Neapel
Cant. Nav. Visentini, Donada; Baunr. 163

12 790 BRZ / 6550 tdw / 166,20 m Länge ü.a. / 22,00 m Breite / Ein 16-Zyl.-Diesel mit Getriebe; New Sulzer / 11 520 kW / 1 Schraube / 170 Pass. in 58 Kabinen / 143 Trailer /

16.7.1994 Stapellauf / 1994 Ablieferung / Neapel–Palermo-Dienst / 1996 in Messina umgebaut. 600 Pass. in Kabinen /

TRANSEUROPA (Foto Marko Stampehl, 1995)

ms TRANSEUROPA
Poseidon Schiffahrt, Lübeck
Stocznia Gdanska, Danzig; Baunr. 501/3

32 534 BRZ / 11 622 tdw / 183,0 m Länge ü.a. / 28,7 m Breite / Vier 8-Zyl.-Diesel mit Getriebe; Sulzer-Zgoda / 23 040 kW / 2 Schrauben / 21 kn / 111 Pass. in 34 Kabinen / Bes. 20

29.12.1994 Stapellauf / 18.5.1995 Probefahrt / 31.5.1995 Ablieferung / 12.6.1995 Jungfernreise Lübeck–Helsinki /

ms TRANSFINLANDIA
Poseidon Schiffahrt, Lübeck
Flender Werft, Lübeck; Baunr. 623

8110 BRT / 11 645 tdw / 157,82 m Länge ü.a. / 14,90 (24,60) m Breite / Zwei 10-Zyl.-Diesel; B&W-Mitsui / 14 500 kW / 2 Schrauben / 19 kn / 24 Pass. in 12 Kabinen / 190 PKW, 183 Trailer /

27.3.1981 Stapellauf / 8.1981 Ablieferung / 23.8.1981 Jungfernreise Lübeck–Helsinki. Auch nach Kotka / 1994 BRZ 19 524 / 1.5.1996 im Nebel vor Kotka aufgelaufen, mit eigener Kraft freigekommen, erhebliche Bodenschäden / 6.5. bis 30.5.1996 Reparatur in Danzig /

TRANSFINLANDIA (Foto Jürgen Saupe, 1995)

ISLANDBREEZE ex TRANSVAAL CASTLE (Foto Joachim Pein, 1996)

ROSEBAY ex TRANSGERMANIA (Foto Andreas Wörteler, 1996)

TRANSLUBECA (Foto Frank Lose, 1996)

ms TRANSLUBECA

Poseidon Schiffahrt, Lübeck
Stocznia Gdanska im Lenina, Danzig; Baunr. B 498/1

24 727 BRZ / 11 500 tdw / 157,60 m Länge ü.a. / 25,30 m Breite / Zwei 12-Zyl.-Diesel mit Getriebe; Wärtsilä-Sulzer / 14 400 kW / 2 Schrauben / 20 kn / 84 Pass. in 33 Kabinen / 220 PKW / Bes. 21

12.1.1990 Stapellauf / 1.12.1990 Ablieferung / 14.1.1991 In Lübeck getauft, dann Jungfernreise Lübeck–Helsinki / 7.11.1995 erste Reise Lübeck–Turku /

ts TRANSVAAL CASTLE

Union-Castle Mail Steamship Co, London
John Brown & Co, Clydebank; Baunr. 720

32 697 BRT / 16 604 tdw / 231,71 m Länge ü.a. / 27,49 m Breite / Zwei Satz Getriebeturbinen; Pametrada-Brown / 44 000 PSw / 2 Schrauben / 23,5 kn / 728 Pass. I. Klasse in 416 Kabinen / Bes. 426

17.1.1961 Stapellauf / 16.12.1961 Ablieferung / 18.1.1962 Jungfernreise Southampton–Durban / 12.1.1966 S.A. VAAL, South Africa Marine Corp., London, gleicher Dienst / 1967 30 212 BRT / 2.1969 Heimathafen Kapstadt / 1977 FESTIVALE, Carnival Cruise Lines, Panama / 29.10.1977 von Southampton zum Umbau nach Kobe ausgelaufen / 31.8.1978 Rücklieferung. 26 632 BRT, 1432 Pass. in 580 Kabinen, Bes. 579 / 28.10.1978 erste Kreuzfahrt in der Karibik / 1991 Heimathafen Nassau / 1994 BRZ 31 793 / 4.1996 ISLANDBREEZE, Dolphin Cruise Line Charter /

TROPICALE (Foto Eckhard Biermann, 1996)

ms TRAVEMÜNDE
Gedser-Travemünde Linien, Gedser
Wärtsilä, Helsinki; Baunr. 432

9120 BRT / 4150 tdw / 137,42 m Länge ü.a. / 22,61 (22,31) m Breite / Vier 12-Zyl.-Diesel mit Getriebe; Wärtsilä / 14710 kW / 2 Schrauben / 18,5 kn / 248 Pass. in 62 Kabinen,1552 Deckspass. / 450 PKW / Bes. 104

30.1.1981 Stapellauf / 15.6.1981 Ablieferung / Gedser–Travemünde-Dienst / 28.4.1987 TRAVEMÜNDE LINK, GT-Link, Gedser. Gleicher Dienst / 10.1988 SALLY STAR, Sally Line, Nassau / 6.12.1988 erste Reise Ramsgate–Dünkirchen / 25.8.1994 sechs sm vor Ramsgate Maschinenraumbrand. 17 Passagiere und die meisten Besatzungsangehörigen gehen in die Boote. 50 Feuerwehrleute werden mit Hubschraubern auf die SALLY STAR gebracht und bringen den Brand unter Kontrolle / 1994 BRZ 16 829 /

Foto siehe Farbteil Seite 117

ms TRELLEBORG
Statens Järnvägar Färjedriften, Trelleborg
Öresundsvarvet, Landskrona; Baunr. 271

10 882 BRT / 3800 tdw / 170,19 m Länge ü.a. / 23,80 m Breite / Vier 8-Zyl.-Diesel mit Getriebe; MAN / 17 650 kW / 2 Schrauben / 17,5 kn / 47 Pass. in 22 Kabinen, 753 Deckspass. / 15 PKW, 20 LKW, 55 Waggons / Bes. 138

19.5.1981 aufgeschwommen / 12.1981 Probefahrt / 28.5.1982 Ablieferung / Trelleborg–Saßnitz-Dienst / 1994 an Swe Ferry, Trelleborg. 20 028 BRZ /

TRITON siehe CUNARD ADVENTURER

ms TROPICALE
Carnival Cruise Lines, Monrovia
Aalborg Vaerft, Aalborg; Baunr. 234

22 919 BRT / 6654 tdw / 204,76 m Länge ü.a. / 26,45 (26,31) m Breite / Zwei 7-Zyl.-Diesel mit Getriebe; Sulzer / 19 570 kW / 2 Schrauben / 21 kn / 1422 (1796) Pass. in 511 Kabinen / Bes. 491

31.10.1980 Stapellauf / 4.12.1981 Ablieferung / Kreuzfahrten / 1994 BRZ 35 190 /

TRELLEBORG (Foto Arnold Kludas, 1996)

LION KING ex TURELLA (Foto Dirk Jankowsky)

TUTKU siehe MEDITERRANEAN SEA

ms TURELLA
SF Line, Mariehamn (Viking Line)
Wärtsilä, Turku; Baunr. 1242

10 604 BRT / 3100 tdw / 136,12 m Länge ü.a. / 24,24 m Breite / Vier 12-Zyl.-Diesel mit Getriebe; Pielstick-Wärtsilä / 17 900 kW / 2 Schrauben / 21,5 kn / 1700 Pass., davon 750 in 320 Kabinen / 555 PKW / Bes. 140

24.11.1978 Stapellauf / 4.6.1979 Ablieferung / 15.6.1979 Jungfernreise Turku–Stockholm / 24.10.1988 STENA NORDICA, Stena Line, Göteborg / 20.1.1989 erste Reise Göteborg–Frederikshavn–Moss / 1990 10 549 BRT / 1995 BRZ 16 630 / 6.5.1996 umbenannt LION KING, Halmstad–Grenaa-Dienst für Stena-Tochter Lion Ferry /

TYCHO BRAHE (Foto Hans Joachim Amberg, 1992)

mse TYCHO BRAHE
Danske Statsbaner, Helsingör
Tangen Verft, Kragero; Baunr. 156

10 845 BRZ / 2500 tdw / 110,20 m Länge ü.a. / 28,20 (27,60) m Breite / Zwei 6-Zyl.-Diesel mit elektrischer Kraftübertragung; Wärtsilä / 9860 kW / 2 Schrauben / 14,5 kn / 1250 Deckspass. / 238 PKW / Bes. 22

19.1.1991 Stapellauf / 1.10.1991 Ablieferung / 5.11.1991 Jungfernreise Helsingör–Helsingborg /

UKRAINA siehe KAZAKSTHAN

ms ULYSSEE*
Cie. Tunisienne de Navigation (Cotunav)
SSW Fähr- und Spezialschiffbau, Bremerhaven; Baunr. 1093

6000 tdw / 160 m Länge ü.a. / 25,8 m Breite / Vier Diesel mit Getriebe / 14 000 kW / 2 Schrauben / 20 kn / 100 Pass. in 50 Kabinen / 136 PKW / Bes. 43

1.2.1997 Stapellauf / 1997 Ablieferung / Mittelmeer-Fährdienste ab Tunis /

ULYSSEE (SSW)

ms UMSINI
P.T. Pelayaran Nasional Indonesia, Sorong
Jos. L. Meyer, Papenburg; Baunr. 612

13 853 BRT / 3434 tdw / 144,02 m Länge ü.a. / 23,41 m Breite / Zwei 6-Zyl.-Diesel mit Getriebe; MaK / 10 890 kW / 2 Schrauben / 20 kn / 100 I. Klasse, 200 II. Klasse, 300 III. Klasse, 496 IV. Klasse, 500 in Schlafsälen / Bes. 119

15.9.1984 Stapellauf / 31.1.1985 Ablieferung / Im Passagierdienst zwischen den Inseln Indonesiens eingesetzt /

UMSINI (Foto Steffen Weirauch)

UNITED STATES (Foto Steffen Weirauch, 1992)

ts UNITED STATES
United States Lines, New York
Newport News Sb. & D.D. Co, Newport News; Baunr. 488

53 329 BRT / 13 016 tdw / 301,76 m Länge ü.a. / 30,97 m Breite / Vier Satz Getriebeturbinen; Westinghouse / 173 800 PSw / 4 Schrauben / 30 (38,32) kn / Pass.: 871 I., 508 Kabinen-, 549 Touristenklasse / Bes. 1000

23.6.1951 aufgeschwommen / 21.6.1952 Ablieferung / 3.7.1952 Jungfernreise New York–Southampton. Die UNITED STATES bricht alle Nordatlantik-Geschwindigkeitsrekorde. Von Ambrose-Feuerschiff nach Bishops Rock läuft sie in 3 Tagen, 10 Stunden und 40 Minuten mit einer Durchschnittsgeschwindigkeit von 35,59 Knoten. Auf der Heimreise durchläuft sie die gleiche Strecke in 3 Tagen, 12 Stunden und 12 Minuten mit 34,51 Knoten. Dieser Rekord besteht noch heute / In den Wintermonaten Ausdehnung des Dienstes nach Bremerhaven / 1961 51 988 BRT / 1962 US-Vermessung 44 893 BRT, die 1967 auf 38 216 BRT reduziert wird / 8.11.1969 In Newport News, später in Hampton Roads aufgelegt / 2.1973 an US Maritime Administration, in Norfolk, Va, aufgelegt / 1978 an United States Cruises, Seattle / 4.3.1989 Liegeplatzwechsel nach Newport News / 27.4.1992 an Marmara Marine Inc., New York / 4.6.1992 von SMIT ROTTERDAM nach Istanbul geschleppt / 1993 Heimathafen Panama / 1.11.1993 Im Schlepp ab Tuzla nach Sewastopol, wo die Asbest-Isolierungen entfernt werden / 15.5.1994 wieder in Tuzla, wo die Sadikoglu-Werft mit dem Umbau zum Kreuzfahrtschiff beginnt. Dieser steht jedoch von Anfang an unter finanziellen Schwierigkeiten und kommt über den Ausbau der alten Inneneinrichtung nicht hinaus / 6.1996 an Narmara Marine, Panama / 25.7.1996 im Schlepp der SMIT NEW YORK bei der Marine-Werft in Philadelphia angekommen und aufgelegt /

UNIVERSE siehe ATLANTIC, 1953

UNIVERSE EXPLORER siehe BRASIL

URD siehe EASY RIDER

UTOPIA 3 siehe FERRY TENRYU

VAL DE LOIRE siehe NILS HOLGERSSON, 1986

VANA TALLINN siehe DANA REGINA

ms VARUNA
Higashi Nippon Ferry Co & Eiyu Shoji Y.K., Muroran
Mitsubishi Heavy Industries, Shimonoseki; Baunr. 899

16 725 BRT / 6005 tdw / 187,13 m Länge ü.a. / 27,01 m Breite / Zwei 8-Zyl.-Diesel mit Getriebe; MAN-Mitsubishi / 21 180 kW / 2 Schrauben / 23,5 kn / 448 Pass. in Kabinen, 232 Deckspass. / 116 PKW, 177 LKW / Bes. 50

31.3.1987 Stapellauf / 10.7.1987 Ablieferung / Sendai–Tomakomai-Dienst /

VEENDAM (Foto Gerhard Fiebinger, 1996)

mse VEENDAM
Holland-Amerika Line, Nassau
Fincantieri, Venedig; Baunr. 5954

55 451 BRZ / 6604 tdw / 219,30 m Länge ü.a. / 30,80 m Breite / Drei 8-Zyl.- und zwei

12-Zyl.-Diesel mit elektrischer Kraftübertragung; Sulzer-Grandi Motori / 34 560 kW / 2 Schrauben / 20 (22) kn / 1226 (1629) Pass. in 633 Kabinen /

23.4.1996 Ablieferung / 28.4.1996 ab Venedig nach Malaga /

ms VENILIA

Higashi Nippon Ferry Co, Hakodate
Mitsubishi, Shimonoseki, Baunr. 915

6340 BRT / 3334 tdw / 134,60 m Länge ü.a. / 21,02 m Breite / Zwei 14-Zyl.-Diesel mit Getriebe; Pielstick-Nippon / 8020 kW / 2 Schrauben / 20,75 kn / 600 Deckspass. / 20 PKW, 96 Trailer / Bes. 33

VENILIA (Foto R. Takayama,1988)

VARUNA (Mitsubishi)

VERGA (Foto Arnold Kludas, 1996)

2.4.1988 Stapellauf / 2.7.1988 Ablieferung / 1994 6327 BRT / 1995 DA-IN, Nagasaki Shanghai Ferry Co, Panama. 12 365 BRZ. Shanghai–Nagasaki-Dienst /

VENUS siehe GEDSER

ms VERGA

Tirrenia di Navigazione, Neapel
Italcantieri, Castellammare die Stabia; Baunr. 4346

7222 BRT / 1910 tdw / 131,02 m Länge ü.a. / 20,07 m Breite / Zwei-Zyl.-Diesel mit Getriebe; Grandi Motori / 14 120 kW / 2 Schrauben / 20,5 kn / 490 Pass. in Kabinen, 510 Deckspass. / 370 PKW / Bes. 105

10.9.1977 Stapellauf / 11.10.1978 Ablieferung / Genua– bzw. Neapel–Sardinien-Dienst /

VIA ADRIATICO (Conoship)

VIA IONIO (Foto Hans Jürgen Amberg, 1993)

ms VIA ADRIATICO
Tirrenia di Navigazione,
Palermo Frisian Shipyard, Harlingen;
Baunr. 286

14 398 BRZ / 5535 tdw / 150,43 m Länge ü.a. / 23,43 m Breite / Zwei 8-Zyl.-Diesel mit Getriebe; Sulzer-Fincantieri / 11 520 kW / 2 Schrauben / 19 kn / 50 Pass. in 25 Kabinen / 141 Trailer / Bes. 18

11.1992 Ablieferung / Palermo–Voltri-Dienst /

ms VIA IONIO
Viamare di Navigazione, Palermo
Van der Giessen de Noord, Krimpen;
Baunr. 960.
Den Rumpf baute Frisian Shipyard, Harlingen;
Baunr. 287

14 398 BRZ / 5535 tdw / 150,43 m Länge ü.a. / 23,43 m Breite / Zwei 8-Zyl.-Diesel mit Getriebe; Sulzer-Fincantieri / 11 520 kW / 2 Schrauben / 19 kn / 50 Pass. in 25 Kabinen / 141 Trailer / Bes. 18

4.1993 Ablieferung / Palermo–Voltri-Dienst / 15.5. bis 8.1993 Travemünde–Trelleborg-Dienst in TT-Charter / 1994 ESPRESSO RAVENNA, Adriatica di Nav., Palermo. Ravenna–Catania-Dienst /

ms VIA LIGURE
Viamare di Navigazione, Palermo
Van der Giessen de Noord, Krimpen;
Baunr. 957

14 398 BRZ / 5535 tdw / 150,43 m Länge ü.a. / 23,43 m Breite / Zwei 8-Zyl.-Diesel mit Getriebe; Sulzer-Fincantieri / 11 520 kW / 2 Schrauben / 19 kn / 50 Pass. in 25 Kabinen / 141 Trailer / Bes. 18

11.3.1992 Stapellauf / 6.1992 Ablieferung / 7.7.1992 Jungfernreise Palermo–Voltri / 17.6.1994 IONIAN STAR, Strintzis Lines, Palermo. Umbau in Perama, 1050 Pass., davon 259 in 80 Kabinen, Bes. 60 / Patras–Ancona-Dienst / 10.1996 Heimathafen Piräus /

ms VIA MEDITERRANEO
Viamare di Navigazione, Palermo
Fincantieri-C.N. Italiani, Palermo; Baunr. 5922

14 398 BRZ / 5535 tdw / 150,37 m Länge ü.a. / 23,43 m Breite / Zwei 8-Zyl.-Diesel mit Getriebe; Sulzer-Fincantieri / 11 520 kW / 2 Schrauben / 19 kn / 50 Pass. in 25 Kabinen / 141 Trailer

20.6.1993 Ablieferung / Palermo–Voltri-Dienst / 1994 ESPRESSO CATANIA, Adriatica di Nav., Palermo. Catania–Ravenna-Dienst /

IONIAN STAR ex VIA LIGURE (Foto Frank Heine, 1994)

VIA MEDITERRANEO ex ESPRESSO CATANIA (Foto Arnold Kludas, 1996)

ms VIA TIRRENO

Viamare di Navigazione, Palermo
Van der Giessen de Noord, Krimpen; Baunr. 957

14 398 BRZ / 7324 tdw / 150,37 m Länge ü.a. / 23,43 m Breite / Zwei 8-Zyl.-Diesel mit Getriebe; Sulzer-Fincantieri / 11 520 kW / 2 Schrauben / 19 kn / 50 Pass. in 25 Kabinen / 141 Trailer
1992 Ablieferung / Palermo–Voltri-Dienst /

ms VICTORIA

Lloyd Triestino, Triest
Cant. Nav. dell'Adriatico, San Marco, Triest; Baunr. 1765

11695 BRT / 4310 tdw / 159,09 m Länge ü.a. / 20,78 m Breite / Zwei 10-Zyl.-Diesel; Fiat-Adriatico / 16100 PSe / 2 Schrauben / 19,5 kn / Pass.: 286 I., 181 Touristenklasse / Bes. 213

18.9.1951 Stapellauf / 3.1953 Fertigstellung und Jungfernreise Venedig–Ostasien. Dann Genua–Hongkong-Dienst / 1965 Triest–Hongkong-Dienst / 1967 Triest–Kapstadt–Karachi-Dienst / 10.1974 an Adriatica, Venedig. Triest–Beirut-Dienst und Kreuzfahrten. 430 Pass. in einer Klasse / 14.6.1977 aufgelegt / 1978 ANASTASIS, YWAM (= Youth with a Mission) Shipping Co, Limassol / 5.7.1979 in Piräus aufgelegt / 1982 Heimathafen Valletta / 1995 BRZ 11 701 /

VICTORIA siehe KUNGSHOLM

VICTORY (Sammlung Hisashi Noma)

ms VICTORY

Higashi Nippon Ferry Co, Muroran
Mitsubishi Heavy Industries, Kobe; Baunr. 1174

17 113 BRT / 6737 tdw / 187,13 m Länge ü.a. / 27 m Breite / Zwei 8-Zyl.-Diesel mit Getriebe; Mitsubishi-MAN / 21180 kW / 2 Schrauben / 23,5 kn / 680 Passagiere / 116 PKW, 177 LKW / Bes. 50

19.3.1989 Stapellauf / 10.7.1989 Ablieferung / Fährdienst Muroran–Oarai /

ANASTASIS ex VICTORIA (Foto Arnold Kludas, 1995)

VIKING SERENADE
siehe SCANDINAVIA, 1981

ms VIKING SONG
Rederi A/B Sally, Mariehamn
Wärtsilä, Turku; Baunr. 1248

13 878 BRT / 2830 tdw / 145,19 m Länge ü.a. / 25,51 m Breite / Vier 12-Zyl.-Diesel mit Getriebe; Pielstick-Wärtsilä / 19 400 kW / 2 Schrauben / 21,3 kn / 1104 Pass., 896 Deckspass. / 540 PKW /

15.2.1980 Stapellauf / 29.8.1980 Ablieferung / 30.8.1980 Jungfernreise Stockholm–Mariehamn–Helsinki / 2.1985 BRAEMAR, Fred Olsen & Co, / 15.5. bis 4.6.1985 Umbau bei Blohm + Voss in Hamburg. 14 623 BRT. 1206 Pass. in 529 Kabinen, 794 Deckspass. / Kristiansand–Hirtshals–Harwich–Newcastle-Dienst / 6.1990 an die Rigorous Shipping Co, Limassol, die das Schiff an die Baltic Shipping Co. in Bareboat-Kaufcharter gibt / 4.1. bis 6.1991 in Hamburg aufgelegt / 6.1991 ANNA KARENINA, Baltic Shipping Co, St. Petersburg / Zuerst war der Name BALTICA vorgesehen. 14 213 BRT / 12.7.1991 erste Reise Leningrad–Kiel / 22.2.1992 erste Reise Kiel–Nynäsham–St. Petersburg / 23.3.1996 in Hamburg aufgelegt / 27.3.1996 an Rigorous Shipping Co. zurück, umbenannt ANNA K. / 10.6.1996 REGINA BALTICA, Nordström & Thulin, Stockholm. / 12.7.1996 erste Reise Stockholm–Tallinn /

REGINA BALTICA ex Viking SONG (Foto Marko Stampehl, 1996)

ms VIKING VALIANT
Thoresen Car Ferries, Southampton
Aalborg Vaerft, Aalborg; Baunr. 204

6386 BRT / 1544 tdw / 128,8 m Länge ü.a. / 19,8 m Breite / Ein 9- und zwei 8-Zyl.-Diesel mit Getriebe; Stork-Werkspoor / 13 450 PSe / 3 Schrauben / 20,8 kn / 282 Pass. in Kabinen, 1045 Deckspass. / 275 PKW / Bes. 127

4.10.1974 Stapellauf / 5.1975 Fertigstellung / 25.5.1975 Jungfernreise Felixstowe–Zeebrügge / 3.1978 Portsmouth–Cherbourg–Le Havre-Dienst / 1.1976 Southampton–Le Havre-bzw. –Cherbourg-Dienst / 2.1986 bis 26.6.1986 in Bremerhaven von Schichau-Unterweser verlängert und mit einem zusätzlichen Autodeck versehen. 14 760 BRZ, 2467 tdw, 143,67 m Länge ü.a., 23,47 (23,00) m Breite, 282 Pass. in Kabinen, 1031 Deckspass., 20 kn, 370 PKW. Portsmouth–Le Havre-Dienst / 19.1.1987 an P&O Ferries, Southampton / 5.1989 umbenannt PRIDE OF LE HAVRE / 1990 Heimathafen Portsmouth / 6.1994 umbenannt PRIDE OF CHERBOURG / 10.7.1994 Portsmouth–Cherbourg-Dienst /

PRIDE OF CHERBOURG ex VIKING VALIANT (Foto Marko Stampehl, 1996)

PRIDE OF HAMPSHIRE ex VIKING VENTURER (Foto Jürgen Saupe, 1995)

SARDINIA REGINA ex VISBY (Foto Frank Heine)

ms VIKING VENTURER
Townsend-Thoresen Ferries, Portsmouth
Aalborg Vaerft; Baunr. 203

6355 BRT / 1616 tdw / 128,72 m Länge ü.a. / 19,81 m Breite / Ein 9- und zwei 8-Zyl.-Diesel mit Getriebe; Stork-Werkspoor / 13 450 PSe / 3 Schrauben / 20,8 kn / 282 Pass. in Kabinen, 282 Deckspass. / 275 PKW / Bes. 127

1.6.1974 Stapellauf / 1.1975 Fertigstellung / 22.1.1975 Jungfernreise Southampton–Le Havre–Cherbourg-Dienst / 3.1978 auch Portsmouth–Cherbourg–Le Havre / 8.12.1985 bis 7.5.1986 in Bremerhaven von Schichau-Unterweser verlängert und mit einem zusätzlichen Autodeck versehen: 14 760 BRZ, 2467 tdw, 143,66 m Länge ü.a., 23,47 (22,00) m Breite, 282 Pass. in Kabinen, 1031 Deckspass., 21 kn, 370 PKW / 19.1.1987 an P&O Ferries, Portsmouth / 5.1989 umbenannt PRIDE OF HAMPSHIRE / 10.7.1994 Portsmouth–Cherbourg-Dienst /

VILNIUS (Foto Frank Heine, 1995)

ms VILNIUS
Lithuanian Shipping Co, Memel
Mathias-Thesen-Werft, Wismar; Baunr. 323

21 800 BRZ / 11 910 tdw / 190,93 m Länge ü.a. / 28,00 (26,01) m Breite / Vier 16-Zyl.-Diesel mit Getriebe; SKL / 21 200 kW / 2 Schrauben / 100 Pass. in 50 Kabinen / PKW, Waggons /

16.4.1987 Stapellauf als VILNYUS an USSR Sevryba, Murmansk / 1987 Ablieferung als Frachtfähre / Mukran–Klaipeda-Dienst / 16.7.1993 nach Umbau bei Schooner Marine in Liverpool wieder in Fahrt, Daten s.o. / 6.10.1993 erste Reise Kiel–Klaipeda /

ms VISBY
Gotlandsbolaget, Visby
Brodogradiliste »Jozo Lozovina Mosor«, Trogir; Baunr. 161

6665 BRT / 3012 tdw / 123,86 m Länge ü.a. / 20,86 (20,48) m Breite / Sechs 16-Zyl.-Diesel mit Getriebe; Polar-Nohab / 14 400 PSe / 2 Schrauben / 21 kn / 400 Pass. in Kabinen, 1271 Deckspass. / PKW /

12.2.1972 Stapellauf / 29.10.1972 Ablieferung / Nynäshamn- bzw. Oskarshamn–Visby-Dienst / 1980 umbenannt DROTTEN / 24.5. bis 31.8.1982 Naantali–Mariehamn–Kapellskar-Dienst in Viking-Charter / 1983 und 1984 im Sommer jeweils Genua–Barcelona-Dienst in Miura-Charter / 2.10.1985 CORSICA VIVA II, Corsica Ferries, Panama. Savona–Korsika–Sardinien-Dienst / 10.1988 bis 4.1989 Verlängerung bei Industrie Navali Meccaniche Affini, La Spezia. 12 120 BRZ, 146,6 m Länge ü.a, 844 Pass. in 223 Kabinen, 1016 Deckspass., 460 PKW / 4.1989 umbenannt CORSICA REGINA / 1996 BRZ 12 988 / 1996 umbenannt SARDINIA REGINA. Livorno–Olbia-Dienst /

VISTAFJORD (Foto Ron Koning)

ms VISBY
Rederi Gotland, Visby
Öresundsvarvet, Landskrona; Baunr. 278

14 932 BRT / 2840 tdw / 142,62 m Länge ü.a. / 24,52 (24,01) m Breite / Zwei 8-Zyl.-Diesel mit Getriebe; B&W; Götaverken / 21 780 kW / 2 Schrauben / 21 kn / 1142 Pass. in 287 Kabinen, 872 Deckspass. / 515 PKW

25.1.1980 aufgeschwommen / 10.10.1980 Ablieferung / Visby–Nynäsham-Dienst / 1984 15 001 BRT / 31.12.1989 Letzte Reise Nynäshamn–Visby / 1990 Für fünf Jahre an Sealink British Ferries verchartert. Umbenannt FELICITY / 5.3.1990 erste Reise Fishguard–Rosslare / 15.5.1990 bis 31.3.1997 Sealink Stena Line-Charter / 2.1990 umbenannt STENA FELICITY / 1995 BRZ 23 775 /

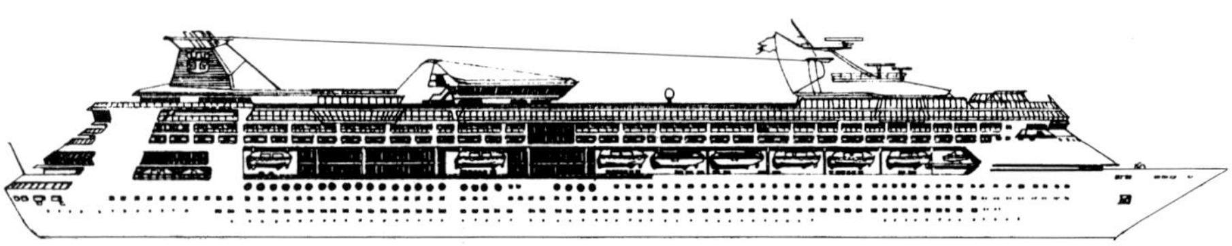

VISION OF THE SEAS (Cruise & Ferry Info)

STENA FELICITY ex VISBY (Foto Frank Lose, 1996)

ms VISION OF THE SEAS*
Royal Caribbean Cruise Line,
Chantiers de l'Atlantique, St. Nazaire;
Baunr. F31

76 000 BRZ / 4.1998 Ablieferung geplant/

ms VISTAFJORD
Norske Amerikalinje, Oslo
Swan Hunter Shipbuilders, Wallsend; Baunr. 39

24 292 BRT / 5954 tdw / 191,09 m Länge ü.a. / 25,05 m Breite / Zwei 9-Zyl.-Diesel; Sulzer-Clark / 24 000 PSe / 2 Schrauben / 20 kn / 670 Pass. in 376 Kabinen / Bes. 390

15.5.1972 Stapellauf / 6.4.1973 Probefahrt / 15.5.1973 Ablieferung / 22.5.1973 Jungfernreise Oslo–New York. Kreuzfahrten / 5.1980 an Norwegian American Cruises, Oslo / 10.1983 an Cunard Line, Nassau / 1984 24 116 BRZ / 1995 24 492 BRZ /

VOLCAN DE TAMASITE
siehe MAREN MOLS

WASA QUEEN siehe BORE STAR

ms WASA STAR
Rederiaktiebolaget Gotland, Visby
Öresundsvarvet, Landskrona; Baunr. 279

14 919 BRT / 2410 tdw / 142,3 m Länge ü.a. / 24,52 (24,01) m Breite / Vier 8-Zyl.-Diesel mit Getriebe; B&W-Götaverken / 21 470 kW / 2 Schrauben / 21 kn / 1100 Pass. in Kabinen, 448 Deckspass. / 515 PKW / Bes. 120

5.12.1980 aufgeschwommen / 24.6.1981 Ablieferung / An die finnische Vaasanlaivat verchartert, dann in Sundsvall aufgelegt / 1983 von Karageorgis für den Patras–Ancona-Dienst gechartert / 5.1983 in Landskrona aufgelegt. 1984 PETER WESSEL, Larvik Line, Larvik / 3.3.1984 erste Reise Larvik–Frederikshavn / 1.9. bis 27.10.1988 bei Blohm + Voss in Hamburg um 22,5 m verlängert. 29 706 BRZ, 3630 tdw, 168,48 m Länge ü.a., 1816 Pass. in 486 Kabinen, 448 Deckspass., 600 PKW / 15.4.1996 erste Reise Frederikshavn–Larvik–Moss / 1.10.1996 in achtjährige Bareboat-Charter mit Kaufoption an Color Line /

PETER WESSEL ex WASA STAR (Foto Dirk Jankowsky)

ms WELLAMO

Finska Angfartygs, Helsinki Dubigeon-Normandie, Nantes; Baunr. 142

12 348 BRT / 1719 tdw / 153,12 m Länge ü.a. / 22,23 (22,0) m Breite / Vier 12-Zyl.-Diesel mit Getriebe; Pielstick-Atlantique / 24 000 PSe / 2 Schrauben / 22 kn / 799 Pass. in Kabinen, 401 Deckspass. / 290 PKW / Bes. 150

15.9.1974 Stapellauf / 15.7.1975 Ablieferung / 18.7.1975 Jungfernreise Helsinki–Stockholm / 25.5.1981 DANA GLORIA, DFDS, Esbjerg / 2.6.1981 erste Reise Esbjerg–Newcastle / 12.10.1983 erste Reise Kopenhagen–Oslo / 3.2.1984 SVEA CORONA, Turku–Mariehamn-Dienst in Charter der Johnson Line / 21.5.1985 wieder DANA GLORIA / 11.11.1988 bis 4.2.1989 Umbau bei Meyer in Papenburg. 20 581 BRZ, 2857 tdw, 175,30 m Länge ü.a., 360 PKW, 1175 Pass. in 491 Kabinen, 125 Deckspass. / 10.1.1989 Heimathafen Kopenhagen / 9.2.1989 umbenannt KING OF SCANDINAVIA / 1.6.1990 Kopenhagen–Helsingborg Oslo-Dienst / 1.9.1994 COLOR VIKING, Color Line, Oslo / 2.9.1994 erste Reise Bergen–Newcastle /

COLOR VIKING ex WELLAMO (Foto Arnold Kludas, 1995)

SILJA FESTIVAL ex WELLAMO (Foto Dirk Jankowsky)

ms WELLAMO

Finska Anfartygs, Helsinki Wärtsilä, Helsinki; Baunr. 471

33 818 BRZ / 3720 tdw / 168,03 m Länge ü.a. / 31,60 (27,61) m Breite / Vier 12-Zyl.-Diesel mit Getriebe; Pielstick-Wärtsilä / 26 400 kW / 2 Schrauben / 22 kn / 1625 Pass. in Kabinen, 375 Deckspass. / 350 PKW, 60 LKW / Bes. 180

15.3.1985 aufgeschwommen / 9.1.1986 Ablieferung / Stockholm–Turku-Dienst / 29.4. bis 18.11.1990 Helsinki–Stockholm-Dienst / 1991 an Silja Line, Helsinki / 15.1. bis 25.2.1992 Umbau bei der Lloydwerft in Bremerhaven. 1937 Pass. in 588 Kabinen, 63 Deckspass. / 25.2.1992 als SILJA FESTIVAL zurückgeliefert / 1.6.1993 Lübeck–Malmö-Dienst, ab September nach Kopenhagen erweitert / 22.4.1994 Schweden–Finnland-, im Winter Helsinki–Tallinn-Dienst / 1995 BRZ 34 414 / 15.8.1995 erste Reise Helsinki–Tallinn /

WHITE SAMPO 2 (Foto Y. Ikeda)

ms WENATCHEE
Washington State
Todd Pacific Shipyard, Seattle

140,26 m Länge ü.a. / 27,43 m Breite / 18 kn / 2500 Pass. / 250 PKW /

1999 Ablieferung geplant /

WESTERDAM siehe HOMERIC

ms WHITE SANPO 2
Sanpo Kaiun, Imabari
Hayashikane Sb. & Eng. Co, Shimonoseki; Baunr. 1240

10 181 BRT / 3725 tdw / 155,61 m Länge ü.a. / 23,63 m Breite / Zwei 18-Zyl.-Diesel mit Getriebe; Pielstick-Nippon Kokan / 17 460 kW / 2 Schrauben / 21 (24) kn / 1050 Pass. / 52 PKW, 117 LKW / Bes. 51

2.1981 Stapellauf / 30.5.1981 Ablieferung / Fährdienst /

ts WINDSOR CASTLE
Union-Castle Line, London
Cammell Laird & Co, Birkenhead; Baunr. 1287

37 640 BRT / 16 252 tdw / 238,69 m Länge ü.a. / 28,20 m Breite / Zwei Satz Getriebeturbinen; Pametrada-Bauwerft / 49 400 PSw / 2 Schrauben / 22,5 kn / Pass.: 191 I. Klasse, 591 Touristenklasse / Bes. 475

23.6.1959 Stapellauf / 6.1960 Fertigstellung / 18.8.1960 Jungfernreise Southampton–Durban / 1967 36 123 BRT / 1972 36 277 BRT / 1977 MARGARITA L., Mar Shipping & Trading Corp, Panama / 9.10.1977 Ankunft in Piräus, zum schwimmenden Luxushotel umgebaut. 25 697 BRT. 852 Betten / 11.1.1979 In Jeddah stationiert / 1984 an Santa Marianna Shipping & Trading Corp., Panama, bereedert von Bilinder Marine / 4.6.1991 in Eleusis aufgelegt / 1994 BRZ 38 376 /

MARGARITA L ex WINDSOR CASTLE (Foto Steffen Weirauch, 1992)

ms WINDWARD
Kloster Cruise, Nassau
Chantiers de l'Atlantique, St. Nazaire; Baunr. D30

39 217 BRZ / 4800 tdw / 190,04 m Länge ü.a. / 18,85 (28,50) m Breite / Zwei 6- und zwei 8-Zyl.-Diesel mit Getriebe; MAN B&W / 18 650 kW / 2 Schrauben / 18,5 kn / 1246 (1505) Pass. in 623 Kabinen / Bes. 482

14.11.1992 aufgeschwommen / 4.5.1993 Ablieferung / Ohne Passagiere direkt von der Werft nach den USA / 14.5.1993 Jungfernreise Fort Lauderdale–San Franzisko / Karibik- und Alaska-Kreuzfahrten /

MAYAN EXPRESS ex WINSTON CHURCHILL (Foto Jürgen Stein, 1996)

ms WINSTON CHURCHILL
Det Forenede DS, Esbjerg
Cant. Nav. del Tirreno di Riuniti, Riva Trigoso; Baunr. 277

8658 BRT / 1790 tdw / 140,65 m Länge ü.a. / 20,53 m Breite / Zwei 10-Zyl.-Diesel; B&W-Riuniti / 14 000 PSe / 2 Schrauben / 21 (23) kn / Pass.: 124 I., 274 II. Klasse, 68 Deckspass. / 180 PKW, Seitentüren /

25.4.1967 Stapellauf / 19.5.1967 Ablieferung / 30.5.1967 in Greenwich getauft / 2.6.1967

WINDWARD (Foto ToYouToo, 1993)

Jungfernreise Harwich–Esbjerg / 4.6.1978 erste Reise Esbjerg–Newcastle / 26.8.1979 vor Göteborg gestrandet, 600 Passagiere evakuiert / 24.3.1980 nach Reparatur in der Frederikshavn Vaerft wieder in Dienst. Auch auf anderen DFDS-Routen / 30.12.1985 bis 1.9.1986 für Mols Linien eingetragen / 5.1987 erste Nordkap-Kreuzfahrt / 5.11.1992 bis Ende Dezember Rostock–Trelleborg-Dienst in Charter der TR-Linie / 3.4.1993 erste Reise Hamburg–Newcastle / 9.1993 bis 4.1994 aufgelegt / 10.1994 letzte Reise Hamburg–Newcastle / 18.5.1995 erste Reise Amsterdam–Newcastle / 1995 BRZ 10 513 / 24.10.1995 in Esbjerg aufgelegt / 3.4.1996 Ein relativ harmloser Maschinenraumbrand verursacht Schäden, die die DFDS veranlassen, das Schiff zum Verkauf zu stellen / 7.1996 MAYAN EMPRESS, Empress Cruise Lines, Kingstown / 21.7.1996 zur Reparatur nach Norwegen geschleppt / 2.1997 Tampa–Puerto Calica-Dienst /

XIANG XUE LAN (Foto Hans-Joachim Reinecke, 1996)

ms XIANG XUE LAN

Shanghai Shipping Co, Shanghai
MTW, Wismar; Baunr. 162

16 071 BRZ / 6526 tdw /150,54 m Länge ü.a. / 24,00 m Breite / Zwei 6-Zyl.-Diesel mit Getriebe; Krupp MaK / 15 000 kW / 2 Schrauben / 20 kn / 392 Pass. in 122 Kabinen; zwei Klassen / Bes. 95

3.11.1995 Stapellauf / 25.3.1996 Ablieferung / 30.3.1996 Überführungsreise nach China /

XINJIANZHEN (Foto Yoshitatsu Fukawa, 1994)

ms XINJIANZHEN

China-Japan International Ferry Co, Onomichi Zosen, Onomichi; Baunr. 372

14 543 BRZ / 3750 tdw / 156,67 m Länge ü.a. / 23,00 m Breite / Zwei 14-Zyl.-Diesel mit Getriebe; Pielstick-Nippon / 7720 kW / 2 Schrauben / 21 kn / 355 Pass. in Kabinen / Bes. 61

12.1.1994 Stapellauf / 4.1994 Ablieferung / Kobe–Shanghai-Dienst /

ORIENT PRINCESS ex YAO HUA (Foto F. Fujiki)

ms YAMAL
Murmansk Shipping Co, Murmansk
Baltic Sb. & Eng. Works, St. Petersburg

20 646 BRZ / 2750 tdw / 150,00 m Länge ü.a. / Diesel / 52 800 kW / 21 kn / 100 Pass. in Kabinen /

1992 Ablieferung als Eisbrecher / 1995 erstmals außerhalb der Eisbrechsaison für drei bis vier Nordpol-Kreuzfahrten eingesetzt /

ms YAO HUA
China Ocean Shipping Co, Canton
Chantiers de l'Atlantique, St. Nazaire; Baunr. N23

10 151 BRT / 3302 tdw / 150,27 m Länge ü.a. / 21,04 m Breite / Zwei 9-Zyl.-Diesel; Sulzer / 15 000 PSe / 2 Schrauben / 21 kn / Pass.: 100 I., 100 II., 118 III. Klasse / Bes. 177

10.12.1966 Stapellauf / 20.8.1967 Ablieferung / China–Ostafrika-Dienst, später Routen in Ostasien / 1983 Kreuzfahrten auf dem Yangtsekiang und längs der chinesischen Küste / 1986 ORIENT PRINCESS, ROC Maritime, Panama. 488 Pass., 6266 BRT / 1990 an Main Fortune, Panama / 1994 BRZ 10 298 / 1995 an Star Ocean Maritime, Panama /

ms YU JIN XIANG
Shanghai Hai Xing Shipping Co,
De Merwede, Hardinxveld; Baunr.

12 304 BRZ / 4590 tdw / 148,20 m Länge ü.a. / 22,70 m Breite / Zwei 9-Zyl.-Diesel; Sulzer-Zgoda / 12 980 kW / 2 Schrauben / 20 kn / 348 Pass. in 95 Kabinen / Bes. 93

1996 Ablieferung /

ms ZENITH
Chandris Celebrity Cruises, Monrovia Jos. L. Meyer, Papenburg; Baunr. 620

47 255 BRZ / 4300 tdw / 208,00 m Länge ü.a. / 29,33 (29,00) m Breite / Zwei 9- und zwei 6-Zyl.-Diesel; MAN B&W / 24 000 kW / 2 Schrauben / 21,4 kn / 1774 Pass. in 687 Kabinen /

ZI YU LAN (Foto Arnold Kludas, 1995)

ZENITH (Foto Peter Voß 1992)

15.2.1992 ausgedockt / 19.2.1992 Überführung nach Emden / 22.2.1992 Probefahrt / 4.4.1992 Erste Kreuzfahrt ab Florida /

ZHI LUO LAN siehe SAKURA MARU

ms ZI DING XIANG
Shanghai Hai Xing Shipping Co,
De Merwede, Hardinxveld; Baunr. 668

12 304 BRZ / 4590 tdw / 148,20 m Länge ü.a. / 22,70 m Breite / Zwei 9-Zyl.-Diesel; Sulzer / 12 960 kW / 2 Schrauben / 20 kn / 348 Pass. in 95 Kabinen / Bes. 93

25.11.1995 Stapellauf / 5.1996 umbenannt ARAFURA LILY für Kreuzfahrten in Southern Cross-Charter / 28.5.1996 Ablieferung /

ms ZI YU LAN
Shanghai Shipping Co, Shanghai
MTW Schiffswerft, Wismar; Baunr. 161

16 071 BRZ / 6526 tdw / 150,45 m Länge ü.a. / 24,00 m Breite / Zwei 6-Zyl.-Diesel mit Getriebe; Krupp MaK / 15 000 kW / 2 Schrauben / 20 kn / 392 Pass. in 178 Kabinen; zwei Klassen / Bes. 95

17.2.1995 Stapellauf / 31.8.1995 Ablieferung / Shanghai–Kobe-Dienst /

ZILUOLAN siehe SAKURA MARU

DOLPHIN IV ex ZION (Foto Hans Jürgen Amberg)

ts ZION
Zim Israel Navigation Co, Haifa
Deutsche Werft, Hamburg; Baunr. 691

9831 BRT / 6850 tdw / 152,76 m Länge ü.a. / 19,87 m Breite / Zwei Satz Getriebeturbinen; AEG / 10 500 PSw / 19 kn / Pass. 80 I., 232 Touristenklasse / Bes. 137

19.7.1955 Stapellauf / 12.2.1956 Ablieferung / 19.2.1956 Überführungsreise Hamburg–Haifa / 9.3.1956 Jungfernreise Haifa–New York / 1966 AMELIA DE MELLO, Soc. Geral de Commercio, Lissabon. 10 195 BRT / Liniendienst Lissabon–Kanarische Inseln / 7.8.1971 in Lissabon aufgelegt / 1972 ITHACA, Cia. Vapores Realma, Piräus / 9.5.1972 Ankunft in Bilbao, für Kreuzfahrten umgebaut. 780 Pass. in Kabinen. 8977 BRT / 1973 erste Mittelmeer-Kreuzfahrt / 1978 DOLPHIN IV, Ulysses Cruises, Panama. 8854 BRT. 687 Pass. / 1990 588 Pass. in 294 Kabinen / 1994 BRZ 12 091 / 1995 an Canaveral Cruise Line, Panama. Zweitage-Fahrten Port Canaveral–Freeport / Steht zum Verkauf /

Große Passagierschiffe, die seit 1991 abgewrackt wurden oder gesunken sind.

Die Schiffe sind unter dem in der Ausgabe 1991 aktuellen Namen aufgelistet, der vorherige Lebenslauf wird hier nicht wiederholt.

ms ACHILLE LAURO
ex WILLEM RUYS

1992 mit 23 951 BRT vermessen. 1372 Passagiere in 369 Kabinen / 1994 BRZ 23 478 / 30.11.1994 Auf einer Kreuzfahrt von Genua nach Kapstadt steht die ACHILLE LAURO 30 sm östlich des Horns von Afrika, als in einer Passagierkabine ein Feuer entsteht, das sich trotz aller Löschversuche der Besatzung schnell ausbreitet. Auf SOS-Rufe eilen mehrere Schiffe herbei, darunter der Panama-Tanker HAWAIIAN KING, der die meisten der 985 Schiffbrüchigen aufnimmt. Zwei Passagiere kommen während der Rettungsaktion ums Leben / 1.12.1994 Passagiere und Besatzung werden von Hilfsschiffen an Land gebracht und fliegen in ihre Heimatländer / 2.12.1994 Das mit 40° Schlagseite treibende und immer noch brennende Wrack der ACHILLE LAURO sinkt.

ts ALFERDOSS ex AMERICA

1993 AMERICAN STAR, Chaophraya Transport Co, Panama / 27.10.1993 Im Schlepp der NEFTEGAZ-67 ab Piräus nach Phuket, Thailand, wo das Schiff wieder dienstbereit gemacht werden soll / 18.1.1994 Nach Bruch der Schlepptrosse im Orkan an der Westküste von Fuerteventura gestrandet und zerbrochen.

Foto siehe Farbteil Seite 120

ms BRAZIL MARU

31.1.1996 Betrieb eingestellt / 1996 zum Abwracken.

ms CARLA COSTA ex FLANDRE

2.1992 PALLAS ATHENA, Epirotiki Lines, Panama. 13 875 BRT. 995 Pass. in 389 Kabinen / 24.3.1994 in Piräus ausgebrannt. Nach Salamis geschleppt und auf Grund gesetzt / 25.12.1994 Ankunft zum Abwracken in Aliaga.

Foto siehe Farbteil Seite 120

ms DISCOVERY I
ex BLENHEIM

8.5.1996 auf der Reise Fort Lauderdale–Freeport Feuer im Maschinenraum, danach in Freeport aufgelegt / 1996 zum Abwracken nach Singapur verkauft.

ms EMPRESS
ex EMPRESS OF AUSTRALIA

3.1991 Einsatz als STENA EMPRESS im Göteborg–Kopenhagen-Dienst für Stena Line geplant, dann jedoch bis 1991 für Tony Travel & Agency zum Kreuzfahrtschiff umgebaut. 13 176 BRZ, 142,8 m Länge ü.a., 17,5 kn, 623 Passagiere in 301 Kabinen, Bes. 226 / 16.6.1991 erste Kreuzfahrt La Paz–Acapulco / 12.1991 als ROYAL PACIFIC mit Heimathafen Nassau in Dienst. Casino-Kreuzfahrten ab Singapur / 21.8.1992 Die ROYAL PACIFIC läuft mit 337 Passagieren und 179 Besatzungsmitgliedern zu einer Wochenende-Kurzreise aus / 23.8.1992 Um 3.15 Uhr kolllidiert das Schiff 17 sm vor Port Dickson in der Straße von Malakka mit dem taiwanesischen Trawler TERFU 51 und sinkt innerhalb von 15 Minuten. Trotz dieser kurzen Zeit können sich bis auf neun Opfer alle Menschen von Bord retten. Die meisten werden von dem Bahama-Tanker PALMSTAR THISTLE aufgenommen.

HAI XING ex RANDFONTEIN

1996 HERBERT, Ruby Enterprises, Kingstown / 13.6.1996 Ankunft zum Abwracken in Alang.

DISCOVERY I ex BLENHEIM (Foto Arnold Kludas, 1992)

ms OCEANOS ex JEAN LABORDE

1991 Wegen der Buchungsrückgänge im Mittelmeer infolge des Golfkrieges wird die OCEANOS in Regie eines südafrikanischen Reiseveranstalters von Südafrika aus im Indischen Ozean eingesetzt / 3.8.1991 Auf der Reise von East London nach Durban in schwerem Wetter dringt im Bereich des Maschinenraums durch ein gebrochenes Kühlwasserrohr Seewasser ein. Antriebsmaschinen und Stromversorgung fallen aus, das Schiff beginnt zu sinken / 4.8.1991 Auf die SOS-Rufe der OCEANOS kommen von der nahen Küste 14 Hubschraubern der südafrikanischen Luftwaffe zur Hilfe und beginnen mit der Bergung der 580 an Bord befindlichen Personen. Am Morgen trifft das Containerschiff NEDLLOYD MAURITIUS an der Unfallstelle ein und nimmt die letzten Schiffbrüchigen an Bord. Alle Besatzungsmitglieder und Passagiere können gerettet werden. Die OCEANOS sinkt gegen 13.30 Uhr.

ms OHRMAZD

1971 keine Passagierbeförderung mehr / 1978 an Pakistan Shipping Corp., Karatschi / 1979 an Pakistan National Shipping Corp., Karatschi / 6.7.1994 Ankunft zum Abwracken in Gadani Beach.

OHRMAZD (Foto Steffen Weirauch, 1978)

UNIVERSE ex ATLANTIC (Sammlung Weirauch, 1995)

PEGASUS (Foto Selim San, 1995)

ms PEGASUS ex SVEA CORONA

2.6.1991 In Venedig kurz vor einer Ausreise als Messeschiff für die Firma Bosch in Brand geraten und schwer beschädigt. Als Totalverlust an die Versicherung, jedoch von Epirotiki zurückgekauft / 29.9.1991 zur Reparatur nach Piräus / 1994 IONIAN EXPRESS, Strintzis Lines, Piräus. Umbau zur Frachtfähre in Perama begonnen / 20.11.1994 in Perama durch Feuer schwer beschädigt, zum Totalverlust erklärt / 29.3.1995 Ankunft zum Abwracken in Aliaga.

ms SILJA STAR ex VIKING SALLY

2.1991 umbenannt WASA KING, Heimathafen Vaasa / 15.2.1991 erste Reise Vaasa–Sundsvall / 10.1992 an Nordström & Thulin, Stockholm. Tallinn–Stockholm-Dienst / 1.1993 ESTONIA, Estline, Tallinn / 1.2.1993 erste Reise Tallinn–Stockholm / 28.9.1994 auf der Reise von Tallinn nach Stockholm in stürmischem Wetter leckgeschlagen und nachts ca. 1.40 Uhr 22 sm südöstlich von Utö knapp 15 Min. nach dem ersten Notruf gesunken. Mit 852 Toten ist dieser Untergang die bisher größte Schiffskatastrophe, die sich in Friedenszeiten in Europa ereignete. 137 Menschen überlebten.

Über die Ursache des Untergangs herrscht auch mehr als zwei Jahre nach dem Unglück keine Klarheit, ein endgültiger Untersuchungsbericht steht noch aus. Fest steht, daß die ESTONIA kenterte, nachdem Wasser ins Fahrzeugdeck eingedrungen war; ob dieser Wassereinbruch auf fahrlässige Navigation, schlampige Wartung der Bugklappe oder gar auf einen Anschlag der russischen Mafia zurückgeht, wird von einer internationalen Kommission untersucht und außerordentlich konträr diskutiert. Der von Fachleuten nicht gestützte, gegen die Bauwerft erhobene Vorwurf konstruktionsbedingter Mängel an der Bugklappe wird von den Anwälten der Hinterbliebenen der Opfer nach wie vor aufrechterhalten.

ts SUN AMBASSADOR ex THEODOR HERZL

23.12.1990 Ankunft zum Umbau bei der Drapetsona Werft in Piräus / 1991 umbenannt FIESTA / 14.10.1991 Am Werftkai in Brand geraten und gesunken / 1992 von Smit in Teilstücken geborgen und an Land verschrottet.

ts UNIVERSE ex ATLANTIC

1994 in Japan generalüberholt, jetzt blauer Rumpf / 6.4.1996 Ankunft zum Abwracken in Alang.

ESTONIA ex VIKING SALLY (Foto Dirk Jankowsky)

Große deutsche Kreuzfahrtschiffe unter BRZ 10 000

ms ASTRA II

Deutsche Seereederei, Nassau
Helsingör Vaerft, Helsingör; Baunr. 404

6757 BRT / 1377 tdw / 130,21 m Länge ü.a. / 19,49 (19,21) m Breite / Zwei 12-Zyl.-Diesel mit Getriebe; Mak / 11 030 kW / 2 Schrauben / 21 Kn / 509 Pass. in 237 Kabinen / Bes. 225

7.2.1974 Stapellauf / 9.1974 Ablieferung als GOLDEN ODYSSEY, Royal Cruise Line, Piräus. Mittelmeer-Kreuzfahrten / 17.11.1989 an Kloster Cruise Line, Nassau / 30.11.1994 ASTRA II, Deutsche Seereederei, Nassau. In Bareboat-Charter an die russische Caravella Shipping. 9848 BRZ / 5.5.1995 erste Kreuzfahrt für Neckermann Seereisen, die das Schiff für sieben Jahre unter Vertrag nahmen /

ms BERLIN

Peter Deilmann Reederei, Neustadt
Howaldtswerke-Deutsche Werft, Kiel; Baunr. 163

7813 BRT / 1735 tdw / 122,51 m Länge ü.a. / 17,53 m Breite / Zwei 12-Zyl.-Diesel mit Getriebe; MaK / 7060 kW / 2 Schrauben / 18,3 Kn / 330 Pass. in 150 Kabinen / Bes. 108

12.1.1980 Stapellauf / 31.5.1980 Probefahrt / 29.6.1980 Ablieferung. Für fünf Jahre an Neckermann Seereisen verchartert / 5.7.1980 Jungfern-Kreuzfahrt in die Ostsee / 1982 Neckermann-Charter gelöst, statt dessen für drei Jahre an Blue Funnel Cruises in Singapur verchartert; umbenannt PRINCESS MAHSURI. Kreuzfahrten zwischen Asien und Australien / 1985 wieder BERLIN, Kreuzfahrten in eigener Regie / 4.11.1986 bis 12.1986 bei der Nobiskrugwerft in Rendsburg verlängert. 9570 BRZ, 1796 tdw, 139,30 m Länge ü.a., 420 Pass. in 210 Kabinen /

ASTRA II ex GOLDEN ODYSSEY (Foto Peter Voß, 1996)

BERLIN (Foto Peter Voß, 1996)

ms BREMEN
Hapag-Lloyd AG, Nassau
Mitsubishi Heavy Industries, Kobe; Baunr. 1182

6752 BRZ / 1226 tdw / 111,51 m Länge ü.a. / 17,25 (17,00) m Breite / Zwei 8-Zyl.-Diesel mit Getriebe; Daihatsu / 4860 kW / 2 Schrauben / 17,5 Kn / 184 Pass. in 82 Kabinen / Bes. 88

17.6.1990 Stapellauf / 29.10.1990 Ablieferung als FRONTIER SPIRIT Frontier Cruises (Japan), Nassau / Abenteuer-Kreuzfahrten auf dem Amazonas und in arktischen sowie asiatischen Gewässern / 1993 an Miteigner Hapag-Lloyd / 10.10.1993 bis 18.11.1993 Umbau bei der Nobiskrugwerft in Rendsburg / 20.11.1993 umgetauft BREMEN /

ms HANSEATIC
Hanseatic Tours, Nassau

8378 BRZ / 1100 tdw / 122,73 m Länge ü.a. / 18,00 m Breite / Zwei 8-Zyl.-Diesel mit Getriebe; Krupp MaK / 5880 kW / 2 Schrauben / 14 Kn / 188 Passagiere in 94 Kabinen / Bes. 115

4.1.1991 Stapellauf als SOCIETY ADVENTURER für die Discoverer Reederei, Bremen / 6.1991 Fertigstellung / Wegen finanzieller Schwierigkeiten der Reederei nicht abgenommen. Zum Verkauf gestellt. Bis dahin für die Society Adventurer Shipping Co., Nassau, eingetragen / 23.3.1993 HANSEATIC, in Bareboart-Charter an Hanseatic Tours / 27.3.1993 erste Kreuzfahrt Hamburg–Sevilla / 29.8.1996 in der Simpson Strait auf Grund gelaufen / 5.9.1996 Passagiere und Teile der Besatzung setzen die Fahrt auf dem russischen Eisbrecher KAPITAN DRANITSYN fort / 8.9.1996 Die HANSEATIC wird freigeschleppt. Nach Reparatur in Kanada wieder in Dienst / 1996 Hapag-Lloyd übernimmt Hanseatic Tours /

HANSEATIC (Foto J.F. van Puyvelde, 1996)

BREMEN (Foto Luis Miguel Correia, 1996)

So präsentierte sich der Neubau COLUMBUS
Anfang Januar 1997 in Wismar
(Foto Wolfgang Kramer)

SHAHEED SALAHUDDIN

Marine von Bangladesch

ex HIZBUL BAHR
ex GENERAL MANGIN, Baujahr 1953

Der Verbleib dieses Schiffes ist unklar. Jane's Fighting Ships 1987/88 meldet es als »gestrichen«. In Weyer's Flottentaschenbuch ist es 1990/91 zuletzt verzeichnet.

Nachtrag des Fotos der ersten MAREN MOLS, Seite 125 (Foto Dr. Achim Borchert)

Traumhaftes erleben und genießen auf hoher See

Hans-Joachim Zeigert

MS Arkona – Kreuzfahrt ohne Grenzen

Ein Stück deutsch-deutsche Geschichte

144 Seiten, 21 x 27 cm,
ca 15 s/w- und 120 Farb-Abb.,
geb., mit Schutzumschlag,
ISBN 3-7822-0673-8

Der Luxus-Liner, der nicht zuletzt durch das „ZDF-Traumschiff“ zu seiner Popularität gelangte. Die Chronik eines Schiffes, das deutsch-deutsche Geschichte geschrieben hat. MS Arkona, der charmant-erfolgreiche Luxus-Liner.

Claus Rothe/Jürgen Schödler

Die deutschen Traumschiffe

In der Reihe „Galerie der Schiffe“

ca. 128 Seiten, 21 x 27 cm, ca 30 s/w- und
90 Farb-Abb., geb., mit farbigem Bezug,
ISBN 3-7822-0693-2

Der Traum der Kreuzfahrt. Ausführlich bebilderte Portraits aller deutschen Luxusfahrer mit ihren technischen Angaben und Lebensläufen. Das Buch gewährt auch einen Einblick in das Leben an Bord.

2. Auflage innerhalb 6 Monate

Schiffs-Speisekarten

aus der Sammlung Peter Tamm

Essen und Trinken auf See

160 Seiten,
20,5 x 26 cm,
über 200 Farb- und
s/w-Abb., geb., mit
Schutzumschlag,
ISBN 3-7822-0678-9

Speisekarten aus vielen Jahrhunderten, liebevoll gesammelt und ästhetisch präsentiert, führen den Leser und Betrachter durch die Seefahrt- und Weltgeschichte. Ausgesucht schöne und interessante Abbildungen aus der Sammlung Peter Tamm. Ein optisches Vergnügen.

Helfried Weyer

Nordwest-Passage

124 Seiten, 30 x 30 cm,
79 Farb-Abb., geb.,
mit Schutzumschlag,
ISBN 3-7822-0638-X

Begleiten Sie den bekannten Fotografen und Buchautoren Helfried Weyer auf seiner Reise ins Ewige Eis. Die brillanten Aufnahmen werden ergänzt durch die lebendige und spannende Beschreibung über die Entdecker und Forscher der Nordwest-Passage – auch heute noch eine der gefährlichsten Herausforderungen für Schiffe und Kapitäne. Ein Bild- und Geschenkband für alle, die das Besondere lieben.

Christine Reinke Kunze

Geschichte der Reichspostdampfer

Verbindung zwischen den Kontinenten

176 S., 21 x 27 cm, 39 Farb-Abb., 130 s/w-Abb.,
19 Zeichnungen, geb., mit Schutzumschlag,
ISBN 3-7822-0618-5

Von 1886 bis 1914 stellen die Reichspostdampfer die Verbindung des Deutschen Reiches zu den Kontinenten her. Die sachkundig dargestellte Historie schildert die wirtschaftlich/technische Entwicklung und die heute nostalgisch erscheinende Atmosphäre auf den Reichspostdampfern.

KOEHLER/MITTLER
HAMBURG BERLIN BONN